新闻传播实务
数字时代
系列教材

数字音频

制作与创作

主　编◇吕　萌
副主编◇岳　山　张　阳

高　鹭/编著

U0246886

合肥工业大学出版社

图书在版编目(CIP)数据

数字音频制作与创作/高鹭编著．—合肥：合肥工业大学出版社，2015．5(2018．9重印)
ISBN 978－7－5650－2207－4

Ⅰ．①数…　Ⅱ．①高…　Ⅲ．①数字音频技术　Ⅳ．①TN912．2

中国版本图书馆 CIP 数据核字(2015)第 096330 号

数字音频制作与创作

高　鹭　编著　　　　责任编辑　朱移山

出　版	合肥工业大学出版社	版　次	2015 年 5 月第 1 版
地　址	合肥市屯溪路 193 号	印　次	2018 年 9 月第 2 次印刷
邮　编	230009	开　本	787 毫米×1092 毫米　1/16
电　话	总　编　室　0551－62903038	印　张	17．75
	市场营销部　0551－62903198	字　数	372 千字
网　址	www．hfutpress．com．cn	印　刷	合肥星光印务有限责任公司
E-mail	hfutpress@163．com	发　行	全国新华书店

ISBN 978－7－5650－2207－4　　　定价：42．00 元

总　　序

随着以网络为代表的新兴媒体走向主流媒体，新媒体的多样、方便、精准的信息传播，纷纷抢占更多传统媒体的市场资源。传播技术的发展和传播市场的变化正推动着传统媒体及新媒体发生着深刻的变化。媒介融合从传播载体形态上，呈现为报纸、杂志、广播、电视、音像、电影、出版、网络、电信等多样态；从接收通道上，涵盖了视、听、形象、触觉等人们接受信息的全部感官；从信息传输渠道上，包括了传统的纸质、频率频道、局域网、国际互联网和移动互联网、WiFi 等等。

以传统意义上的记者为例，由于网络的大范围应用，许多报纸都有了自己的网站，传统记者必须掌握一定的网络知识。目前全媒体记者已在以互联网为代表的新媒体行业中崭露头角。初期的互联网图文时代往往不需要制作非线、节目的录播录制等等，但进入视频时代后，网站大都配有演播室，工作人员配有摄像机去外景采播节目。因而数字时代的记者因传播媒介的拓宽，必须是具备突破传统媒介界限的思维与能力，并适应融合媒体岗位的流通与互动的新闻传媒人才。

大规模的媒体融合直接促使了传媒集团新的作业模式的产生，尤其是造就了信息内容生产领域的流程再造。传媒集团正在利用新的传播技术，把报纸、电视台、电台、互联网和移动网等媒体的采编作业有效结合起来，通过资源共享，集中处理，衍生出不同形式的信息产品，然后通过不同的平台传播给受众。在媒体融合时代，非常需要集采、写、摄、录、编、网络技能运用及现代设备操作等多种能力于一身的人才。

有业界人士表示，对于传媒来说，传媒集团赶上数字时代，要应对秒报秒台的多元互动传播秩序，掌控 3G 产业链中信息生产和流通环节，推动全媒体的采编方式，充分利用“我媒体”和“自媒体”，推动媒体的信息生产和传播。因此新的传播生态下新闻传播实务所“需”，对新闻从业人员提出前所未有的要求，仅仅掌握一门新闻专业技术已经不足以应对跨媒体的工作和合作。面对媒介融合的变化，新闻教育也需要与时俱进，跟上媒体对人才培养的需求。新闻教育要注重技术发展带来的变化，研究媒体的发展和需要。新媒介环境下新闻传播人才培养不仅要从课程内容上及时补充媒介变化带来的学科知识结构的变化，而且要从更高层面上规划新闻教育的学科设置和对学生实践创新能力的培养策略。

在世界范围内，媒介融合对新闻院校培养全媒体人才的要求已经受到广泛的重视。随着新闻生产流程的进一步改变，将诸多类型的新闻作品在同一数字生产平台上进行制作、策划、组合，已经成为一种较为主流的趋势。要求记者编辑能够对报纸、广播、电视、新媒体等多种类型的新闻都能知晓，理解它们在呈现理念上的差异，并学会这些新闻的最基本制作技巧，这与我国长期以来以传统媒体人才需要为基础的新闻学专业设置的整体框架不尽相同。传统的新闻学专业主要为报刊、通讯社培养记者编辑，而广播电视新闻专业主要为广播电视机构培养人才，这样的设置并不能满足新媒体的发展以及传统媒体的数字化转型，也不能适应媒介融合趋势下新闻活动的变化。这几年新媒体的发展和新闻传播实践对新闻传播类人才需求的变化，促使我们重新思考：如何应对新型传播手段带来的新闻工作的变化和挑战？如何理解和把握信息化时代新闻传播的特点和规律并教会学生有用的知识？

如果我们的学生不掌握最新的传播技术，不具备媒介融合的理念和操作方法，何谈将深度调查、新闻解析、舆论引导等等任务落实到具体的新闻作品中？对新闻院校学生进行基本技能的培训和在数字化采编平台上展现他们对新闻内容的深刻理解和重新整合，是我们在对新闻传播类学生教育时首先要做到的。当然，新闻实践教学并不只是技能的培训，新闻的专业理念和职业规范本身就是技能教育训练时所要围绕的核心和重点。我们编写这套丛书的旨意就在于，应对数字时代媒介对新闻传播人才的新需求，用技能教育带动新闻专业学习的深入，开发学生自主实践和创新能力。用全媒体的传播理念，统领新闻传播教育的改革，从技能入手，通过实践，将新闻传播理念灌输其中，学生看得见，摸得着。

在这套丛书中，我们将对传统媒体的思考和新媒体发展实务的需要融合在一起，强调对学生新媒体使用技术的全面培养，加大对学生的综合实践能力的培养，探索以实践和创新能力培养为重点的教学方式。如何培养出理论与实践相结合的全方位人才，是高校十分重视并在不断探索和研究的问题，但创新能力与实践能力并不是单纯地依靠老师的单向传授获取的，培养学生自主参与的意识才能更好地发掘学生的各项

潜能。在本套丛书编写中，我们加强了对学生参与和独立思考能力的训练，将新闻传播业务教学与技能教学结合，培养学生的动手能力、创新能力和思考问题的水平。新闻传播实务教学的重要性在于体现了理论教学所无法展现的直观性和综合性，培养学生独立思考、分析和解决问题能力，能够应对科学技术快速发展和市场经济对高素质创新人才的需要。

媒介技术的不断升级催生着媒体内涵的迅速变革。从陌生到司空见惯，我们接触媒体的渠道和方式越来越多，数字时代的传播视野下，新闻传播领域发生了怎样的变革？新闻传播实践面临怎样的机遇和挑战？新闻传播的应用型人才培养需要掌握什么知识？这套丛书提供了我们的思考与探索。

吕　萌

2012 年 7 月

前　　言

声音是表达信息的载体，是一种工具。

人与人相互交流最主要的方式就是通过声音，这种声音本身就带有感情色彩。人类通过声音与外界递送信息，传达着复杂的情绪状态和表露性格，这一切都源于生活，仔细观察不难发现，分辨其中的差异最简单也最为熟知的方法就是通过音色区分。例如音色凝重深沉者，较为自信清高；音色锋锐严厉者，洞察力较强，个性比较有棱角；音色刚毅坚强者，原则性较强，固执不善变通；音色圆润和缓者，温暖热情，宽厚善良；音色温顺平畅者，体现的是一种无利无争的态度；音色急促浮躁者，最大表征为易怒、干练；音色荡气回肠者，往往会给人一种孤傲独立的感觉；等等。

其实这些都来自于对生活的处处留心，只要我们仔细加以分析，很快就能掌握声音的奥秘。

比如说，襁褓中的婴儿认识这个世界，首先就是通过触觉和听觉，对声音音量大小、方向和距离进行判断等。驯养动物也是通过声音令动物产生“条件反射”，从而让其知晓某种声音和某一类的动静传递的信息是“吃饭了”或者“这件事做错了”的含义等。

但是声音不仅仅及时传递信息，最重要的是包含了情感上的交流。

同样一首乐曲，会随着不同心境的人变换为或欢乐，或烦躁，或忧伤，或痛苦的旋律。某种自然界最熟悉的鸣叫，能瞬间带给某些人一种恍如隔世的幻觉。这些，都来自于对声音的“感觉”变化，而找对“感觉”，也是学好“数字音频制作与创作”这门课的首要条件。

“感觉”一词出自心理学，是客观刺激作用于感觉器官所产生的对事物个别属性的反映。通俗的解释即“感觉”开心与痛苦，都是大脑对外界体会的一种本能的直接表现。

人对客观事物的认识是从感觉开始的，它是最简单的认识形式。人的所有心理活动和现象反映基础，皆来自于“感觉”。“感觉”上的好与坏、对与错，是直接关系到使用软件所制作出来的声音的品质。

很多同学在上课时会问：“我学这门课有什么作用”，就这个问题，举几个简单的例子就可以了解，在我们的生活工作当中，数字音频是一门应用广泛、趣点颇多、走进去之后会越学越感觉有意思的学科。

例如：斯坦福大学的生物学家凯特琳·奥康纳·罗德威尔博士，本是出于保护被不断偷猎打死的大象，进驻纳米比亚的森林整整20年。她从开始绘制大象耳朵轮廓来区分每一头大象，发展到现在仅听录音，就可以分辨出究竟是哪一个家族的哪一头大象在发出求救信号或呼唤同伴。通过编号的声音采集器，根据声音的远近等提示，她可以知道偷猎者开了几枪，是否命中目标，并及时告知森林警察偷猎者的逃跑起点位置，以便及时抓捕到这些偷猎者。她还可以在黑夜里用大象特有的语言，播放给那些进入偷猎者守候地区范围的大象，告知大象有危险，从而保护了这片森林中的大象。这都源于凯特琳·奥康纳·罗德威尔博士采集到的母象的呼噜呼噜的低频音和大象群中打招呼、警示等特殊含义的声音。

公元前4世纪，一位历史学家报告称，有动物出现大批逃离的现象，其中包括老鼠和各种昆虫等，它们从希腊的希来克城逃窜而出，5天后，这座城市就因大地震而没入海中。18世纪中期，一场大地震重创里斯本，幸存者发现，就在地震发生前几个小时，鸟类惊慌飞离，老鼠纷纷逃离鼠穴。1975年2月，中国海城的动物观察员向市政官员反映，大量的蛇和蚯蚓纷纷在寒冷的冬季逃离温暖的冬眠洞穴，市政府立即采取措施，下令大规模撤离居民。几个小时之后，一场大地震夷平了这座城市，但数千人得以幸存。这应归功于竞争激烈的动物界，因为动物有着特殊的感应能力，这种能力也是它们得以在各种恶劣环境下生存的条件之一。鲨鱼能闻出水中百万分之一的血腥味，猫头鹰能听见1英里外老鼠的脚步声，有些狗拥有比人类灵敏千倍的嗅觉，乌翅真鲨能察觉暴风雨前的气压变化，气压降低时就离开岸边，游向深水区。人类的耳朵听到的信号有限，如波长振动频率低于每秒20～30次的次声波，对于人耳来说波长已经过长，无法察觉了。而次声波是一种很神奇的声音，它的波长比其他频率的声音更宽，如果碰上某个物体，例如一棵大树，它的波长比树还宽，因此能绕过那棵树，不会出现折射或被吸收的现象。人类听觉的限制是我们迈入神秘的次声世界的一道门槛。地球正是以低于人类听觉下限的次声波发出自己的信息：火山喷发的声音、板块推挤的声音，还有陨石撞击地球的声音。

音频可以被医学和科技所用，治疗预防疾病和阻断病源所需要的各种声音，为人

类的健康生活和推进研究工作提供服务。美国科学家已经在实验室中证明了家猫的呼噜声,不但能对其自身的骨骼和器官的小损伤有自疗作用,还在对猫呼噜声声波的测试过程中发现,猫呼噜声的音频为20~140赫兹,如将人体暴露在这种低频的声波中,有助于改善人类的骨质,对平缓心率、降低血压、缓解呼吸困难以及消除紧张感有一定的帮助。

美国《人物》杂志曾刊载一篇文章,介绍人运用"回声定位法"的情况。加州萨克拉曼市人本·昂德沃德已14岁,他从3岁时双眼就患上视网膜癌而失明。但现在他却能像其他同龄孩子一样自由自在地溜冰、玩电子游戏,甚至踢足球和打篮球。因为他学会了一种只有蝙蝠和海豚才会的"回声定位法",他能通过舌头发出声音,再根据"回声"辨别出各个物体所在的位置,通过回声的强弱程度,可以测量出物体距自己的距离。

在实际生活中,倒车提醒,门禁应答,无损切割,回声定位,雷达、海底探测,公交、火车站、机场报站到站提示提醒,还有手机录音和微信留言等等,无处不在,体现着数字音频便于采集、储存、修改、创造、传输等特性,越来越成为人类不可或缺的数字服务平台。

数字音频技术是近年来计算机科学技术中发展最快和运用最广泛的技术之一。面对全媒体时代的滔滔洪流,作为其相关专业的一门课程"数字音频制作与创作",其教学目标是应用数字音频基础理论和操作应用技术,设计制作和创作出丰富多彩的听觉、视觉素材;更重要的是通过教学活动,使学生能够融会贯通,具有开发完整的、实用的数字音频制作与创作的能力。

本书所教授的软件是作者经过多年来在教学实践中使用并验证过的数字音频常用软件。在《数字音频制作与创作》一书中,作者对最为基础性的声音感知和软件操作作了较为详细的介绍。读者可以边运用边发掘,从中发现更多的声音音频应用和研究方向。

本书的内容,不论是在教学还是在其他领域的数字音频运用中,尽量做到表现力更加丰富,从而达到自如轻松地制作出丰富多彩的声音作品和听觉素材的最终目标。

《数字音频制作与创作》一书的特点可以简单归纳为:

其一,受众面较广,知识点较全,可以在很大程度上激发读者的想象力与创造力;

其二,学生可以在掌握了一种软件操作后,举一反三地熟练操作与运用其他音频制作软件;

其三,在教学中,既适宜大范围的集体教学,也适宜读者自学;

其四，涉及的知识点很多，可以通过对软件的重复操作和练习来掌握并强化知识概念。

本书安排了四部分内容，简单地说，其目的就是理论联系实际，让读者知道该掌握什么，掌握得怎么样，应如何深入创新。

第一部分，集合了两大知识点，即什么是声音，声音到底是什么。什么是数字音频，数字音频到底能干什么。

第二部分，什么是 Adobe Audition CS6。

第三部分，怎么操作 Adobe Audition CS6。

第四部分，高鹭操作 Adobe Audition CS6 做了什么。

第一部分讲述的是声音的基础知识，涵盖了丰富的情感表现力与掌握技巧，在语言、音效的学习中体会尤为明显，从而揭开数字化音频的面纱，看到数字音频的素颜，同时也开启了本书的主要知识点篇章，是本书学习的理论知识重点。

第二部分让读者了解 Adobe Audition CS6 这款软件从安装到每一个界面每一个按钮的实际使用意义，并掌握按钮背后的操作效果。

第三部分，使用软件，操作软件，练习软件，读者从陌生到熟练地掌握软件。

第四部分，将部分功能操作展示出来，抛砖引玉，为启迪读者创造出更为新颖的完美音效作品打下基础。

由于时间仓促，书中的不完善、疏漏、错误之处在所难免，恳请读者和同仁批评指正。

编 者

目　录

第三部分 Adobe audition CS6 的制作

第四部分 制作实例

第一部分

数字音频的基础知识

第一章　我们对声音的了解到底有多少

声音与人类结伴,人们对声音是再熟悉不过,世间万物都是有声音的。它如同空气、阳光、水分,是我们赖以生存的物质元素。它与人类的生活、劳动、娱乐和审美相伴相随、情同手足。人不可能隔绝声音,不可能不闻人声、不通语言、不懂音乐、不听音响。声音弥漫在我们周围的大千世界,雷鸣风吼、莺歌燕舞、龙吟虎啸、流水欢歌、急管繁弦……组成了我们生存的这个星球上的声音系统,齐奏着鲜活的生命交响曲。

声音,人能听到的大约有 40 多万种,人耳对声音的敏感度很高,但并不能听到所有的声音,人耳所能听到的声音会有频率限制,有的声音不在人耳接收的范围内,所以就听不见了。例如 3 米外一只蚊子飞过的声音是 0dB,花儿绽放的声音是 10dB,灯泡里灯丝发出的声音是 13dB,溪水缓慢流动的声音有 20dB,微风摇曳着树枝发出的声音是 20dB,沙漠中看似静止的细沙流动的声音是 30dB。

人和动物到底能听到多少分贝(dB)的声音呢? 请看下面的小故事:

> 蝙蝠家族遇到了危险,逃脱的一只蝙蝠想找森林之王狮子帮忙,尽管蝙蝠声嘶力竭地呼喊,打盹的狮子却没有任何反应。是狮子不想帮忙装睡吗? 答案是狮子根本没听见。蝙蝠发出的声音非常大,可以达到 140dB。狮子则是地球上发音频率最低且传播最远的动物,与老虎无异,都可以达到 150dB。
>
> 蝙蝠能听见的声音频率范围是 10～100000Hz,海豚能听见的声音频率范围是 2000～100000Hz,猫能听见的声音频率范围是 100～65000Hz,狗能听见的声音频率范围是 50～32000Hz,人能听见的声音频率范围是 20～20000Hz。

第一节　模拟声音

1.1　声音的构成

一切声音都具有音高、音强、音值和音色四种要素。在古代,声音有天籁、地籁、人籁之分，现代有语音、乐音、噪音，超声波和次声波之别。声音是很有意思的特定物理现象，必须通过介质才可传播。声音的构成见表 1－1 所列。

表 1－1　声音的构成表

声音构成	令人紧张	使人放松
人声	尖叫、众人的呐喊、激烈的争吵、急速的喘息等	婴儿的呢喃、妈妈的摇篮曲、平静的呼吸声、畅快的大笑等
音效	警报声、救护车鸣笛声、猛兽的咆哮声、摔碎的瓷器声等	平静的海浪声、潺潺的泉水声、蟋蟀的叫声、屋檐下的风铃声等
音乐	上行的音阶、狂乱快速的节奏、不和谐的和声、持续错音的小提琴声等	下行的音阶、缓慢均匀的节奏、和谐的和声、悠扬的长笛声等

1.2　声音的特性

我们把已产生振动的发声物体称为“声源”，也就是发出声音的源头。

1.2.1　声音的物理性

物理学所说的声音就是一种声波，是由频率、波长、周期、波速、振幅、相位构成的球形纵波。一些空气分子的振荡导致其周围气压产生了轻微的变化，传到了人耳里的鼓膜上，鼓膜振动经过听小骨和神经组织的传导传递，再由大脑皮层分析判断左右方向、音量大小和效果等等，构成了人类对于声音判断的依据，形成了人耳听到的声音。这个过程就如同湖面投石，泛起层层涟漪，四面散开。

> “乐圣”路德维希·凡·贝多芬，是德国 18 世纪作曲家和音乐家，维也纳古典乐派代表人物之一。其影响深远的作品有交响乐《命运交响曲》《欢乐颂》等许多传世名作。在他 26 岁听力日渐衰退到他 52 岁取消歌剧指挥权期间，他的很多作品都是依靠他用一根木棍抵住牙齿、将木棍的另一头抵住钢琴“听”声音完成的。

相对于大气压，声压实际上是个很小的量，在空气中，一般人能感受到的声压分为最低限 20_{μ}Pa 的听阈和最高 SPL（即 Sound Pressure Level）值为 140_{μ}Pa 的痛阈。

声音在不同的介质中传播的速度不同。在 0℃ 的空气中，声音的传播速度是 331m/s，在水中的传播速度是 1473m/s，在铁中的传播速度是 5188m/s。声音的传播也与温度有关，声音在热空气中的传播速度比在冷空气中的传播速度快。

声音是不安分的。安徽省合肥市的电信大楼，楼顶耸立着一座塔钟，这塔钟准点报时，钟声悦耳，响遍全市。但是住在远郊的居民听到的钟声，有时候清晰，有时候模糊，有时候正点，有时候“迟到”，这是塔钟的失误吗？原来声音在空气中爱拣温度低、密度大的道路走，当遇到温度高、密度小的空气时，声音便会向上拐弯到温度较低的空气中去。天长日久，人们得到一条经验：平时听不见或听不清的钟声一旦听得很清楚，就预示着天要下雨或正在下雨！这是因为这时空气湿度大，湿空气要比干空气的密度大，容易传递声音。

了解声音首先要学会聆听，人只有用心地聆听，从中寻找各种细节，方能洞悉声音的奥妙。

在中国，几千年前的古人就深谙声音的玄妙和奥秘，早早地就开始让声音为人类服务。例如中医在为病人诊断病情时会采用“望、闻、问、切”四种诊断方法。其中的“闻”不单单是指用鼻子嗅一嗅，还含有听一听的意思。听病人的呼吸声和说话的气力，从患者气息的高低、强弱、清浊、缓急等变化中，医生就能分析判断病情的虚实寒热。这也是中国人对声音运用的最早范例。

1.2.2　*声音的心理性*

声音是富于心理性的。声音与我们的生活息息相关，充满了喜怒哀乐、善恶丑美。“闻声见景”“听声见形”“听声测深”，每一种声音各司其职，相辅相成。

苏轼《琴诗》云：“若言琴上有琴声，放在匣中何不鸣？若言声在指头上，何不于君指上听？”琴声来自演奏者的指端，即手指与琴弦的触动产生物理振动发出了乐声。声音是载体，情感、乐思来自演奏者内心。只有两者统一、表里结合，乃成琴声。欧阳修《赠无为军李道士》中“弹虽在指声在意，听不以耳而以心”则明确了“声在意”和“听以心”的心理因素。

耳朵对声音的综合辨析是心理活动思考过程的最基本形式之一，通过声音的韵律变化，满足了人们对声音感受其形象的运动勾画。法国苏利昂教授在《艺术的暗示》中认为：人的耳朵首先具有对同时发出的声音加以分析、选择的能力，其次是对不同声音加以综合、概括的能力。人们的听觉实践证明了这一理论的正确性和科学性。因此，思维、情感、理智、意志等多种心理功能的声音美感意识，源于人自身拥有的各种心理功能的综合表现。许多感性的艺术创作者“登山则情满于山，观海则意溢于海”，所以才会有“一千个读者就有一千个哈姆雷特”这句话。

《马克思恩格斯论艺术》(一)中说：“焦虑不堪的穷人甚至对最美的景色也没有感觉。”从心理学上分析，这种现象一是“心境”所致，二是“注意”所致，这里的“注意”是指心理活动的过程和对声音辨析的关注度。两者导致的结果就是“听而不闻”“充耳不闻”。

在现实生活中，人们对声音的感觉，很大程度上取决于当时的心境、处境，以及对声音的认知度及感知力。

乔舒亚·贝尔(Joshua Bell)是世界著名小提琴手。他做过一个试验：2007 年 1 月 12 日早上 8 点，他带着意大利斯特拉迪瓦里家族在 1713 年制作的价值 350 万美元的名琴，站在华盛顿地铁站的一个入口，此时有成千上万的上班族通过这个地下通道前往工作地点。他连续 45 分钟演奏了巴赫的《恰空舞曲》和《圣母颂》等很有难度的 6 首经典名曲，只有 7 个人停下来认真聆听了他的演奏。其中有一人认出了他就是大名鼎鼎的乔舒亚·贝尔，而他亦只被 27 人“施舍”了 52 美元(包括认出他的人给他的 20 美元)，而他在波士顿歌剧院的演出门票每张高达 300 美元，还一票难求！

1.2.3　声音的表情性

听力敏感的耳朵具有一定的声音情感穿透力。以情见长，以撩人心弦制胜的声音往往比眼睛更容易动情，声情饱满，情寓于声，声情并茂，声泪俱下……生活中随处可以看到听到。任何声音，只要耳朵有一丁点的用心传情，就会直接进入心灵，并作出相对应的情感反应，这就是“闻声而知情”。黑格尔在《美学》第三卷上册中写道：“迅速消逝的声音世界却通过耳朵直接渗透到心灵的深处，引起灵魂的同情共鸣。”历朝历代的文人骚客、艺术家，都将声音入诗入词、入画入乐，并赋予了这些声音演绎其本人的主观色彩和情感因素，如“拟人”“煽情”“寄托”“比喻”等。

何占豪、陈钢以越剧中的曲调为素材，综合交响乐与我国民间戏曲音乐表现手法，将著名的民间传说《梁山伯与祝英台》(简称《梁祝》)用小提琴协奏曲的演奏形式搬上了舞台。《梁祝》中用大提琴表现男性——梁山伯，用小提琴象征女性——祝英台，按照时间的顺序，以“草桥结拜”“英台抗婚”“坟前化蝶”为主线，展现了两人的爱情悲剧。整个节目时间将近半小时。在这协奏曲演奏的吴越曲调中，如泣如诉、娓娓动听的声音，令很多观众、听众潸然泪下，产生了情感共鸣。

在自然界中，动物对运用声音来作为它们的表情和表达情感早已是驾轻就熟：猫舒服时会发出咕噜咕噜的声音，表情必然是闭上眼睛极其享受的模样；小狗看见主人回家时会发出清脆的短吠，张大嘴巴伸出舌头，显露出一种非常开心的表情；海豚会一边发出欢快的海豚音，一边用长长的嘴亲吻对方，微微张开的嘴巴就像一个微笑的笑脸。

电话这边的你绽开笑容说话，电话另一边的人立刻可以感受到你的喜悦和开心。平和亲近的语调让人感觉是温柔真诚微笑的面孔；匆忙的脚步声往往伴随着的是紧张或即将有事发生的睁大的眼睛；混乱嘈杂的乐曲声会令人想到烦躁的情绪和怒目圆睁。人的音调变化情况见图 1－1。

图 1－1　“啊”字配以不同的音调可以看出人完全不同的表情

声音还具有全方向性特征，人耳是完全开放敞开的，接收着来自四面八方传来的声音。它不能像眼睛半闭半睁，或者闭目养神般地完全关闭，即使完全睡着时，两耳仍旧接收着外界的一切声音。这时人耳出现的两耳不闻窗外事、浑然不知等状况，皆因听者本人的注意力不集中。

一些人在生活中就是一个“声音控”，喜欢说话，喜欢唱歌，喜欢叫喊，喜欢模仿各种声音，故意捏着鼻子发出哆音，抑或是故意压低装粗将声音变得很低沉等等，不论是天生还是后天伪装，都能瞬间将一个人的涵养和性格展现无遗。

例如，描述一件事情时，一种回答是：“刚才那个人从我眼前跑过去，吓我一跳！”另一种回答是：“刚才那个人从我眼前‘唰’的一下跑过去，吓我一跳！”两种回答产生不同的效果，很明显后者较前者生动形象，因为后者使用了象声词。

在言语表达词中，喜爱使用象声词的人，往往是一个声音表情很丰富、善于模仿的人。使用象声词不仅仅是能将情景再现，同时也带动了脸部表情和肢体语言更为生动，有很强的气氛调动能力。

所以，一个能把声音运用得游刃有余、能很快与听者产生共鸣、触及其心灵的人，必是智者。

“心声”是一种特殊的声音，这是一种无法在物理环境中听到的声音，它来自于内心。这种声音往往更加狂野或深沉，更加炙热或寒冷。也许只是一种真诚意愿表达，也许是一段文字、一段情感，抑或是一次思想灵魂的碰撞，但却产生了一种契合。

古有刘勰今有鲁迅，均有文字描述：“然饰穷其要，则心声锋起；夸过其理，则名实两乖。”“盖人文之留遗后世者，最有力莫如心声。”

还有一种声音叫“此时无声胜有声”。最痛的哭泣往往没有声音，真正被吓到的人往往喊不出声音；最开心的快乐却没有笑声，有的只是流淌的眼泪；最真挚的情感表现往往只是四目相对时的那一瞬间。

南斯拉夫籍著名行为艺术家玛瑞娜·阿布拉莫维克(Marina Abramovic)，2010 年在纽约进行行为艺术表演，静坐两月与陌生人凝视。其间她只是平静地对视，没有表情，动也不动。但是分别 22 年的男友 Ulay 意外出现，让她潸然落泪，满含泪水向 Ulay 伸出双手。据了解，玛瑞娜在 1976 年遇见德国行为艺术家 Ulay。12 年后两人分手，分别自山海关和嘉峪关相向骑行，各自前行 2500 千米，在中间相遇，然后告别，此后 22 年不再相见。

1.2.4　声音的时间性

声音不是具有一定的长度、宽度、高度的物质实体，而是时间流程；是多维的随生随灭的外在现象。声音不是点和线，更不是面和立体，所以无法也不能在空间中展开、矗立，是看不见摸不着的特定自然现象。既然是受时间流程所控，声音的发展是永不停息，永远向前流动、延伸的。所以声音和时间总是相依相存，瞬间出现，转瞬即逝。

哈斯效应(Haas effect)是一种双耳心理声学效应，也称优先效应，是亥尔姆·哈斯于 1949 年在他的博士论文中描述的。声音延迟对人类听觉的影响具有比音量大小的影响大得多的效应。第一声音发出后，延迟 25～35 毫秒内接着发出第二声音，听者则能听出为一整体融合的声音；但若延迟时间超过 35 毫秒，听者则听出为第二声源。听者也以第一声音为主确定声源的地点和方向。哈斯效应有助于建立立体声听音环境。现实生活中的哈斯效应典型的例子就是蟋蟀叫声。

声音具有鲜明的时代特征、地域特征和民族特征，不同的时代，有着不同的政治、经济、文化及社会印记，在音乐和语言方面体现得较为突出。例如：《天涯歌女》温软的歌声，立刻将人的记忆带到了中国的20世纪30年代。*Just Blue* 的旋律，能让人想到央视著名的节目《动物世界》和以独特嗓音为之配音的赵忠祥。1958年“穿林海，跨雪原，气冲霄汉……”印在那个年代人的骨髓里。而当下的“房奴”“裸婚”“80后”“小苹果”等各种新生词汇与流行歌曲无不散发着这个时代的气息。中国疆土辽阔，56个民族在世界五大洲七大洋中独具自身的地域特色和民族风格，构成了中国底蕴丰厚、形式各样、丰富多彩的声音文化。

声音无痕，时间无形。在时代的长河中，声音的烙印只有定格在脑海里的记忆和发黄的相片中。

同样，人耳对于声音的反应也是有时间条件的。健康的年轻人听到的频率范围是20～20000Hz。随着年龄增长，人听到的频率范围越来越窄：28岁时，是22～17000Hz；40岁时，是25～14000Hz；60岁时，是35～11000Hz。

1.2.5 声音的空间性

我们在爬山时，站在山顶经常会不自觉地向另外一个山峰呼喊，以体味那种让自己的声音在山间来回穿行的愉悦。走进山洞，参观大教堂，人们都能体会到那一种空旷并不断回荡的重复震撼。这就是自然空间带给声音的一种天然的润色加工。

声音的空间感，多源于此。这与声波的能量传播不无关系，在这种能量传播过程中，声音一般会分为三种类型：一是直达声，就是从声源直接到达听者耳朵的声音。它的距离最短，中间没有任何障碍。二是早起反射（反射声），是从声源经过一次或两次反射后到达耳朵的声音。人类采用回声定位系统进行各种探测。三是后期反射（混响声），是指从声源反射两次以上到达耳朵的声音，可以帮助声音进行润色。声波在传播时，会被各种障碍物反射，每一次的反射都会被障碍物吸收一部分。这样，当声源停止发声后，声波经过多次反射和吸收后才会消失。所以，当声源停止发声后，我们会感觉到声音仍在持续，这种现象就是混响，而这段时间也就是混响时间。混响和回音都是反射声的结果，两者的不同就是混响是声音的拉长，而回声则是声音的再现。

在声音的空间感中，声音伴随着一定的方位感。不同的环境空间，声音到达耳朵的时间、强度和音色是不同的，由此可以让我们辨别出声源的具体方向和所处位置。方位感是因为距离的因素，让我们从声音的水平定位和深度定位，有了一定的判断和身临其境之感。本书后面介绍的软件，是通过一个相位（Pan）或相位的属性来控制某个声音在左右两个声道的音量大小的。

再有就是方位感定位的同时，声音又显现出了一定的透视效果，即声音的距离、远近和纵深度。不同空间环境，声音的直达声和反射声的比例，以及声音振幅（音量）大小，可以产生声音远近纵深的距离感觉。就如同视觉中的透视效果一样。

声音是一种运动波，所以在空间中必然是以一种运动模式存在的，而这种运动中的声音在传播时，由于介质的不同温度不同密度，产生了不同的传播速度：在正常的气压条件下，温度为0℃的空气中水平传播速度为331.5m/s；温度每增加1℃，传播速度增加0.61m/s。声音在气体中的传播速度是慢于液体中的，在密度较高的固体中，声音的传播速度则高于在水中的传播速度。

> 声速：当声源与听者之间以一定的速度做相对运动时，接收者所接收到的声音的频率（波长）就会改变，引起音量及音调的明显变化，声学上称之为"多普勒效应"。这个名字源于发现者——克里斯汀·多普勒。多普勒发现，当声源与听者做相向运动相互靠近时，听者接收到的频率就会升高；当声源与听者之间做反向运动即相互远离时，听者接收到的频率就会变低。声源的移动速度越快，多普勒效应就越明显。声音的运动感包括声源种类的变化。
>
> 超声速：比声音传播还要快的速度就是超声速。奥地利人恩斯特·马赫从1887年开始研究超声速现象，研究对象是炮弹，他发现炮弹在超声速的状态下仍可以平稳飞行。40多年后，科学家们开始研究如何让飞机超声速，为了纪念马赫的伟大发现，声速的计量单位就命名为马赫（1马赫为一个声速单位）。当飞机的飞行速度比声速低时，同飞机接触的空气就像一个"通讯员"，以声速向前"通知"前面即将遭遇飞机的空气，使它们"让路"。但当飞机的速度接近声速时，飞机前面的空气因来不及躲避而紧密地压缩在一起，堆聚成一层薄薄的薄面——激波，激波后面，空气因被压缩，使压强突然升高，阻止了飞机的进一步加速，并可能使机翼和尾翼剧烈震颤而发生爆炸，这个现象就叫作"音障"。直到1947年后，才有了飞机的超声速飞行。

1.2.6　声音的色彩性

声音色彩，分别是指声音的两种物理属性：一是在文艺作品中会给"声音"赋予"色彩"，二是修辞的"通感"。这里的"色彩"并非普通意义上所指的物体表面所呈现的颜色，而是一定的声音传递出来后，听者在感知上有了一定的联想，从而为这种声音披上了一件有色外衣，在理性上产生了一种认知。这种听觉上的感知色彩，往往随着感性的起伏而变化。

夏夜的蛙鸣、秋风里的落叶、冬日暖阳下融化的冰雪、春天万物复苏的伸展……或痴迷或凄婉或豪放或温馨，这些彩虹般的声音被赋予了纯个人情感。黄色的声音，模糊着夕阳，正如失意时的那一声声呢喃，又如迷魂般的魔音叩击心门；红色的声音，幻化为热烈、灿烂，可以融化坚冰击退寒冷，正如冬季奥林匹克赛场上的呐喊，又如压抑多年雪藏大半生的那一句轻声问候；白色的声音，不变的是洁净与晶莹，净化着心灵，安抚着灵魂，正如童声中毫无杂质的天真，又如诵经中流淌着的那一份份宁静；蓝色的声音，映衬的是宽广无垠的碧海蓝天，锤炼着意志，锻造着善意与包容，正如老师的谆谆教诲，又如志愿者温暖的问候；绿色的声音，生长为芳草绿茵幽谷潺溪，陶冶情操永固希望，正如校园里传出的琅琅读书声，又如自我鼓励的一声"加油！"；黑色的声音，承载的是厚重，代表的是坚固，正如心中巨人的一声召唤，又如痛彻心扉的强抑抽泣。

声音无色无味，却能撼动灵魂；声音的颜色看不见摸不着，但能使每个人的一生色彩斑斓。

以上是狭义理解上的声音色彩。广义上的声音色彩则具有民族色彩、时代色彩和

地域色彩。

色彩对于中国人而言，不但是一种感官上的体会，还传承了中国人向来追寻的一种与命运、心理和繁衍息息相关的特有民族特性，她有着独特的历史厚重感。中国本就是一个多民族国家，声音的民族色彩从音乐和语言上表现得尤为明显。声乐唱法有民歌和原生态之分，在音乐中，中国民族器乐的绚烂多彩更是展示了中华民族的智慧与创造力；非但如此，还将西方乐器的表现力运用到中国乐曲中，著名的小提琴协奏曲《梁祝》就是运用西方乐器演绎出了中国传统民间故事的精髓。从最早的甲骨文到现代的网络语言，从地方方言到全国推广普通话，无不体现着声音色彩的特点与发展。

时代色彩是生活中如影随形的一种声音色彩特征。20 世纪 40 年代的人听《天涯歌女》就会感慨万千，五六十年代的人听到《赞歌》《九九艳阳天》就会引吭高歌。"80后"一听到《双节棍》，立刻就会一起哼唱："吼吼哈嘿！"从"关关雎鸠"到"喜大普奔"，每个时代有每个时代声音特有的语言结构和传情达意的功能特点。不论是什么时代，不论那个时代色彩是什么基色，时代色彩带给人的永远是一种精神的传递，通过这种色彩的变换，让我们拥有了充分了解更为广阔生活空间的能力和动力。

960 万平方千米的中国土地，上下 5000 年的发展历程，地域色彩想不丰富都是不可能的。从古至今由南至北，历史早已为我们描绘出了中国无比绚烂的声音色彩。

1.2.7 声音的全面性

音响是指除语音、音乐之外其他声音的统称。大自然和生活是艺术之源和音响之源，范围很广泛，几乎涵盖了现在自然界中所有声音和非自然界的声音。

音响在影视多媒体作品中的作用是增强画面叙事内容的生活气息，烘托剧情气氛，扩大观众视野，赋予画面环境以具体的深度和广度。音响在画面作品中的不断出现和重复，不仅仅是传声，还作为剧作元素进入整部作品结构中，成为其中重要的表现手段之一。

音响可以根据发声属性，分为以下几种：

动作音响：人和动物进行各种活动时发出的声音。例如，脚步声、开关门窗声、松鼠嗑松子声、鱼儿跳进跳出水面的拍打声等声音。

自然音响：自然界自然存在的声音，非外界作用产生。例如，狂风怒吼、电闪雷鸣、树叶沙沙、溪水潺潺等声音。

机械音响：机器工作发出的声音。例如，机床、电锯、马达、门铃、闹钟、洗衣机、缝纫机等声音。

军事音响：又称战争音响。与战争相关的各种军事装备、武器发出的声音。例如，枪炮声、炸弹爆炸、子弹呼啸、战斗机投弹和俯冲、军舰和战车轰鸣等声音。

动物音响：自然界中各种动物发出的声音。例如，猫叫犬吠、鸟啼虫吟、公鸡打鸣、母鸡下蛋、海狮打哈欠、企鹅呼唤配偶等声音。

交通音响：各种交通工具发出是声音。例如，火车、汽车、轮船、航母、火箭等发出的声音。

> 特殊音响：各种特殊的、光怪陆离的声音，也指超自然声音。例如，恐龙的叫声、各种飞行器在真空中运行时的声音、猫唱圣诞歌、玩具拟人对话等。这些声音都是需要通过电子设备和音频软件对各种原生态声音进行加工处理后才能出现，也就是本书中提到的特殊音效。

1.2.8　声音的艺术性

声音与画面结合是科学、艺术发展的必然，是具有欣赏声音的耳朵、感到形式美的眼睛的审美要求。声音是现今数字图像艺术的重要组成部分，其在画面中的作用举足轻重。声音引导图像，声音是影像的翅膀。无论是对白、说话、独白、旁白、解说、画外音，还是同期声、现场音、环境音、自然音、拟音、电声音、特效音，抑或是主题音乐、主题歌、插曲、民乐、西洋乐、歌剧、戏剧戏曲、流行乐、节目音乐、器乐、声乐、配乐、音乐艺术片等等，都和图像有着不解之缘，紧密相关。语言、人声、音乐、音响与画面如骨肉之亲交相扶持，相依为命，融为一体。从没有画面仅仅听见声音的广播，发展至声画相结合的电影电视，声音发挥着其独特的艺术魅力。

在很多艺术作品中就有声音艺术造型。例如1987年出品的《红楼梦》中：由邓婕饰演的王熙凤第一次出场时，正如小说中描写的那样："一语未了，只听后院中有人笑声，说：'我来迟了，不曾迎接远客！'"不见其人，只闻其声"，王熙凤用一串笑声引起了众人的注意，后才现身。这种采用声音先入为主的手法，很快地将人物在受众的脑海里刻画出来。

声音的艺术表现含有两个美学变量：一是声音透视，二是声音逼真感。

声音透视(Sound Perspective)：相对应于视觉透视，当声源体越来越近的时候，音量也就会随着距离的缩短而越来越响亮，越来越清晰。

了解声音的逼真感，有利于更好地利用声音的特征来帮助表演。例如配音时，为了表现睡眼惺忪时的状态，配音演员就需要将声音放轻，使用气声放慢语速，在口腔处于完全放松状态下把声音挤出来。

> 中国清代硬书(北京古老曲种之一)艺人黄辅臣，擅长说书唱大鼓并以此为生，因深受慈禧太后赏识一直在宫中表演。一日因咽喉闹疾，发不出声音。上场前，他为了救急，让自己的儿子在自己的背后演唱，自己站在前面表演，后被慈禧识破，非但没责怪，反而因其天衣无缝的表演，取得了意外效果。慈禧开玩笑地说："你们这是双簧啊。"她大加赞赏后，还奖励了这父子俩。从此黄辅臣就成了曲艺"双簧"这种表演形式的创始人。

人的有声语言是人类进行交流的最原始也是最有效的手段，文字语言仅仅是其中的一部分。电影台词中最重要的是声音，是在小说中写不出来的"声音"。

萧伯纳曾说："如果你真想获得富有效果的表演，那你就必须注意使声调有变化。当我给一出戏分配角色时，我不仅考虑到这个角色要这样的人，那个角色要有那样的性格，我还要挑选一个女高音，一个女中音，一个男高音和一个男低音。"

1905年，我国诞生了第一部无声电影——戏曲纪录片《定军山》。1936年卓别林的《摩登时代》彻底结束了默片时代，进入了有声电影时期。中国第一部有声电影始于1931年3月，是由上海明星公司拍摄的《歌女红牡丹》。世界上真正意义上的第一部有声电影，是1927年美国出品的《爵士歌王》。提到电影，不得不说说以音乐为灵魂的电影《音乐之声》。该片于1965年上映，作为一部商业电影，其艺术性堪称经典。

响彻极致美景山峰的歌曲*The Sound Of Music*

名曲雪绒花*Edelweiss*

Something Good

Do-Re-Mi

经典曲目还有：*The Lonely Goatherd*、*So Long*，*Farewell*、*Climb Every Mountain*等

影视作品中音乐的使用方法分有声源音乐（Source Music）和无声源音乐（Underscore）。有声源音乐即音乐的原始声源出现在画面所表现的事件内容之中，使得观众在听到音乐声的同时也能看到声源的存在，如同期声；或是观众和画面中的人物都能听见。无声源音乐是指从画面上见不到并且感受不到有原始声源的音乐，只有观众能听见，而画面中或剧中的人物听不到。无声源音乐有着更加丰富的画面情感和情绪，渲染特定环境气氛，刻画人物内心世界，解释、充实、烘托和评论画面内容的重要艺术作用。如《西游记》中女儿国国王与唐僧游园时播放的《女儿情》，就是剧中人物听不到的，但诠释渲染了剧中人的心情和氛围，景美人妙曲更好。

1.3 心理声学

心理声学（Psychoacoustics）：是听觉范畴内一个重要及涉猎很广的学科。它是对听觉机制和声音信号分析的综合理解，也就是人对声音客观存在的主观感知，是受人类自己的主观情绪和大脑经验所决定的一种物理反应。对于声音的设计和制作，心理声学起到相当重要的作用。

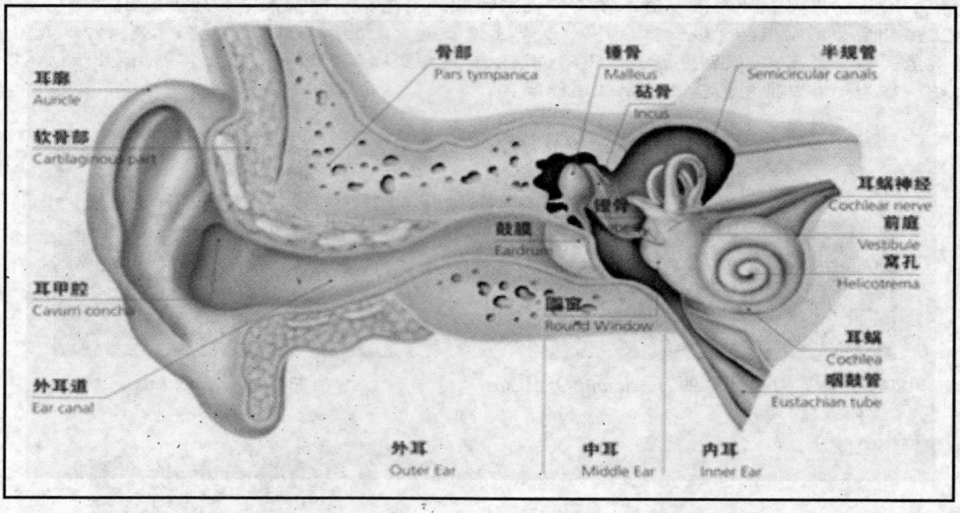

图1-2 耳朵的结构

了解心理声学,必须了解我们耳朵的生理结构(见图1-2)。

1.3.1 听觉机制

听觉的生理结构分:外层听觉(外耳)、中层听觉(中耳)、内层听觉(内耳)。其生理过程是由空气压力令鼓膜振动,耳鼓膜的振动通过液压和机械的方式放大,以驱动内耳的射流媒质。射流振动刺激脑部毛细胞房,通过听觉细胞传送信号给大脑,再由大脑和毛细胞反复相互作用,对声音信号做出连续反应和分析。

1.3.2 响度

心理声学是介于物理声学和人脑思考过程之间的一门边缘学科,是一种非常复杂的综合性学科,不仅涉及声学、听觉生理和听觉心理,还涉及人类学、社会心理学等诸多学科。

影响响度的因素:与声强有关、与声音频率有关、与听觉心理感知有关。

这里就只介绍其中最基本的几个概念。表1-2粗略地描述了主观反映和客观声音之间的关系。它们首先反映出来的就是它的响度。

表1-2 声音的主客观关系表

主 观	客 观
响度:Loudness	电平:Level
音高:Pitch	频率:Frequency
音色:Timbre	频谱:Spectrum

响度,又被称为“微笑情商”。是增强声音的低音和高音、塑造频率响应更接近相等的响度曲线。为了把客观存在的物理量与人耳感觉统一起来,引入了一个综合的声

音强度的度量——响度、响度级。响度级是一个相对量，有时是需要用绝对值来表示的（见图 1－3 至图 1－8）。

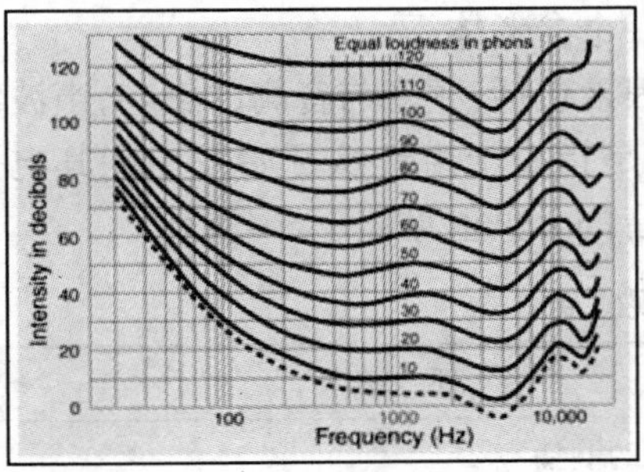

图 1－3　响度曲线图

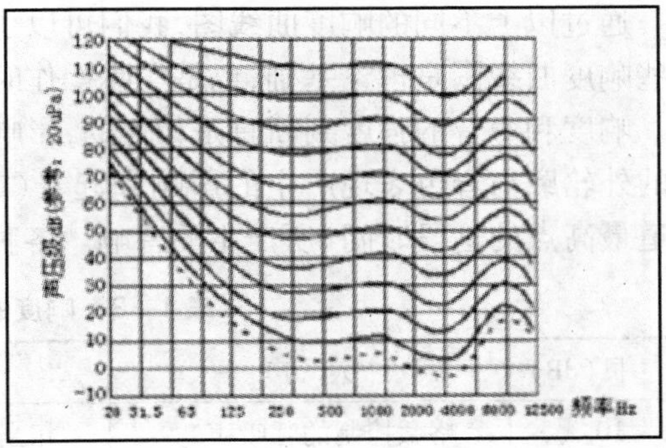

图 1－4　纯音等响度曲线图

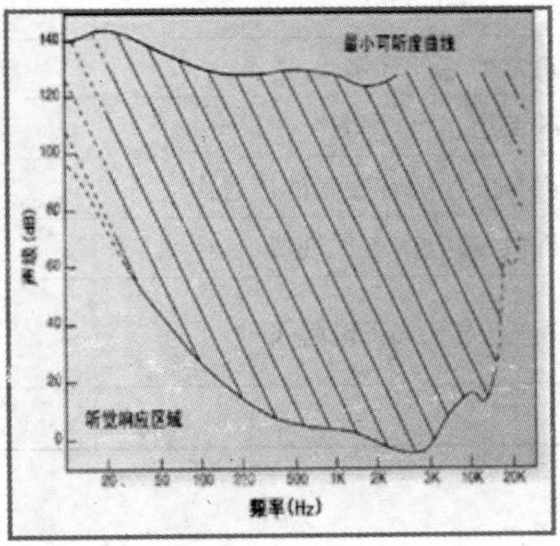

图 1－5　人耳听觉特性曲线图

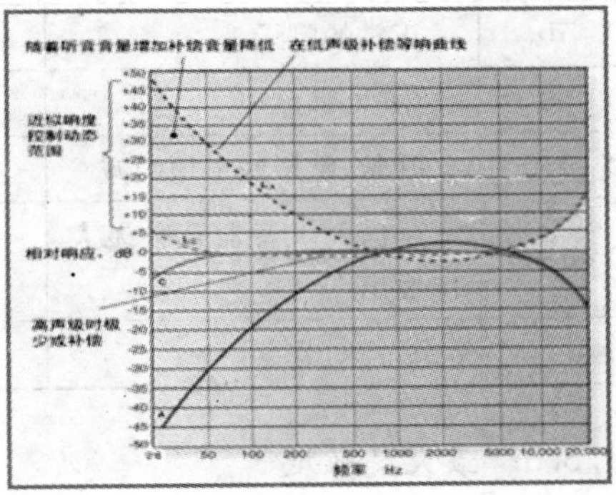

图 1－6　响度函数补偿范围图

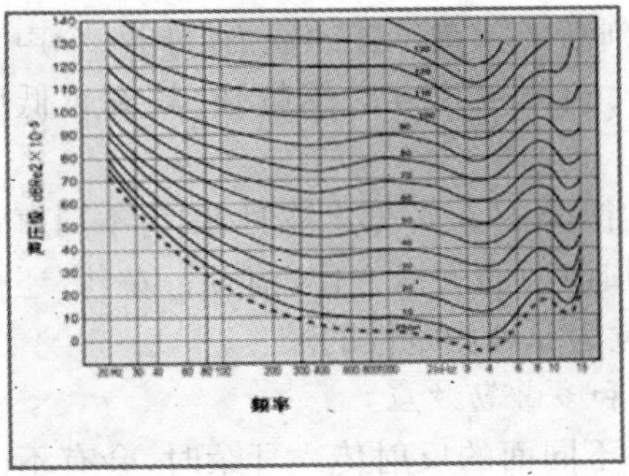

图 1－7　频响曲线图

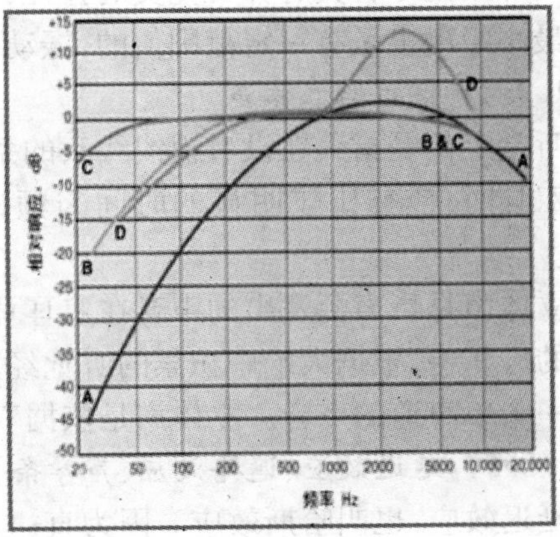

图 1－8　用于声级计的加权滤波器响应曲线图

作为主观反映的是声音电平，这需要非常复杂的量化方式来计算，并得出数值来衡量，响度的单位是“宋(Sone)”，响度的相对量称之为响度级，即某响度与参考响度比值的对数值，单位为“方(Phon)”。

通过以上不同的响度曲线图，我们可以了解到在制作声音时，需要做均衡处理，而这些响度曲线图是理论基础，也是实际操作时的一个参考体系。

响度和声音的强度判断总是相对的，影响的因素包括：频率与音高的影响，声波波形的外轮廓与音色表现产生的影响和起音(起音是指一个声音从开始发出到其电平声道最高点的这段时间)所产生的音响。各种声音的分贝值见表 1-3 所列。

表 1-3　响度的直观感受

分　贝(dB)	人　声	环　境
10	略微控制的呼吸声	相当安静的演播室
20~30	不让第三人听清楚的耳语	安静空荡的教室
40~50	压制着小声说话	城镇正常的室外环境
60~70	正常的聊天	嘈杂的街道，食堂用餐
80~90	争吵、训斥声	公共汽车上伴随着吵闹的广告声
100~110	呼救、歇斯底里地叫喊	重型机械、载重车工作现场
120~130	不借助扩音器几乎无人能发出	大炮轰鸣、喷气式飞机起飞
140	耳聋的节奏	

1.3.3　最大灵敏度

听觉最灵敏的频率范围是 2000~5000Hz，这也是人声最清晰的频段。

人耳鼓膜尽管具有异常完美的弹性，但由于物理条件所限，鼓膜振动时的最大距离和最小距离也是有一定范围值的，振动范围最小距离只有一个氢分子直径那么宽。

1.3.4　定位与立体声

听觉定位是指人在没有视线线索的条件下判断声源点位置的能力。同一个声音送到双耳时，会有比较明显的时间与频谱差异，频率越高方向感越强，频率越低则反之。

立体声是指声源发出的声音在双耳耳郭阻挡消耗掉一部分声波时，因为不同声音到达的时间差，根据大脑中积累的听觉经验，告知声源的大概方位，前、后、左、右还是只有一个单声道的声音。立体声是依据双耳听觉为原理做定性的。

1.3.5　延迟效应、遮掩效应、声学条件反射和多普勒效应

延迟效应：也叫哈斯效应。因为直达声经过不同面的反射传入耳朵时，会有不同的时间顺序，这种超过 35ms 时间差的声音，被称为“回声”。

遮掩效应：是生活中常能听到的声音效果，一种纯音让周围嘈杂的声音变得模糊，这种纯音被凸显出来，这种现象就是声音的遮掩效应。例如救护车、救火车的警报声，

还有轮船上的汽笛声等。

声学条件反射:是人耳面对过度音量的声音时保护自己听觉系统的第一生理反应。人耳面对这种情况时,会瞬间绷紧中耳内的耳鼓膜和耳砧骨之间相连的肌肉,起到立刻将声音衰减超过20dB。这种条件反射会形成一种保护,往往会持续几分钟才让声音彻底通过耳膜。

多普勒效应:这不是声波中的独有现象,包括电磁波中也会有多普勒效应。对声波中的多普勒效应感受最深也是最为直接的,就是人坐在火车上的时候。相向驶来的列车,迎面通过时,声音的音调会有高低变化,前面音调高,擦肩而过的瞬间,音调在耳后会立刻变低。

其原理就是前面的声音随着彼此运动距离的缩短,振动频率和声波密度不断地增加,令鼓膜振动的频率比声源的振动频率高。当声源到耳后时,相对的数值都在瞬间下降,令耳后的声波密度降低。而耳朵的直接感受就是音调的变化。

1.3.6 听觉疲劳

听觉疲劳针对的是耳朵对声音灵敏度的变化。变化因素有很多,例如年龄的变化、情绪的变化、身体健康状况的变化、身处环境的噪音变化等等。听觉疲劳主要分为两种类型:一是传导性听觉疲劳,二是神经性听觉疲劳。传导性听觉疲劳是一种机能障碍变化,最常见的如老年人会出现“耳背”情况。神经性听觉疲劳是一种长期持续地暴露在强噪音强声场环境中所出现的“听阈偏移(Threshold Shift)”状况。短时间非持续性的“短时听阈偏移(Temporary Threshold Shift)”可以调整回正常值,但如果时间超过了声学条件反射的作用时限,或者重复一定的次数后,会出现“持续听阈偏移(Permanent Threshold Shift)”,状态是不可逆的。

声音灵敏度不是恒定不变的,是需要注意保护并多加爱护的。一旦出现了听觉疲劳,如不立刻注意调整,就会出现不可逆的机能衰退。

1.3.7 节奏

节奏,即节拍,是一种声音信息上的混合物理现象,是人类特有的并且是超越人类自然生存需要的一种生理和心理反应,是一个影响声音感觉的重要元素。

关于人类对节奏的喜爱和直接反应,至今无法用医学科学解释清楚其产生的原因和形成的过程,目前只要了解节奏可以给人类带来许多乐趣和用处就好了。

节奏是两种声波在做有规律性的振幅变化,这种振幅变化就是节拍。振幅变化的波率被称为“节拍频率(Beat Frequency)”,等于两个单音色频段的差(见表1-4)。

表1-4 主客观节拍频率的关系

客观节拍频率	主观听觉的节拍频率
<10Hz	可以感觉到的频率和清晰明显的节拍
10~15Hz	可以感觉到频率,节拍变得粗糙
15Hz至临界频段	声音的独立性变强,节拍粗糙感保持
>临界频段	声音的独立性更强,节拍粗糙感消失

节奏也可以表示出一句歌词或者一段旋律中的强弱音变化，在语言中，就是“逻辑重音”的体现。当然，节奏不等同于重音规律，“切分音”就是在非强音处起拍，重置了节奏强弱音位置，例如爵士乐就是典型。

1.3.8　音高、音色、音质、音调

音高是较为主观的，是人们在个人意识中与生俱来的对声音频率值的判断。音色即声音的色彩表现，也是声音情绪化的表现力。音质是对声音内在某些特征的主观认定，如针对的是声音的构成材料和质地。音质相比于音高和音色，概念则更加带有模糊性和包容性。

音色和音质是音高感知的重要组成部分，相同的声音频率会因音色不同，导致判断音高产生差异，并且声音越复杂，判断力越乏力。

音调是以现代乐器将 A=440Hz 作为基准频率确定音高的一个标准，在此基础上，建立了音阶，并由音阶构成不同音高组成的规律，形成了旋律。即以最广泛使用的 12 平均律的音律。依据频率决定音高的概念，每增加一倍频率的音高定为一个声音八度跨度，将这个八度均分为 12 等份，每一等份为半音；再将半音划分为音分，100 音分=1 半音（见表 1-5）。

表 1-5　音阶名称及其音分

音阶名称	音　分	音阶名称	音　分
同音	0	完全五度	700
半音	100	小六度	800
全音	200	大六度	900
小三度	300	小七度	1000
大三度	400	大七度	1100
完全四度	500	八度	1200
增四度	600		

影响音高的是声音的基频，谐波则对音色音质音调产生了至关重要的影响。

著名的芭蕾舞剧《胡桃夹子》是西方常常在圣诞节演出的节目。

1891 年 5 月，柴可夫斯基在出席卡内基音乐厅的开幕音乐会时，开始创作芭蕾舞剧《胡桃夹子》，但是在表现剧中的小精灵时，他曾经认为“以音乐描述甜蜜小精灵是绝对不可能的”。而此后在巴黎停留时，他第一次听到了新发明的钟琴的演奏。于是，“不可能”就变成了可能，钟琴由此赢得了永久的名声，常常被用来表现奇幻的场景。所以要不断储备各种声音，要勇于拓展新音色。

黑格尔的《美学》一书认为：“想拥有会欣赏声音的耳朵，是要经过训练、积累和修养的。”

练习操作

1. 在物理学中，什么是声音？有哪些特性？举例说明。
2. 简述声音的分类。
3. 观赏两部经典影片，辨析影片中的主题旋律，并指出影片中的音效部分。

第二节　数字声音

2.1　数字音频的含义

数字音频，是继模拟音频后出现的一种全新声音处理技术，是针对模拟声音采用数字记录，用计算机数字技术实现对声音进行编辑、再造和回放。数字音频就是将模拟声音以计算机 0 和 1 组成的计算机二进制语言进行存取，将电平信号转化成二进制数据，再把这些已经数字化的信息存储编辑后，通过模拟电平信号设备还原播放。这个模数转换的过程称为音频数字化。就模拟音频和数字音频相比而言，数字音频的优点是存储方便、成本低廉、传输和制作过程较为便捷。其缺陷是，任何模拟音在数字化的过程中，采样点多多少少都会有部分的缺失，但随着数字信号处理技术、计算机技术和多媒体技术的迅猛发展，针对数字声音处理技术不断提高，数据对自然界的声音信号，只能做到无限接近，最大限度地保存与还原，将失真率降到最低。

数字声音整个制作包括声音信号的产生、采集、记录、加工、再造、传播和还原过程。这一复杂过程包括声学、电学、磁学、光学、机械学、计算机以及物理学中的许多基础知识，这些基础知识如果没有掌握好，是不可能对声音有全面深刻的认识，更谈不上制作出好声音。因此，如果想全面掌握并能熟练进行声音的艺术创作，并利用相关软件硬件实现对声音进行重塑、创造与还原，必须首先来认识一下“数字化音频”。

2.2　认知数字音频

数字音频编辑又称为非线性音频编辑，是指利用数字化的手段对声音进行各种技术处理，能够帮助人们简单快速地完成各种声音处理工作。传统线性编辑是按照信息记录顺序，从磁带中重放音频数据来进行编辑，需要较多的外部设备，工作流程十分复杂。与传统的音频编辑技术相比，数字音频编辑具有突出的优势。

从价格方面看，数字音频设备与传统设备相比更有优势。数字音频编辑系统中包括录音机、调音台、周边信号发生器、非线性编辑和数据库等，它集若干种传统设备的功能于一身，几乎所有的工作都可以在计算机里完成，不再需要那么多的外部设备，因而节省了大量的硬件资源，具有价格优势。

从处理方面看，传统的音频处理设备在加工和修正的手段上都有很大的局限性，很难对原始声音进行完美的处理；相反，非线性编辑对素材的调用是瞬间实现的，编辑人员不用反反复复地在磁带上寻找，突破单一的时间顺序，可以按照各种顺序排列，具有快捷简便、随机的特性。

从存储方面看，传统的磁带或唱片不易保存，容易受到环境温度和湿度的影响，久而久之会导致信号质量的下降，传统的存储介质容量较小，存放稍多的资料时需要占用较大的空间；相反，数字音频存储介质适合长期存放、容量大，处理声音可以随着编辑人员自己的喜好和要求对音乐进行修正和调整。非线性编辑进行多次的编辑后，信号质量始终不会变低，所以节省了设备和人力，提高了效率。

不过，从音频的质量上来说，数字音频通过模数/数模转换后，虽然能够接近模拟音质，但毕竟存在信号的损失。因此，在半导体技术高速发展的今天，在专业音频领域，为了得到专业的模拟音质，仍旧需要采用电子管器件，如电子管话筒、电子管前置放大器和压缩器，以及功率放大器。为了与数字化音频系统配合使用，不少最新的音频专业电子管产品带有数字接口。所以，数字化时代的音频技术，并不是完全摒弃了模拟音频，而是两者有机的结合，取长补短，用数字化技术去追求模拟的音频，用数字化手段来弥补传统音频设备的弱点。

现在来让我们认识一下本书必须掌握的重要参数

2.2.1　频率

频率（frequency），声音就是声源振动的频率，即每秒钟声源来回往复振动的次数。这种振动的传递依靠介质——空气分子有节奏地相互传递，相互发生了疏密变化，形成间隔疏密的纵波，这种波就是声波，声波具有一定的连续性和衰减性。

正弦波是声音的基本元素。最低频率称为基音（基频波），比基音高的各频率称为泛音。各次泛音的频率是基音频率的整倍数，那么这种泛音称为谐音，也称谐波，如图1-9所示。

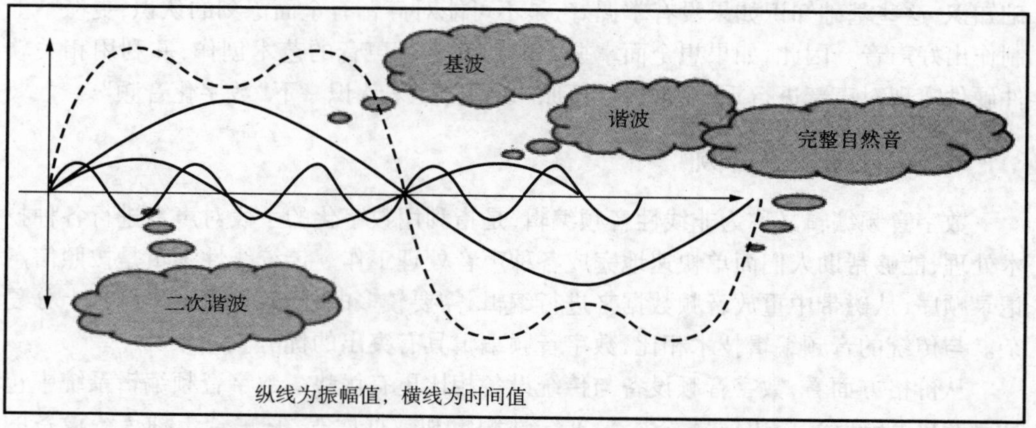

图1-9　一个完整自然声音的形成过程

声音可以被分解为不同频率（f），不同强度正弦波的叠加。这种变换（或分解）的过程，称为傅立叶变换（Fourier Transform）。因此，一般的声音总是包含一定的频率范围。人耳可以听到的声音的频率范围在20Hz到20kHz（赫兹）之间。高于这个范围的声波称为超声波，而低于这一范围的声波则称为次声波，如图1－10所示。

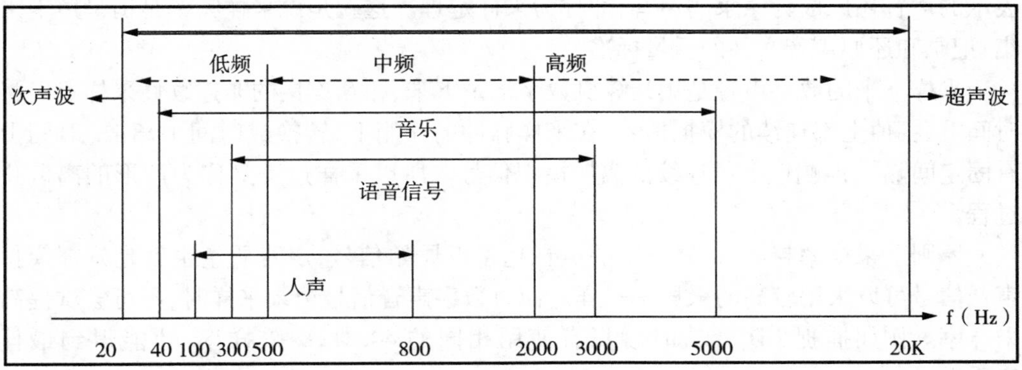

图1－10　人耳能够听到的声波频率值

从图1－10中可以很直观地看到，在人耳能听见的频率范围值中，500Hz以下为低频，500～2000Hz为中频，2000Hz以上为高频。一般音乐的频率范围大致在40～5000Hz之间；人说话的频率范围大致在100～800Hz之间，所以，语言的频率范围主要集中在中频。

2.2.2　采样

采样（sampling），也叫取样，用拾音器采集模拟信号，转换成数字声波形式记录下来。也就是把时间域或空间域的连续量转化成离散量的过程（见图1－11）。

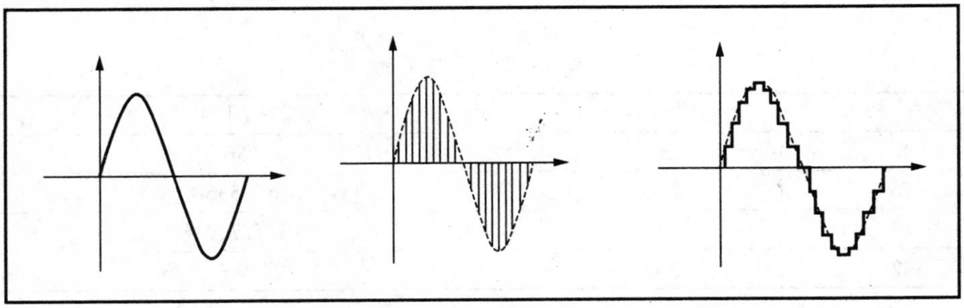

图1－11　离散过程

2.2.3　采样率

采样率（sampling rate），也称采样速度（sampling speed），即每秒从连续信号中提取并组成离散信号的采样个数，它用赫兹（Hz）来表示。采样频率的倒数是采样周期或者叫作采样时间，它是采样之间的时间间隔。通俗地讲，采样频率是指计算机每秒钟采集多少个声音样本，是描述声音文件的音质、音调，是衡量声卡、声音文件的质量标准。采样频率只能用于周期性采样的采样器，对于非周期性采样的采样器没有规则限制。采样频率常用的表示符号是fs。

采样频率越高，即采样的间隔时间越短，则在单位时间内计算机得到的声音样本数据就越多，对声音波形的表示也越精确。采样频率与声音频率之间有一定的关系，根据奈奎斯特理论，只有采样频率高于声音信号最高频率的两倍时，才能把数字信号表示的声音还原成为原来的声音，即称为采样定理。这就是说采样频率是衡量声卡采集、记录和还原声音文件的质量标准。

采样下来的数字声音是用计算机数字记录下来、相互连接的非连续性采样点。将时间上、幅值上都连续的模拟信号，在采样脉冲的作用下，转换成时间上离散（时间上有固定间隔）、但幅值上仍连续的离散模拟信号。所以采样过程又称为波形的离散化过程。

原则上采样率越高，记录下来的声音越接近原始信号，声音质量也就越好。模拟声音信号可以采用较高的采样率采样。而对数字声音信号记录采样时，不可尝试提高采样率。例如捕捉 CD 音轨时就只有使用相同的 44.1kHz 采样率，才能得到最佳音质。

采样定理又称香农采样定律（克劳德 · 艾尔伍德 · 香农 Claude Elwood Shannon），又称奈奎斯特采样定律（哈里 · 奈奎斯特 Harry Nyquist）。

2.2.4 量化

量化（quantization）是采用一组数码（如二进制码）来逼近离散模拟声音信号的幅值，将其转换为声音数字信号。

其实量化就是用来描述声音波形二进制数据是多少位的，单位用 bit（比特）表示，是数字声音质量的重要指标，又称量化精度或采样位数，位数越高质量越好（见表 1-6）。量化方法有很多，归纳起来有两大类：一类为均匀量化，另一类为非均匀量化。

表 1-6 采样深度

位 数	比特数	数值上限
8	28	256
16	216	65,536
24	224	16,777,216
32	232	4,294,967,296

均匀量化是采用相等的量化间隔对采样得到的声音信号进行量化，也就是不论输入信号的大小，均采用“等分尺”来度量采样得到的声波振幅。

非均匀量化是对输入的声音信号进行量化时，大信号采用大的量化间隔，小信号采用小的量化间隔。好处是既可以满足精度要求，又可以使用较少的量化位数。

2.2.5 编码

编码（coding），将量化后的幅值转变成相应数值代码的过程称为编码。编码可以用各种码，但一般使用二进制码，即“1”“0”的组合。二进制代码的一个重要参数是码的位数，单位比特。编码可以按照不同的方法进行。

(1)脉冲编码调制 PCM(pulse code modulation)

脉冲编码调制是一种把模拟信号转换成数字信号的最基本编码方法,计算机对这些二进制的数据既可以用音频文件的形式进行存储、编辑和处理,也可以还原成原始的波形进行播放。这个还原的过程称为解码,它是模数转换(A/D)的逆过程,即数模变换(D/A)。CD-DA 就是采用这种编码方式。

PCM 是法国工程师 Alec Reeves 在 1937 年提出的,是一种最通用的无压缩编码。其特点是保真度高,解码速度快,但编码后的数据量大。现已存在的数字化技术好与坏,和不断出现的新数字技术的成功与否,通常是是利用 PCM 技术来衡量的。对于无压缩的数字音频来说,数据传输率的计算公式为:

数据传输率(bit/s)= 采样频率(Hz)×量化位数(bit)×声道数

如果采用 PCM 编码,音频数字化所需占用的空间,运算公式为:

音频数据量(Byte)= 数据传输率(bit/s)×持续时间/8(Byte)

(2)波形编码

波形编码基于音频数据的统计特性进行编码,其典型技术是波形编码。其目标是使重建波形保持着原波形。它的适应性强,主要适用于高保真度语音和音乐的有损压缩技术,但压缩比小,人耳可以忽略失真。

(3)参数编码

参数编码基于音频声学特性进行编码,提高压缩比,目的是使重建音频依旧保持原有音频的特性。将音频信息以某种模型表示,再抽取模型参数和参数激励信息进行编码。其优点是压缩比高,但还原度低,保真度低。

(4)感知编码

感知编码基于人耳听觉特性进行编码,是有损压缩。目的是在编码过程中保留人耳可以听到的,放弃人耳听不到的部分,利用人耳在时间和频率方面的分辨能力和感知能力,让经过很好训练或特别灵敏的听者,感觉不到有信号失真、丢失,从而保证了声音质量。

编码压缩技术是指用某种方法把传送和记录数字化声音信号所需要的每单位时间的比特数(bit/s)减少的技术。压缩算法包括有损压缩和无损压缩;有损压缩指解压后数据不能完全复原,要丢失一部分信息。压缩比越小,丢掉的信息越多,信号还原后失真越大。无损压缩主要是去除声音信号中的"冗余"部分。有时候由于一般人耳对音频的细节并不太敏感,利用人耳的听觉特性,也可以去除与听觉无关的"不相关"部分。在进行编码时,编码人员既希望最大限度地降低数据量,又希望尽可能不要对原信息造成损伤,以便听不出数据压缩的还原效果和原版效果的差别。但二者是相互矛盾的,只能根据不同的信号特点和不同的需要折中选择合适的压缩程度。

人耳也可以看成一个多频段的听觉分析器,传入接收末端时,能瞬间对声音进行频谱功率的重新分配,这也为音频数据压缩提供了依据。

我们将音频信号分为两种,即常说的模拟(A)和数字(D),而数字音频信号就是用现代技术手段对信号进行数字化处理。音频的数字化主要分为三个步骤,即采样、量化、编码,如图 1-12 所示。

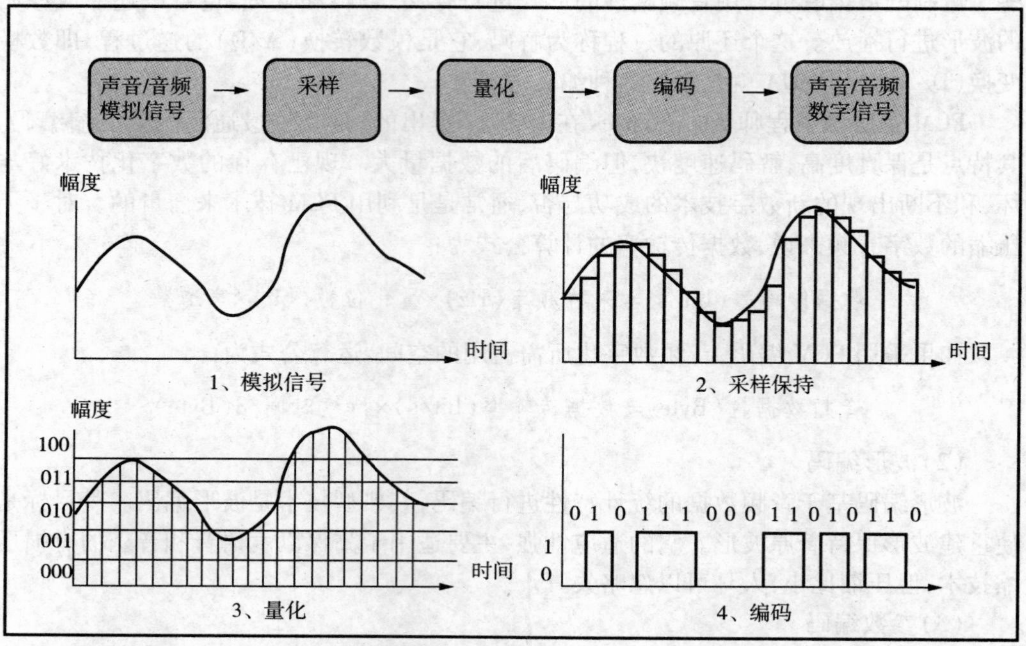

图 1-12　音频的数字化示意图

2.2.6　压缩率

压缩率(Compression ratio)是描述压缩文件的效果名,是指数字声音文件压缩前和压缩后大小的比值,用来简单描述数字声音的压缩效率。压缩率一般是越小越好,但是压得越小,解压时间越长。压缩文件名和参数对话框如图 1-13 所示。

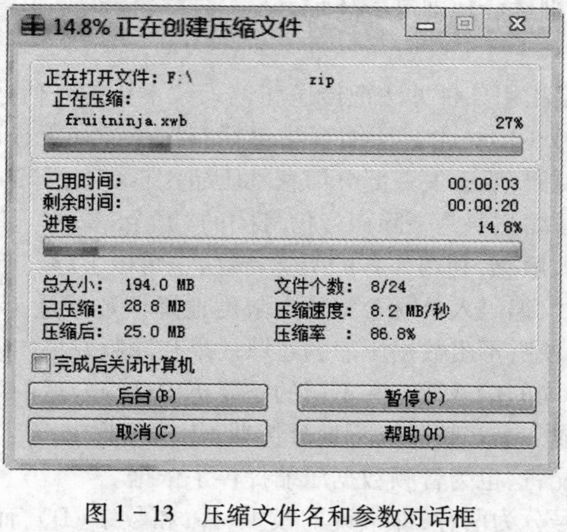

图 1-13　压缩文件名和参数对话框

2.2.7　比特率

比特率(Bit rate),是另一种数字声音压缩效率的参考性指标(如图 1－14 所示),表示记录音频数据每秒钟所需要的平均比特值(bit 是电脑中最小的数据单位,指一个 0 或者 1 的数),通常我们使用 Kbps(每秒钟 1024bit)作为单位。

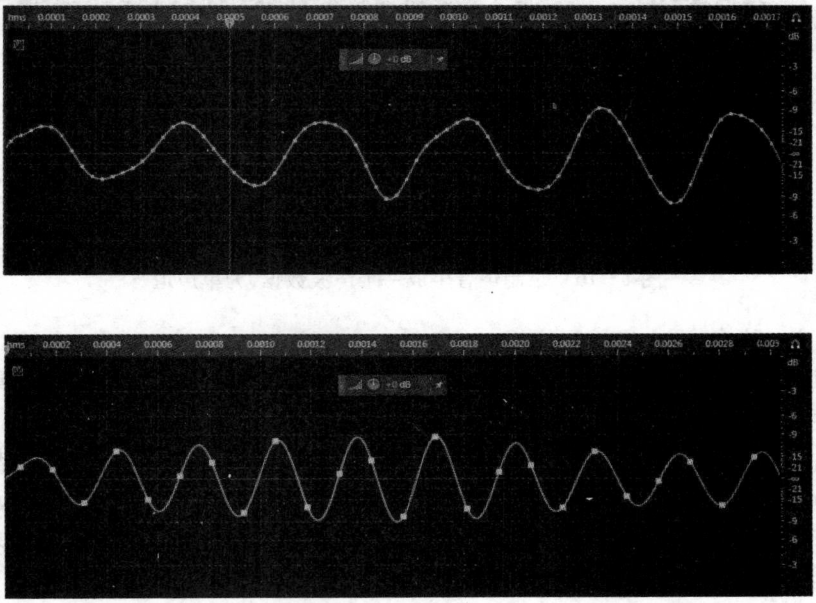

图 1－14　数字声音压缩示意图(上图为 16bit,下图为 8bit)

2.2.8　声道数

声音通道的个数称为声道数,是指一次采样所记录产生的声音波形的个数(如图 1－15 和图 1－16 所示)。

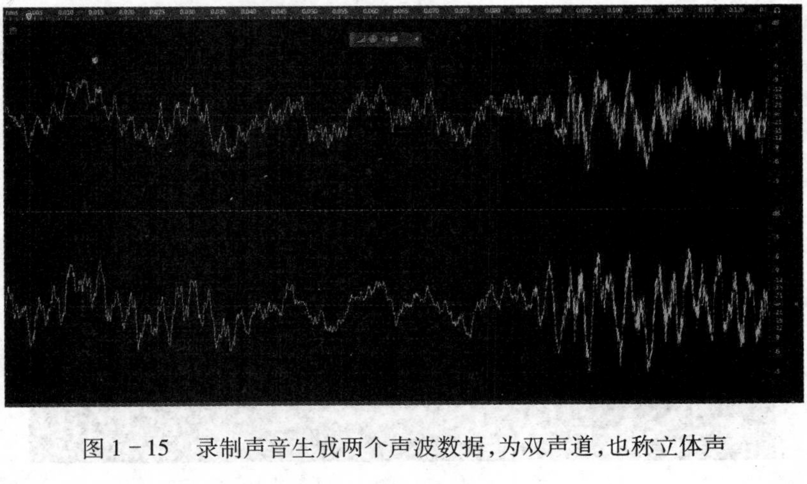

图 1－15　录制声音生成两个声波数据,为双声道,也称立体声

声道数的增加,所占用的存储容量也会成倍增加。

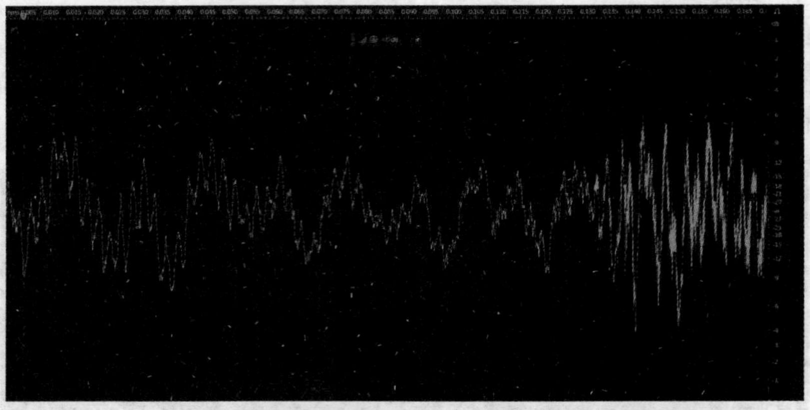

图 1－16　录制声音生成一个声波数据，为单声道

2. 2. 9　混响

混响（reverberation）：混响时间的长短是音乐厅、剧院、礼堂等建筑物的重要声学特性。声波遇到障碍会反射，所以我们这个世界充满了混响。

声波在室内传播时，要被墙壁、天花板、地板等障碍物反射，每反射一次都要被障碍物吸收一些。这样，当声源停止发声后，声波在室内要经过多次反射和吸收，最后才消失，我们就感觉到声源停止发声后声音还继续一段时间。这种现象叫作混响，这段时间叫作混响时间。

2. 2. 10　叠加

叠加（Superposition of Waves）：两个单一频率波相遇时，它们的振幅会彼此叠加，其结果是彼此增强或减弱。如果其波峰和波谷的位置正好是对齐的，那么我们就认为它们是同相的，这种情况下，波峰与波峰叠加，波谷与波谷叠加，其结果是合成的振幅要大于两个独立的波形。另外一种情况是，一个波的波峰与另一个波的波谷叠加，相应的波谷与另一个波的波峰相叠加，于是相互削弱（见图 1－17）。如果两个波的振幅又相等，就会出现完全相互抵消掉的极端情况。两个波的相位正好相差 180°。

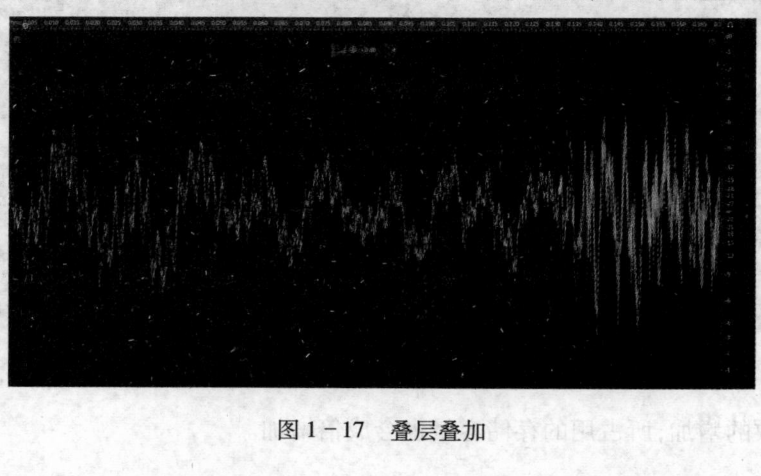

图 1－17　叠层叠加

2.2.11 共鸣

共鸣(Resonance):一些影片中会出现某人在演唱或者叫喊时,到了某一高音部分,甚至能将身边的高脚杯震碎。现实生活中这种现象是存在的,因为在自然界里,物体都是存在一定的自然频率,当声波正好以这个频率"击中"该物体时,就会引起共振,这种现象叫作共鸣。

电影《罗拉快跑》(*Lola Rennt*)里,罗拉在与男友打电话后发出一声嘶喊,直接震碎了电视机上面摆着的两瓶酒。影视作品中往往会利用共鸣这个物理现象来表现声音,动画片里的卡通人物也无数次表现夸张的"声波"共振。

共鸣会使声音变大,大多数乐器都用到了这个工作原理。此外,由于人的外耳道的构造使得3~5kHz这个频率波段附近的声音在同等声压级前提下听起来要响一些,这是外耳道对这个频率段产生共鸣,所以,在教室里大家分头讨论的声浪中,总有一些女同学清亮的声音显得突兀。

2.2.12 信噪比

信噪比(Signal Noise Ratio):英语缩写为SNR或S/N,是回放的正常声音信号与无信号时噪声信号(功率)的比值,用分贝数表示。一般来说,信噪比越大,说明混在信号里的噪声越小,声音回放的音质量越高,否则反之。对于播放设备,比如MP3播放器,一般选择信噪比60dB以上的,信噪比越高表示产品越好,不过这只是MP3的性能参考数值中的条件之一。

噪声的来源分为内部和外部两种:内部噪声主要是由于电路设计、制造工艺等因素,由设备自身产生的;而外部噪声是由设备所在的自然环境所造成的,是不可能反映在信噪比指标中的。

2.2.13 杜比技术

杜比是英国R. M. Dolby博士的译名。Dolby博士在美国设立杜比实验室,先后发明了杜比降噪系统、杜比环绕声系统等多项技术,对电影音响和家庭音响产生了巨大的影响。家庭中常用到的杜比技术主要包括杜比降噪系统和杜比环绕声系统。

(1)杜比数字技术(Dolby Digital)

杜比数字技术是杜比实验室发布的新一代家庭影院环绕声系统。其数字化的伴音中包含左前置、中置、右前置、左环绕、右环绕5个声道的信号,它们均是独立的全频带信号。此外还有一路单独的超低音效果声道,俗称0.1声道。所有这些声道合起来就是所谓的5.1声道。

(2)杜比降噪(Dolby Noise Reduction)

杜比降噪即杜比降噪系统,是基于磁带机应用的一种降噪电路。杜比降噪技术的核心是"加重或去加重",即先把声音的高音分量适当提高即"加重"然后录制,从而提高磁带上的高频信噪比。但对于声音信号来说,这时是存在着频率失真的(高频过冲)。为了补偿这种失真,在放音时再把高音分量适当衰减即"去加重",这样,声音信号中的过冲部分就得到了平复。在去加重的过程中,高频噪声一同被衰减掉,所以高频段的信噪比得到了改善。

为了进一步提高磁带录放机的信噪比,杜比实验室先后提出了杜比 A、B、C 三种动态降噪技术,这些技术是利用听觉的“掩蔽效应”来确定加重或去加重的数值,而且不同频段的处理方法也有所不同。由于杜比 A、B、C 三种频段划分加重的数值各有不同,因而将杜比 A 定性为专业级,杜比 B 和杜比 C 主要应用于家庭设备。

(3)杜比环绕(Dolby Surround)

杜比环绕是原来杜比多声道电影模拟格式的消费类版本。在制作杜比环绕声轨时,四个声道即左、中、右声道和环绕声道的音频信息经矩阵编码后录制在两路声轨上。这两路声轨可以由立体声格式的声源(如录像带等)随身携带的存储产品进入家庭,再经解码后将原有的四个声道的声音信息还原并产生环绕声。杜比环绕作为最初级的环绕声标准,提供了四个声道的环绕声支持,目前逐渐退出应用市场。

(4)杜比定向逻辑环绕声(Dolby Pro Logic)

杜比定向逻辑环绕声是美国杜比公司开发的环绕声系统。它是把四声道立体声在录制时通过特定的编码手段合成为两声道,即将原来的左声道(L)、右声道(R)、中置声道(C)、环绕声道(S)的四个信号,经编码后合成为 LT、RT 复合双声道信号,重放时通过解码器将已编码的双声道复合信号 LT 和 RT 还原为编码的左、右、中、环绕四个互无干扰的独立信号,经放大后分别输入左音箱、右音箱、中置音箱和环绕音箱。

为了放音对称起见,环绕音箱采用了左环绕和右环绕音箱,分别从杜比定向逻辑 AV 放大器输出,所以商业上把杜比定向逻辑环绕声的输出称为五声道。但因左、右环绕声音箱接在一个声道上,输出的是相同的环绕声道信息,故实质上仍旧是四声道。

杜比定向逻辑环绕声的左、中、右三个声道的频率范围能达到 20~20000Hz,即可满足全音域的要求,但环绕声声道的频率范围比较窄,只有 100~7000Hz。

(5)杜比定向逻辑Ⅱ(Dolby Surround Pro Logic Ⅱ)

杜比定向逻辑Ⅱ是一种改进的矩阵解码技术,将经杜比环绕编码的信号(2/0 信号)恢复为 5.1 声道的解码方式,这是在杜比定向逻辑的基础上发展起来的新制式。简而言之,定向逻辑Ⅱ在环绕声道频响以及由单声道变为立体声这两方面改进最大,其次是在主声场(左、中、右三声场)方面也作了较大的改进。未经杜比编码处理的立体声信号采用杜比定向逻辑Ⅱ解码也有一定的效果,在播放杜比环绕格式的声音时它拥有更佳的空间感及方向感,营造出身临其境的三维声场,并且还将这种环绕声理想技术体验带入汽车音响领域。

传统的环绕声与杜比定向逻辑Ⅱ解码器完全兼容,同样可以制作杜比定向逻辑Ⅱ编码的声音(包括分离的左环绕/右环绕声道)来发挥其声音逼真还原度的优势。总之,杜比定向逻辑Ⅱ是一种用来实现环绕声的方法,它可以使用较少的声道来模拟环绕声的效果,实际表现也比较出色,但是对于拥有真正多声道音频系统的用户来说就没有太大的意义了。

(6)杜比定向逻辑Ⅱx(Dolby Pro Logic Ⅱx)

杜比定向逻辑Ⅱx 技术能将任何立体声或 5.1 声道信号处理成 6.1 或 7.1 声道环

绕声，产生一个浑然天成的环绕声场。

除了电影模式与音乐模式外，杜比定向逻辑Ⅱx 技术还为杜比定向逻辑Ⅱ编码的节目提供了独有的游戏模式，能够将全频带信号中的低音信号转到环绕声道。

(7)杜比数字环绕 EX(Dolby®Digital Surround EX)

杜比数字环绕 EX 是在杜比数字标准上加入了第三个环绕声道。第三个环绕声道被解码之后，通过影院或家庭影院系统中设置在观众座位正后方的环绕声扬声器来播放(也被称为后中置)，而左/右环绕声道音频信息则通过设置在座位左右方的环绕声扬声器来播放。考虑到系统的兼容性，这个后中置声道经矩阵编码后录制在常规的 5.1 系统的左/右环绕声轨中，这样，影片在常规的 5.1 系统的影院系统播放时就不会发生声音信号丢失现象。杜比数字环绕 EX 的优势在于加入了新的环绕声道，从而使得后方声音效果得到较大的改善。

(8)杜比数字 AC-3(Dolby Digital AC-3)

杜比数字 AC-3 是杜比公司开发的新一代家庭影院多声道数字音频系统，即全新的数字化多通道影视音响系统。它既可装备到电影院，又可配置到家庭影院。

杜比数码 AC-3 是一个压缩/解压缩系统。它采用先进的数码压缩技术，应用了杜比独创的特殊技术，把完全独立的左、右、中置、左环绕、右环绕和超重低音六个声道(5.1 声道)压缩编码成两个声道，记录在电影胶片或光盘上，再通过解码器还原成六个声道进行播放。为了达到宽动态范围、高信噪比、高分离度、保证声音信号丰富细节的保真度等目的，各声道先采用完全独立的方式录音，然后再进行压缩编码处理。压缩时，杜比实验室利用音响心理学的基本原理，在无信号时使其保持宁静，而有音频信号时则利用较强的信号掩蔽听觉范围内的噪声，并删除人耳所听不到的或频率相近但音量小而可忽略的声音信号部分。这样，可以大大地减少需要处理的内容，使 AC-3 达到较高的数字音频压缩效率，却仍然能给人以极为完整、效果真实的感觉。AC-3 系统可与杜比定向逻辑环绕声系统相兼容，其效果比 THX 更加优越，未来的家庭影院应该是以杜比 AC-3 为主流的系统。

杜比数字 AC-3 具有很好的兼容性，它除了可执行自身的解码外，还可以为杜比定向逻辑解码服务。因此，目前已生产的杜比定向逻辑影视软件都可以使用杜比数字 AC-3 系统重现。由于杜比数字 AC-3 系统的编码非常灵活，所以它的格式很多。目前它已被美国作为高清晰电视(HDTV)的音频系统，最新的 DVD 机也包含杜比数字 AC-3。因此杜比 AC-3 环绕声系统可能是极有发展前途的技术。

在 DVD 中，THX 是 Tomlinson Holman Experiment 的字头缩写，它并不像 DTS 或是杜比数位音效那样是一种音效标准。它算是一种认证，是由卢卡斯影业(Lucasfilm)所制定、为家庭剧院所设计的标准，能够为家用视听器材(家庭剧院)提供完整的品质规格规范。THX 标准与国际标准不同，大多数标准都有一个允差范围，但 THX 不设允差，只有一个最低要求，必须超过才能合格。

(9)杜比耳机(Dolby Headphone)

杜比耳机技术可以通过一副普通的耳机产生杜比环绕音效。杜比耳机技术对于便携式游戏机平台来说是非常理想的技术,它为在旅途中的游戏玩家提供了影院级的环绕声。杜比耳机技术也非常适合家用游戏机,它使游戏玩家通过耳机聆听环绕声而不会干扰他人。

2.3 数字音频分类

2.3.1 声音按用途分类

声音按照用途分为语音、音乐、音效、噪音、超声波与次声波。

(1)语音(Voice)

语音即人声,是涵盖所有语言和不带有实际逻辑语义的发音,也是人与人之间进行思想感情交流、抒发情感的重要手段,演唱也包含在内。

语音讲究的是其声韵配合规律,而演唱,人体就是一个绝妙的肉身乐器,它对人类音乐艺术的诠释、表达、渲染、体现,是世界上任何乐器都无法比拟的。

(2)音乐(Music)

音乐是一种无形又独立存在的抽象艺术形式,在情感情绪渲染能力上有时比语言更胜一筹,其感染力有一定的引导作用。最重要的是,这种声音可以冲破地域,全球通用。

(3)音效(Sound Effect)

音响与音效都是源于这个英文词(缩写 SFX)的不同翻译,即自然界所有物体所发出的声音,如蛙叫鸟鸣、风雨雷电、欢笑抽泣、磨牙打鼾、鼓掌跺脚等。音效分为动作音效(Foley)和环境音效(Ambience)。除了记录还原这些声音以外,音效还包括一种特殊的声音,即利用自然界的声音或模拟创造出一种根本不存在的声音作品。其好处是音质会更好,其目的就是烘托主观情感和情绪的发展、客观的表现和诠释,充分满足受众身临其境的听觉享受。音效这部分知识,也是我们学这本书的专业需要,学会制作音效。

(4)噪声(Noise)

噪声是指音高和音强变化混乱、听起来不谐和,由发音体不规则振动产生的声音,泛指嘈杂、刺耳,影响到人们正常生活、休息、学习和工作的声音。噪声是一类引起人烦躁或音量过强而危害人体健康的声音。噪声污染主要来源于环境噪声,例如交通噪声、工业噪声、建筑噪声、社会噪声等。但是噪声也不是一无是处,噪声信号中有两种;白噪声和粉红噪声。这两种噪声在人类生活中扮演着“医生”的角色。白噪声是声音中的频率分量的功率在可听值为 0 ~20kHz 内,且均匀。粉红噪声(Pink noise)是自然界最常见的噪声,它主要分布在中低频段,瀑布声和小雨声都可称为粉红噪声。粉红噪声常用于声学测试。科学验证结果显示,白噪声和粉红噪声是可以采用“以噪制噪”的治疗方法,通过这些轻柔的噪声,提升听者的频率忍受度,让脑电波得到放松和调节,从而提高睡眠质量。同时在通信科技方面,针对无效或有害信号,噪声可以起到阻断信号传输和干扰这部分信号的作用。但噪声有一种特殊性,那就是其音量大小和承受度很大程度上取决于人的主观感受和断定。

(5)超声波(Ultrasonic)

超声波为超越人耳可听范围、频率大于20kHz的声波,被广泛应用于工业、军事、医疗等行业。在工业上,常用超声波来清洗精密零件,原理是利用超声波在清洗液中产生振荡波,使清洗液产生瞬间的小气泡,从而冲洗零件的每个角落;还可以用来检测产品内部缺陷,为各种样品进行无损伤探伤检查。军事上,潜艇用声呐来发现敌军的舰船与潜艇,利用声呐系统对海洋深度与地形进行特征测量;在医疗上,可以利用B型超声波进行身体器官的检查、洗牙和超声波破碎胆结石等。

(6)次声波(Infrasonic wave)

次声波是指声波低于20Hz的声音频率。火山爆发、龙卷风、雷暴、台风等许多灾害性事件发生前,基本上会产生出次声波,人们可以利用这种前兆来预报灾害事件的发生。在军事上,可从核试验、火箭运行等产生的次声波中获得相关的数据。高能量的次声波对动物内脏具有破坏作用,军事上有人在研究开发次声武器(有人将其列入二十世纪十大科技骗局之一)。由于次声波只对动物内脏产生损害,所以相比于核武器,对环境的破坏作用要小得多。

2.3.2 声音按声源类别分类

声音按照声源分为声波数字化、MIDI、素材库。

(1)声波数字化

声波数字化就是声音的数模转换(A/D 和 D/A),即将声音的模拟信号通过采样和转换,变成数字信号,再根据采样频率(Sample Rate)、采样精度(Bits Per Sample)和通道数(Num Channels),将声音记录在音频设备上,便于编辑和还原。

(2)MIDI

MIDI即乐器数字接口,英语全称为Musical Instrument Digital Interface。其产生的作用是在20世纪80年代初解决了电声乐器之间的通信问题。MIDI传输的不是声音信号,而是控制参数指令。完成的方法有两种:一是指示MIDI设备做什么和怎么做;二是把在数字化音乐设备上直接产生的声音,在电脑上利用音序器在五线谱上作曲。

(3)素材库

素材库可利用网络,也可收藏创建自己的素材库,以方便下载和导入软件进行编辑,根据自身的喜好整理收集出一定数量的音效素材,便于随时查找和使用。

2.3.3 声音按文件的存储格式分类

声音按照格式分为不同的模拟音频和数字音频,数字音频又可分为波形文件和合成声波。这里主要是依据播放形式、打开形式与储存文件的格式所决定的。

模拟音频是指时间上连续、振幅随时间连续变化的信号,如声波、音响系统中的传输电流、电压信号、磁带、LP点唱机(俗称黑胶唱片)等。时间和振幅上不连续或者是离散的、只有0和1两种变化信号的为数字音频,如CD、DVD等。

（1）Wav

Windows 使用的标准数字音频文件称为波形文件，扩展名为 WAV，能较好地重现原始声源效果，应用非常广泛。其缺点是储存空间较大。采样频率一般有 11025Hz（11kHz）、22050Hz（22kHz）和 44100Hz（44kHz）三种。

Wav 文件所占容量＝采样频率×采样位数×声道×时间/8（1 字节＝8bit）。

（2）MOD

MOD 是一种类似波表的音乐格式，但它的结构却类似 MIDI，使用真实采样，体积很小，在以前的 DOS 年代，MOD 经常被作为游戏的背景音乐。现在的 MOD 可以包含很多音轨，而且格式众多，如 S3M、NST、669、MTM、XM、IT、XT 和 RT 等。

（3）MIDI

MIDI 是采用数字方式对乐器所奏出来的声音进行记录（每个音符记录为一个数字），然后，播放时再对这些记录通过 FM 合成或波表合成：FM 合成是通过多个频率的声音混合来模拟乐器的声音；波表合成是将乐器的声音样本存储在声卡波形表中，播放时从波形表中取出产生声音。它比 WAV 文件更节省空间。

（4）MP3

MP3 采用了 MPEG Audio Layer 3 技术，将声音用 1：10 甚至 1：12 的压缩率压缩，采样率为 44kHz、比特率为 112kbit/s。MP3 音乐是以数字方式储存的音乐，如果要播放，就必须有相应的数字解码播放系统，一般通过专门的软件进行 MP3 数字音乐的解码，再还原成波形声音信号播放输出，这种软件就称为 MP3 播放器。

（5）RA 系列

RA、RAM 和 RM 都是 Real 公司成熟的网络音频格式，采用了“音频流”技术，所以非常适合网络广播。它在制作时可以加入版权、演唱者、制作者、Mail 和歌曲的 Title 等信息。RA 适合于网络上进行实时播放，是目前在线收听网络音乐最好的一种格式。

（6）VQF

VQF 即 TwinVQ，是由 Nippon Telegraph and Telephone 同 YAMAHA 公司开发的一种音频压缩技术。VQF 的音频压缩率比标准的 MPEG 音频压缩率高出近一倍，可以达到 1：18 左右甚至更高。而像 MP3、RA 这些广为流行的压缩格式一般只有 1：12 左右。尽管其压缩率高，但仍然不会影响音质，当 VQF 以 44kHz-80kbit/s 的音频采样率压缩音乐时，它的音质会优于 44kHz-128kbit/s 的 MP3，以 44kHz-96kbit/s 压缩时，音乐接近 44kHz-256kbit/s 的 MP3。

（7）MD

MD 即 MiniDisc，是 SONY 公司于 1992 年推出的一种完整的便携式音乐格式，它所采用的压缩算法就是 ATRAC 技术（压缩比是 1：5）。MD 又分为可录型 MD（Recordable，有磁头和激光头两个头）和单放型 MD（Pre-recorded，只有激光头）可实现快速选曲、曲目移动、合并、分割、删除和曲名编辑等多项功能，比 CD 更具个性化，随时可以拥有一张属于自己的 MD 专辑。

(8)CD

CD 即 CD 唱片,一张 CD 可以播放 74 分钟左右的声音文件,Windows 系统中自带了一个 CD 播放器,也是声音还原度最佳的一种声音文件存储格式。

(9)WMA

WMA 即 Windows Media Audio 的缩写,是微软在开发自己的网络多媒体服务平台上主推 ASF(Audio Steaming Format),只包含音频的 ASF 文件。这是一个开放支持在各种各样的网络和协议上的数据传输的标准。

(10)Vorbis

为了防止 MP3 音乐公司收取的专利费用上升,GMGI 的 iCast 公司的程序员开发了一种新的免费音乐格式 Vorbis,其音质可以与 MP3 相媲美,甚至优于 MP3。并且将通过网络发布,使用者可以免费自由下载。

(11)其他音频格式

AIF/AIFF:苹果公司开发的一种声音文件格式,支持 MAC 平台,支持 16 位 44.1kHz 立体声。

AU:SUN 的 AU 压缩声音文件格式,只支持 8 位的声音,是互联网上常用到的声音文件格式,多由 SUN 工作站创建。

CDA:CD 音轨文件。

CMF:CREATIVE 公司开发的一种类似 MIDI 的声音文件。

DSP:即 Digital Signal Processing(数字信号处理)的缩写。它通过提高信号处理方法,音质会极大地改善,歌曲会更悦耳动听。

S3U:MP3 播放文件列表。

RMI:MIDI 乐器序列。

AAC:在高比特率下音质仅次于 MPC,在高比特率和低比特率下表象都很不错,就是编码速度太慢。

MPC:低比特率下表现一般,不及 Mp3Pro 编码的 MP3 和 OGG,高比特率下音质最好,编码速度快。

OGG:低比特率下音质最好,高比特率同样也不错。编码速度稍慢。

WMA:高低比特率下都一般,不支持 VBR,最高 192Kbit/s。

练习操作

1. 何谓音频数字化?
2. 简述数字音频的采样过程。
3. 何谓香农采样定律?
4. 试述数字音频技术与传统模拟音频技术之间的差异,具有哪些优势。
5. 什么是杜比 5.1?其特征是什么?

第二章　数字音频工作站

第一节　音频工作站

1.1　数字音频工作站

工作站是一种用来处理、交换信息和查询数据的计算机系统。音频工作站就是用来处理、交换音频信息的计算机系统，是数字音频技术发展的最新成果与突飞猛进的计算机技术相结合的产物。

音频工作站原本是应用于专业领域的专业设备，从专业的角度来说，数字音频工作站（Digital Audio Worksation）简称 DAW，是数字音频非线性系统。它以计算机控制的硬磁盘为主要载体，由计算机中央处理器、数字音频处理器、软件功能模块、音源外围设备、存储器等部分构成，通过输入模拟或数字音频信号，借助计算机的控制，最终完成信号采录、声音编辑和声音混合等录音技术制作和艺术加工处理的一系列流程。简单一句话就是一套数字音频录播设备。

多媒体应用软件	
多媒体编辑工具和写作工具	
多媒体操作系统	
音/视频信息压缩还原	多媒体设备的驱动程序
多媒体硬件	

使用音频工作站有很多的优点，其拥有处理长样本文件的能力。硬盘录音时间只受硬盘本身大小的限制（通常 44. 1KHz 取样频率、16 比特精度下 1 分钟立体声信号需要 10. 5MB 硬盘存储器），并且可以随机存取编辑。因为信号记录在硬盘上，任何点都可以随机访问，不论以什么顺序记录。在丝毫不改变或影响原始声音文件的情况下，允许声音信号片段安排在任何次序上。一旦编辑结束，这些声音片段可以连续重放，或者在一个指定的 SMPTE 时间码地址上重新播放。另外，DSP 数字信号处理可以在一个片断或整个样本文件上实现，不管是实时的还是非实时的，这一切都对信号没有损害。

综上所述，以计算机为基础的数字音频工作站可以综合地进行与数字视频、数字音频和 MIDI 制作相关的操作。

1.1.1 具备的主要功能

首先，要具有符合专业要求的声音（A/D和D/A）转换功能。所谓的专业要求，从指标上说最低应该采用16bit和44.1kHz的音频格式，频率范围应该达到20Hz～20kHz，而动态范围和信噪比都应该接近90dB或更高。

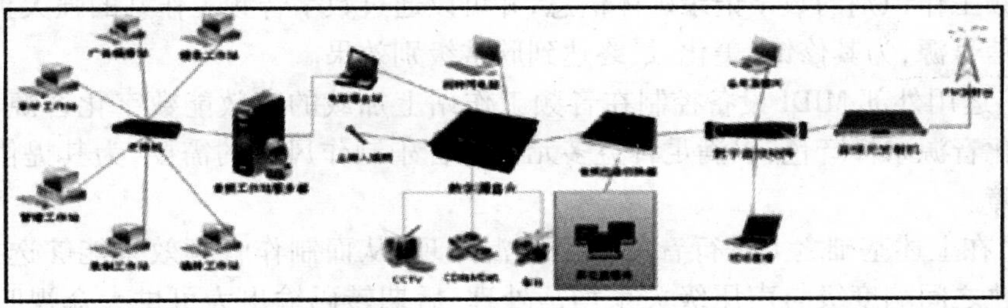

电视台数字系统音频工作站

其次，要具有方便的录音、放音与合成的操作界面。数字音频工作站的录音、放音、合成应支持同时播放多个音频轨，并且在录放音的时候，同时可在工作站的屏幕上看到描绘出来的信号波形，包括所有操作界面均可同屏显示，这样可以更直观、更有效，工作状态一目了然。

再次，要具有全面、快捷和精细的音频剪辑功能。专业的数字音频工作站，对于录入的声音素材，应该能够进行方便而快捷的删除、静音、复制、移位、拼接等操作。有些实时录制下来的没有经过编辑处理的声音，往往会有噪音和剪辑部分声波的需要。如果只能“听”，不能“看”，那么操作起来就会很麻烦。反复地播放快进快退，完全靠耳朵去一点一点地找剪辑点会非常费时费力，并且这种操作缺乏精确度。而在数字音频工作站的屏幕上可以直接看到精确到每一帧的声音波形，所以可以轻而易举地找到剪辑点的合适位置，而且有剪辑预播功能，即在剪辑前就可以听到剪辑后的效果，做到准确无误。

此外，还要具有数字特效处理功能。数字音频工作站通过数字处理器（DSP）提供许多数字信号处理手段，可实时完成均衡调整、声音压缩、声像移动、增加混响、调整延时、降低噪声、变速变调等多种功能，极大地丰富了艺术家的创作空间。

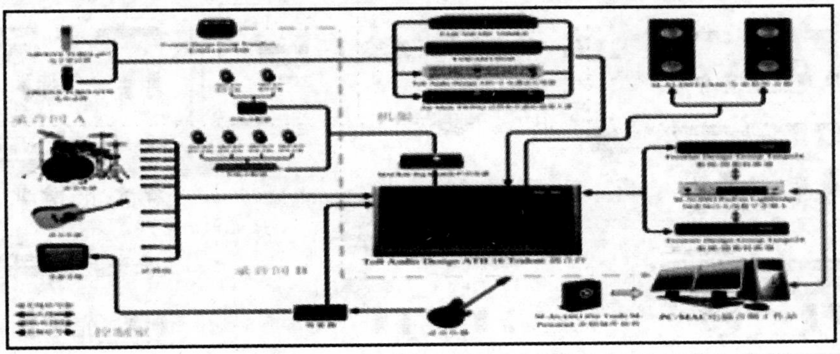

录音棚数字音频工作站

1.1.2 工作方式

数字音频工作站是以性能相对较高的计算机为载体、以高效便捷的软件为平台的一体化集成产物，主要工作方式分为三类：

(1)通过计算机音频输入的模拟信号，经过运算器、存储器的转换处理，变为可供数字音频工作识别的数字记录媒体信息，并可以通过数字音频工作站的强大扩展功能处理该信号源，为其修饰、美化，最终达到欣赏级别效果。

(2)运用外部 MIDI 设备控制在音频工作站上加载的高效能数字化音源，直接制作数字化音源采样音色，以满足日益多元化的音乐制作风格的需要，为其提供有力的制作保障。

(3)在上述基础之上进行音频后期缩混处理，从而制作音频效果能够选择使用、各个音轨之间响度级与声压级关系均衡处理、后期转码输出为可供大众视听的音像制品。

由此可见，数字音频工作站必须以高效能计算机硬件作为载体，以软件作为辅助平台，方能体现其高效、便捷、即时的功能。

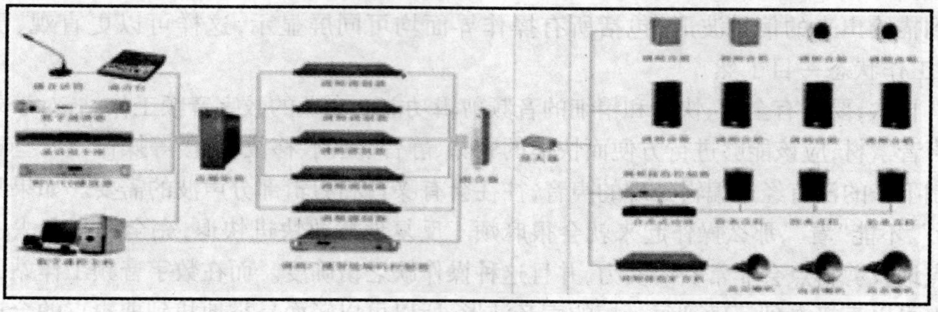

调频广播音频工作站

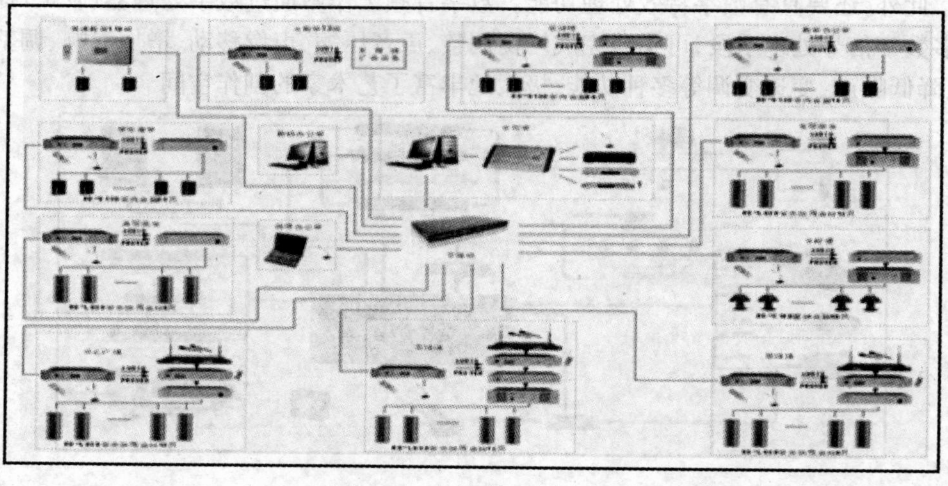

校园音频广播工作站

1.1.3　工作机理

其实，以计算机为核心的数字音频工作站早已有之，自从 1989 年美国 Digidcsign 推出了 Pro Tools 之后，计算机音频工作站便登上了历史舞台。

近年来由于计算机技术的爆炸性发展，一方面计算机的 CPU 运算能力、硬盘空间以及内存空间等性能有了大幅度的提高；另一方面过去用于音频工作站的那些高级芯片等也都成了普通之物，市场上流行的主流计算机已能满足大多数工作站的要求。尤其是 PC 机，更是因为其优良的性价比获得了广泛的推广应用，大多数音频工作站的主机都已由过去的专用机发展到以目前普遍使用的 PC 机为基础，数字音频工作站也开始与计算机音频工作站这一概念画上等号。

计算机音频工作站是一种硬件与软件的组合系统，将复杂的声音信号编辑转成十分方便的文件编辑，同时还可以对声音信号进行新的处理。它的最基本组成部分包括计算机、数字音频接口和音频软件。

计算机是计算机音频工作站赖以工作的平台，有关的音频软件和数字音频接口等都需要装入计算机之中才能工作，音频工作站的主处理器、存储器和屏幕等利用的也都是计算机的 CPU、硬盘和显示器。在计算机音频工作站中可用硬盘、光盘、U 盘等记录设备来存取信息，这种记录也称为无磁带化记录，它的特点是对数据进行随机存取，其查询定位的速度比以往记录载体的顺序存取的速度快得多。

数字音频接口设备，可分为计算机接口和音频处理接口两种。计算机接口被用来连接各种控制或操作数据的设备，此外，还有一些与视频有关的视频接口。音频工作站的各项音频指标主要由音频处理接口决定，它主要负责音频信号的数字化处理，把输入的音频信号进行采样、量化和编码，并以相应的格式存储在硬盘上。

计算机音频工作站还可以选配一些部件，包括遥控台、同步器和视频输入卡等。数字音频工作站在使用时还应该配合以调音台、效果器、监听功放、监听音箱、麦克风、耳机等周边器材。

练习操作

1. 图示多媒体计算机层次结构。
2. 什么是数字音频工作站？
3. 数字音频处理接口的功能是什么？

第二节　数字音频工作站的相关设备

数字音频工作站是一种用来处理、交换音频信息的计算机系统。它是随着信息数字技术的发展和计算机技术的突飞猛进而将两者相结合的新型设备。数字音频工作站的出现，实现了高质量的音乐、广播节目录制与播出，同时也创造了更加良好的高效的工作环境。

从硬件角度来说，数字音频工作站的构成可以归结为以下几个部分：计算机控制部分，核心音频处理部分，数据存储设备及其他外设设备；从软件角度来说，数字音频工作站可分为以下几个模块：操作平台，设备连接，音频处理界面，文件格式，第三方软件及其他相关软件。

2.1 相关硬件设备

高性能计算机系统的音频处理核心、音频处理接口，构成了数字音频工作站的主要硬件组成部分。

高性能 CPU 是高速运算频率+运行位宽+L2 缓存容量的结合，也是对数字音频系统运行效率提升的主要因素，是音频处理的核心。CPU 的数据带宽位数增加，在工作频率相同的情况下，对处理数据速度的提升更快，L2 缓存可以保存处理器内核附近的常用数据与指令，缓存增加能够提升系统整体运转性能。

音频处理接口是高效能计算机的音频信号输入输出能力的装置，由 AD、DA 组件构成，是音频信号数字化要求最苛刻的环节。它是模数转换精度的保证：高速度采样频率、宽动态量化等级、极低抖动、时钟同步、超稳定电源驱动。

连接方式有插卡式和外置式两种。

2.1.1 声卡

声卡也称音频卡，是多媒体计算机中用来处理声音的接口卡（见图 2-1）。它能将话筒、MIDI 键盘等设备的模拟音拾音采样，转换成数字信号，由计算机进行运算、编辑、储存和还原播放。声卡是需要有相应的驱动程序支持才可以工作的。

集成声卡

独立声卡

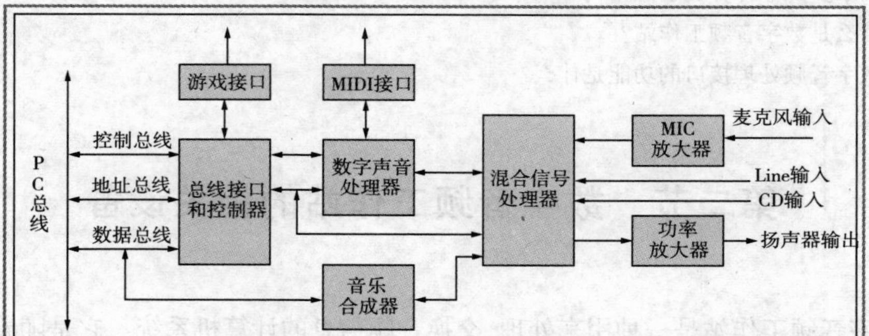

图 2-1　声卡的结构和组成

声卡分为独立声卡和集成声卡两种。

顾名思义,独立声卡可以独立完成声音的模数转换。因为其拥有更多的滤波电容及功放管,经过数次级的信号放大,降噪电路,使得输出音频的信号精度提升,所以音质输出的效果会更好。另外,独立声卡有丰富的音频可调功能,可以制作出更好的音质和更多特效的音频,根据不同需求可以满足一些音频作品中技术指标相当苛刻的要求。

集成声卡是一种内建声卡,把音效芯片集成到主机板上,这就是现在的板载声卡,也叫集成声卡。随着主板整合程度的不断提高与 CPU 性能的日益强大,再加上商家对于成本的考量,集成声卡逐渐成为主板的标准配置,这也是集成声卡的最大优势所在。

集成声卡只有硬声卡有主处理芯片,软声卡则只是通过 CPU 来运算处理音效工作的解码芯片。软声卡的缺点是需要占用 CPU 的资源,对系统性能的使用有一定的影响。硬声卡其性能基本上能接近并达到一般独立声卡的要求,完全可以满足普通家庭用户的需要。

2.1.2 麦克风

麦克风(Microphone)又称话筒、微音器(见图 2-2 和图 2-3)。其作用就是将声音信号转换成电信号。麦克风是声音录制的信号源设备,其质量的好坏会直接影响到节目的最终呈现效果。麦克风有很多种类,主要是为了满足不同场合下的使用,例如根据能量转换方式不同可以分为电容式、动圈式、压电式等;根据指向特征不同可以分为全指向性、单指向性、双指向性和强指向性等;还可以根据具体操作使用的不同,分为手持式、佩戴式和吊杆式等。

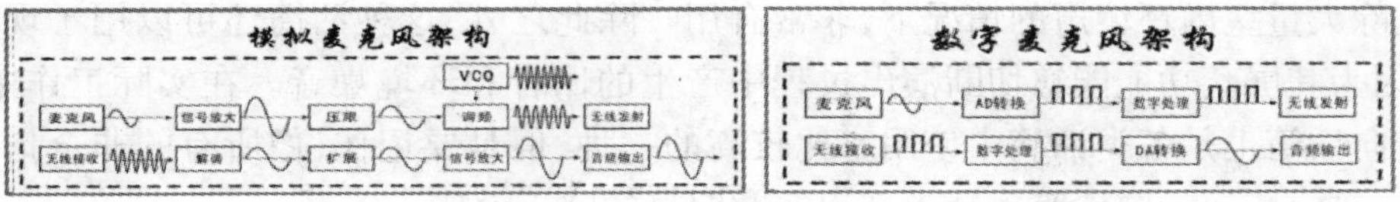

图 2-2 模拟和数字两种类型麦克风架构

图 2-3 各种类型麦克风

不同类型的麦克风有不同的特征，拾音的效果很大程度上取决于对麦克风的选择和使用方式，包括麦克风种类和型号的选择、使用麦克风的数量、麦克风的布局等，所以，想获得声音只要有麦克风就行；但是想获得优质逼真的音响效果，就要求录音师能熟练掌握各种不同设备的技术性能及操作方法，还需要有相当的艺术修养和艺术创造力。

(1)麦克风的电子特性

声音获取的主要手段是声音录制。在录音制作中，需要把各种不同声源的声音信号变成电信号，这个从声能到电能的转化过程，我们称之为拾音过程。拾音过程是录音制作中一个非常重要的关键环节，担当这个重任的主角就是麦克风，麦克风是一种将声音信号转变为相应的电信号的功能器件。麦克风的类型很多，不同种类的麦克风被应用于不同的声音场合。为了能更好地发挥出麦克风的重要特性，我们一般需要根据麦克风的性能特征将其进行分类，目的是使麦克风能更有效地为录音制作服务。

(2)麦克风的指向性

麦克风常见的指向性有无指向性(全指向性)、单指向性(心形)和双指向性(8字形)等，依据不同的使用环境要求，知晓每支麦克风的指向性，能更好地获得声音效果(见图2-4)。

麦克风主要有以下几分类：

① 心形指向　这种指向得名于它的拾音范围很像是一颗心：在话筒的正前方，其对音频信号的灵敏度非常高；而到了话筒的侧面(90度处)，其灵敏度也不错，但是比正前方要低6个分贝；对于来自话筒后方的声音，它则具有非常好的屏蔽作用。而正是由于这种对话筒后方声音的屏蔽作用，心形指向话筒在多重录音环境中，尤其是需要剔除大量室内环境声的情况下，非常有用。除此之外，这种话筒还可以用于现场演出，因为其屏蔽功能能够切断演出过程中产生的回音和环境噪音。在实际工作中，心形指向话筒也是各类话筒中使用率比较高的一种，但是要记住，像所有的非全指向性话筒一样，心形指向话筒也会表现出非常明显的临近效应。

② 超心形指向　这种指向类型与过心形指向非常相似，也经常被混淆，但是，一般超心形指向类型的指向性要比过心形稍微差一些，而且其对来自话筒后方声音的灵敏度区域也要小得多。

目前，麦克风的指向特性在使用中成为关键参考点，这是因为指向性麦克风能抑制噪声和声反馈，并且具有较高的灵敏度。此外，有时为了使麦克风能实现在较远距离处拾音，往往需要使用这种又被称为强指向性的麦克风。超指向性麦克风应用了声学原理，例如常见的枪式麦克风就是利用声音的干涉现象，具有极强的指向性，只有长管对准的声源信号能被较好地采集，而周围环境噪声进入得比较少。枪式麦克风就如同一个单筒望远镜，只取特定范围的声音，比如，在原始森林中，动物学家需拾取一些野生动物发出的各种鸣叫声，因为有些动物的鸣叫声强度很弱，而人又不能靠近它们拾音，以避免惊扰动物或者给自己带来危险，所以只能借助于枪式麦克风做远距离拾音。

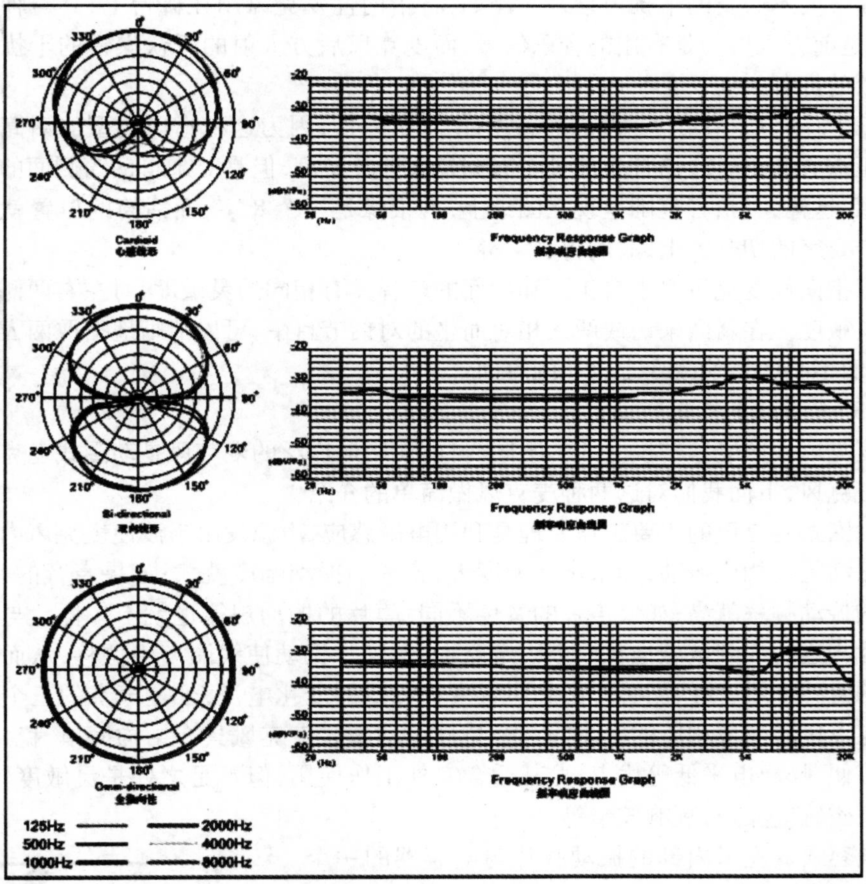

图 2-4　麦克风指向性

③ 过心形指向　这种指向类型同心形指向和超心形指向非常相似，因为它们都是对话筒前方声音的灵敏度非常高。但是，它们的最低灵敏度所处的点位是不同的，比如，心形指向是在话筒的正后方，超心形指向是在 200 到 210 度处，过心形指向是在 150 到 160 度处，这就是为什么过心形指向话筒的指向性要比心形指向和超心形指向的话筒要好的原因了。在实际应用中，这种过心形话筒多用于需要最大限度隔离音源的录音环境中。

④ 全向形指向　顾名思义，这种指向类型的话筒就是对来自话筒周围各个方向的音频信号的灵敏度都是同样高的。这种话筒的最大优点就是不会产生明显的临近效应。

早期麦克风大多是全指向性的，它的主要特点是对来自各个方向的声音都具有相同的灵敏度，这类麦克风适用于声源范围较宽泛的场合，录制整个环境的气氛性声音，如同画面构图的大全景。单指向性麦克风只对来自某一方向的声音有灵敏度，在实际应用中使用得最多。由于它只对正面方向的声音有较好的响应，可以有效地避免两侧和背面方向不必要的干扰声录入。例如，将指向性麦克风用在舞台上，其声轴指向乐队，于是前方入射的是有用的音乐信号，而麦克风后方入射的听众噪音的干扰就会得到有效的抑制。

⑤“8”字形指向　有时，它也被叫作双指向性，因为这种指向类型的话筒对来自话筒正前方和正后方的音频信号具有同样高的灵敏度，但是对来自话筒侧面的信号不太敏感，这样，其拾音范围呈现在图纸上，就很像是一个 8 字，而话筒的位置就正好处于这个 8 字的切分点上，故而得名。

双指向性麦克风对来自正面和后面的声音具有相同的灵敏度，对左右两侧的声音没有灵敏度。在新闻采访或两人相对而坐的对话节目中，可以清晰地拾取两人对话的声音，而不必频繁地改变麦克风的方向。

(3)麦克风的能量转换

麦克风按照能量转换方式的不同，目前使用最广泛的麦克风是动圈式麦克风和电容式麦克风，下面我们对这两种麦克风做简单的介绍：

动圈式麦克风的主要工作原理是利用电磁感应，声源发出声波使麦克风内的感应元件振动膜片相应振动：如果声音响度大，膜片的振动幅度就大；如果声音的音调高，膜片的振动频率就高；如果声音的音色不同，膜片的振动规律也就不一样。与这个振动膜片相连的线圈被悬挂在一个固定磁场中，膜片振动使线圈产生位移，从而切割磁场中的磁感应线，使线圈感应出和声音变化相应的变化电流，于是声音的三个特性可以由麦克风转变成相应的电流的三个特性。动圈式麦克风具有结构简单、稳定可靠、使用方便、噪声电平低等优点，尤其适合室外工作使用，但不足之处是灵敏度较低，容易产生磁感应噪声，频响较窄等。

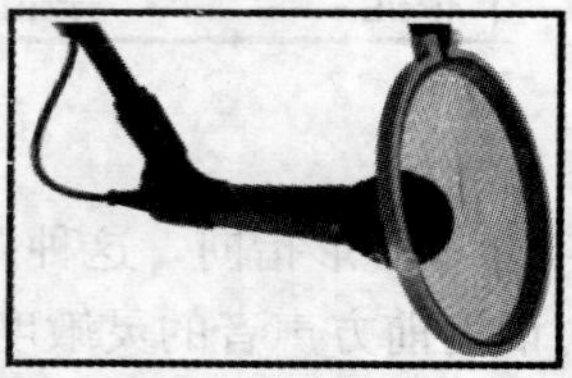

麦克风的防喷罩

电容式麦克风内部的振动膜片与电容器的一个极板连接，当声源发出声波使振动膜片相应振动时，这种振动经传递会使电容器的极板产生相应的位移，从而使电容器两极板的距离随着变化，也就是使其电容量不断发生变化。这种变化的微弱电容量经放大后，输出的电流大小与声源声波的大小呈正比变化，于是产生了声音的信号电压，这样就完成了从声能到电能的转化过程。电容式麦克风由于需要对电容极板事先充电后才能正常工作，同时前置放大器也需要一定的工作电压，所以电容式麦克风工作的时候需要外界供电。电容式麦克风电声特性好，灵敏度响应在很宽的频率范围内能够保持平直，而且失真小，瞬态相应好，工作稳定。

麦克风的正确使用

麦克风品质是拾音器的重点。要想利用麦克风把声音原音重现，必须学会麦克风的正确握法。因为麦克风的灵敏度特性不同，所以要首先掌握好麦克风收音与嘴的距离，这也是拾音器音质最明显变化的特点之一。其次是使用者注意自己的发音是否有足够的气力和正

确的发音方式，在没有掌握的情况下，麦克风的距离不能太远。否则即使将扩音机音量开得再大，产生声音也只是更多的回授音；如果是低沉宽厚音色的声音，那么可以将麦克风放远一些，避免出现声音的过度饱和与失真。熟知正在使用的麦克风的指向性，对控制距离的远近和如何正确收音有着至关重要的作用。

一般情况下，嘴唇离麦克风的最佳距离为 10～15cm，这与麦克风的收音质量有关，好的一般在一拳左右，较差一些的则在三指宽距离。掌握收音距离的远近可以很好地避免换气时产生的爆破音和太远时的失真，从而影响到受众在听觉上的美感。手握麦克风时，最佳的位置是偏上和中端，这样可以让麦克风的收音品质较为稳定，不会产生声源的偏差。切不可手握麦克风头，否则麦克风的收音会受到一些方向的堵塞，使得声音发闷，容易产生回授噪音。

老式麦克风的收音位置位于麦克风顶端，所以使用者应尽量将麦克风抬高，让声音从麦克风的顶端灌下去，从而达到完美的收音效果。在两支或两支以上麦克风同时使用的时候，使用者一定要掌握好相互之间的距离，避免产生指向性劣化，从而产生失真的谐波干扰，表现出来的就是一种刺耳的哨音，一般最少要有 30cm 以上的距离。麦克风在使用中，尽量避免随意重复开关，否则极易造成与之相连的音响设备发出“咔嗒”声，这是对音响系统设备具有极大破坏性的行为。在高端麦克风的开关选择上除了 On 和 Off 之外，还会有一个 Stand by 的选择，这也就是为了避免在开的状态下暂时隔音而设计的，从而切换时不会产生跳波现象，但直接切换到 Off 时还是会有“咔嗒”声。必须杜绝直接面对麦克风大声咳嗽和拍打麦克风头的现象，麦克风是一个高灵敏度设备，这些现象极易造成麦克风的零件损坏以及与之相连音响设备的性能损伤。

单手握麦克风，一般会比较灵活，方便换手便于表演；双手握麦克风则表现出一种谦卑、盼望和认真谨慎的风格。是否单手还是双手，没有一定的局限性，完全取决于使用麦克风人的自身习惯。

使用电容话筒最好配备一个防喷罩，手持麦克风也最好使用上防尘罩。

最后需要强调的是：录音时，麦克风与计算机的“Microphone”输入接口相连接，如图 2－5 所示。

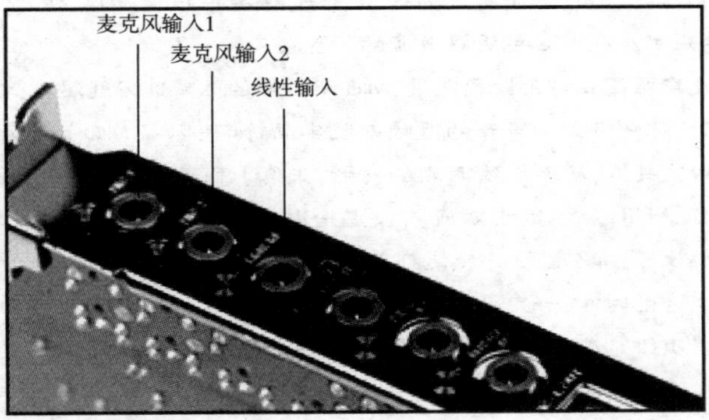

图 2－5　计算机上的麦克风输入接口

当麦克风连接声卡时，要考虑麦克风连接线的规格。由于宽度限制，计算机声卡通常只能接纳较小的连接器，普通便携式的连接设备都采用的是 3.5mm（1/8″）微型接口。但是专业音响所使用的麦克风标准为6.3mm(1/4″)和XLR(卡农)连接器。这种专业连接器的接口较大,声卡插口无法使用,这时就需要音频转换接头帮助连接(见图2-6)。

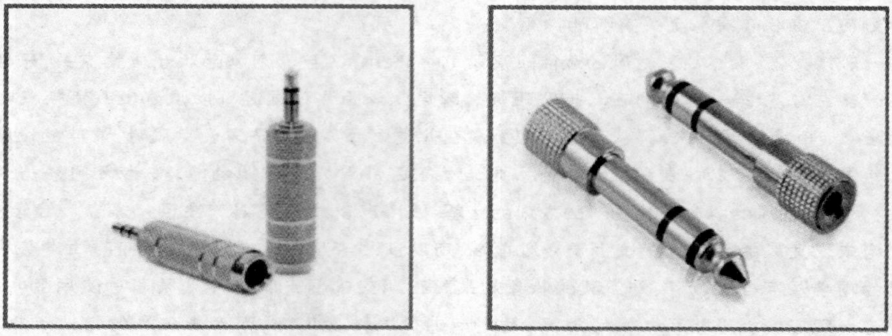

图2-6　音频转换接头

(左边为6.3mm转换为3.5mm的转换接头,右边的是3.5mm转换为6.3mm的转换接头)

连接麦克风和计算机的最后一步,是将声卡和麦克风中间的连接线确定并插接上。需要用到的就是3.5mm接口的双声道音频线。一端连接计算机声卡插口上的线路输入(Line In),另一端连接外部设备面板上的线路输出(Line out)接口或者耳机接口。

拾音技巧

个人拾音:最简单的人声拾音是用一个MIC录一个人的声音,把MIC调为心形,或超心形指向,让人的嘴直接对着话筒即可。

1. 最通常的录法,嘴离开MIC大概20cm左右,而且叮嘱歌手,唱的时候不要左右或前后晃动。这样,对于一些没什么太多录音经验的歌手是很有好处的。因为这样可以保证他们在唱整首歌曲时音质统一。

2. 录具有亲切感的人声:上面所说的拾音方法,在某种程度上说,录出来的声音有些偏冷,因为与MIC的距离不在MIC的近讲效应的范围之内。

近讲效应就是声源离MIC的距离越近,MIC所拾取的低频部分就越多,也就是说,你唱歌的时候离MIC越近,你所听到的声音的低频就越丰满;如果你离MIC太近的话,就会使MIC产生过多的低频谐波共振,从而导致低频的变形、失真。但是,在不使声音过度失真的前提下,我们可以有效地利用这种"近讲效应",使得拾取的声音更加丰满,并且具有一定的亲切感。注意到了近讲效应,那么就很好地达到了无法在后期处理中所要求的录音效果。

3. 拾取演唱声音的时候,一定要结合唱法和气息的变化调整拾音距离。

4. 拾取更加具有细节感的人声:做到这一点,首先是要在一个非常好的拾音环境内,否则,细节没录进来,噪声倒是增加不少。在一个有优秀拾音环境并且拾音空间不少于15m² 的环境下,可以给一个人声摆放两支以上的MIC来拾取人声的不同细节,通常做法是最好采用一支MIC对着人的嘴,用另一支MIC对着人的喉头或以下部分,这种拾取方法,有可能产生的弊病是相位抵消,这就要不断地实践,慢慢摸索,以获得最佳的MIC摆位。

> 和声与合唱：这里指不少于三个人以上同时发出声音。面对这种拾音，在MIC数量不是足够多的情况下，需要把MIC调整至全向指向，以便能录到每一个人的声音；但不同声部，需要有相对应声部数的MIC数，这样才能完整拾音。

2.1.3 耳机与音响

(1)耳机

拜亚动力是历史最悠久的耳机公司，最早创立于1924年，拜亚动力的耳机都在型号数字前冠以DT，这是什么意思呢？原来，耳机（headphone）这个词还不存在，DT即“动力电话”（Dynamic Telephone）的缩写，DT这个字母组合也就一直沿用了下来。1924年，德国科学家尤根·拜尔（Eugen Beyer）在柏林开设了一家电子公司，专门从事“电动换能器”（Dynamic Transducers）的研究与开发，并将有关技术使用在影院专用的扬声器及其他同类器材上。年轻的拜尔为了实现将音乐原汁原味地送到人们耳朵里的愿望，他开发了小型扬声器，并将它们固定在弧形箍架上，于是全球首只耳机诞生了（见图2-7）。

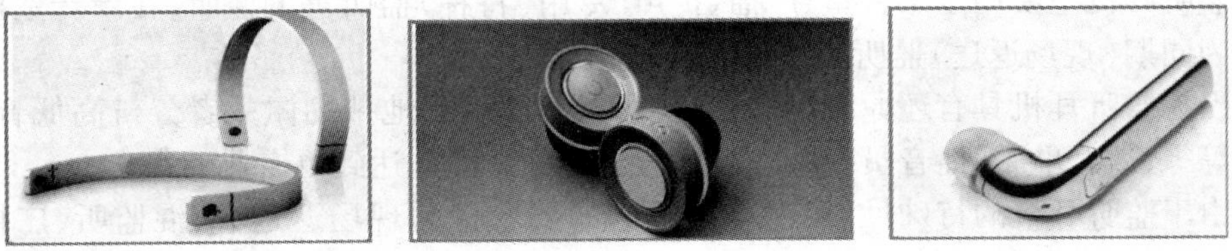

图2-7 早期的耳机样式

对于音频的发展，耳机是必不可少的衍生产品，耳机发展时间虽不长，从有线到无线，仍可算为新生产物，但其随着用户的需求不断提升，行业要求越来越精密，耳机的音质、功能和造型发展空间巨大。

就目前来看，耳机按照佩戴的方式可分为入耳式、头戴式、耳塞式和挂耳式四种。耳机根据其驱动器（换能器）的类型主要分为动圈方式、动铁方式、静电式和等磁式。从结构上功能方式进行分类，可分为半开放式和封闭式；从佩戴人数上分类则有单人耳机和多人耳机；从音源上区别，可以分为有源耳机和无源耳机，有源耳机也常被称为插卡耳机。手机耳机有两种标准：OMTP标准通常被叫作国标，CTIA被称为国际标准。

耳机的舒适性与耐用性是相当重要的，因为其便携设计与专业领域的使用，需要更加贴合舒适，轻巧不易被损坏，即便被损坏后部件也易于维修和更换。专业耳机在其承受功率上能达到100~1000mW。高阻抗耳机的音圈抗性较强，没有低阻抗耳机音圈对功率变化那样敏感，更加耐用。耳机的声音好与坏比它的技术性能更重要，由于人头和耳朵的形状是不同的，一副耳机对不同人会有不同的听感，选购时一定要使用者自己亲自感受舒适度和体会听感。

(2)监听耳机

监听耳机没有任何音色渲染，是最接近于真实的音质。监听耳机的主要特点是频率响应要足够宽，速度快，保证需要监听的声音失真值最低，能清晰反映被监听的声音特点。

这里需要区别的是高保真耳机。高保真耳机能最大限度地还原音质。其特点是频率响应要很宽，使得各种声音都能够拥有良好的播放效果；并且要有能力较强的放大功能，在佩戴的舒适度上也要有一定的设计和考量（见图 2－8）。

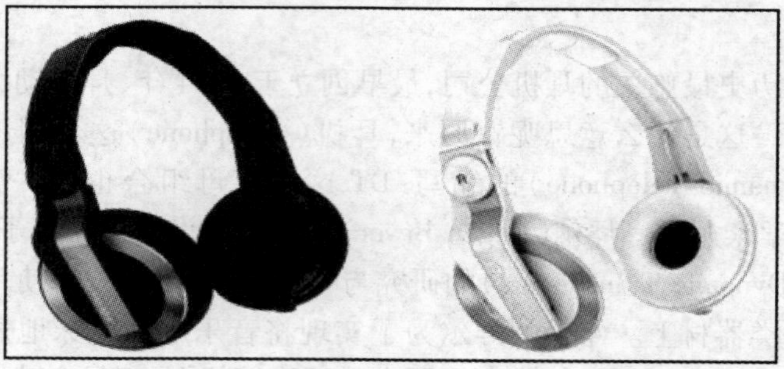

图 2－8　监听耳机

监听耳机主要用于录音室、广播、扩声、专用（特种）监听等的监听，在录音室监听又分为同期（现场返送）监听和缩混监听。

因为监听耳机具有还原源声的功能，所以能够更好地帮助佩戴者分辨高低音、伴奏音等等，适合歌手、播音员佩戴，以便修正自身的发声，达到更专业的水准。

由于监听耳机的特殊性，可以依据不同的要求分为现场返送、缩混监听、广播监听、扩声监听、专用监听、定制入耳式监听耳机这些种类。

在这些种类中，定制入耳式监听耳机（IEM）是有别于其他种类耳机的，它的最大特点就是密闭性能好，能有效隔绝外部噪声，可以瞬间传递声音信号，几乎没有时间误差；并且由于采用耳蜗嵌入式，所以在监听的同时，可以在活动幅度很大的情况下不会掉落。这种耳机常用于舞台表演中。

监听耳机有别于其他耳机的最大特点是多了一个参数，即平均耳压（average pressure on the ear），并且监听耳机需要保证佩戴舒适和牢靠，并且一般都不配有音量调节功能和麦克风。

（3）音响

音响是一个模糊概念，物理意义上是指除了人的语言、音乐之外的其他声响，包括自然环境的声响、动物的声音、机器工具的声响、人的动作等发出的 15～20kHz 频率范围的声音。功能上还包括功放、周边设备（包括压限器、效果器、均衡器、VCD、DVD 等）、扬声器（音箱、喇叭）调音台、麦克风、显示设备等加起来的统称。其中，音箱就是声音输出设备、喇叭、低音炮等等。一个音箱里包括高、低、中三种多个扬声器（含三个），也就是“听得见的声音”和“系统设备”两项内容。

音响效果是戏剧、电影和其他音频演出的创作手段之一。运用多种专用器具和技法，模拟或再现各种声响，创造出真实感，营造出身临其境的氛围，为作品增强艺术感染力。其表现手法分为：开头法、结尾法、重复法、闹静衔接法、提前相连法、突出串联法、停顿法、叠化法、省略法和强化、淡化法。最为重要的手法为变异法、综合法与结合法。了解了这些表演展现手法,可以更好地掌握声音的运用,从而为整部作品的完美呈现添光加彩。

音响效果评价四要素为音调、音量、音色、音品。

① 音调　音调高低是按照音阶来变化,是用声波的频率高低来定量听者的感觉,频率高则音调高;频率低则音调就低。必须注意频率和音调的差别:频率是客观的概念,因为它能用电子仪器(频率计)直接测量;音调是主观的感觉,这种感觉称为听觉,人类的听觉具有自己的独特的性能。人类的听觉特性是以声音变化的比率来感觉声音的变化的。

② 音量　音量是指声音的大小和强弱。就电气技术的角度来说,就是电流、电压幅度的高低问题,幅度高,声音就大。在实际使用中,音量调节就是控制输入到功率放大器的声频电压的幅度大小或功率的大小。

③ 音色　音色就是指声音所包含的谐波频率(泛音)成分。定调频率就是基频,与基频成倍数关系的频率称为谐波,任何悦耳的声音都不是发自一点的单一频率,肯定具有丰富的频率成分。音色好,应是声音的谐波成分丰富,否则听起来就不悦耳。不同乐器的谐波频率构成大不相同。女声与男声的一个主要区别就在于音色不同。

④ 音品　任何声音都有一个成长和衰变的过程,这个过程决定声音的音品。例如同一个人发出同一音阶的"啊"音,若把腔调拖长,便成为一种感叹声;若是突然迸发且戛然而止,便成为一种惊叫。由此看来,声音的成长和衰变过程不同时,听音者的感觉也不相同。实际上音品不同时其声谱也有差异,主要表现在谱线的强弱分布不同,所以可认为音品和音色都是由声谱结构确定的,也有的把两者合称为音品,作为表现声音特色的一个要素。

音响效果四要素的衡量主要靠专业人士的耳朵。

音箱放置

音箱摆放的位置对音效表现有着明显的影响,而对音场定位及低频尤为严重。以下是一般音箱摆位的要点,需要时可如此尝试操作。

音箱应如何放置?音箱位置的正确放置是获得良好放音效果的因素之一,在摆放时必须注意以下几个问题:

1. 两只音箱之间的距离不小于1.5~2米,并保持同一水平。音箱的左右两边与墙壁的距离应该相同。音箱的前面不应有任何杂物。

2. 音箱的高音单元与听音者的耳朵应保持同一水平线,听音者与两只音箱之间应为60度夹角,听音者的身后要留有一定的空间。

3. 两个音箱两侧的墙壁在声学上应保持一致,即两侧的墙壁对声波的反射应相同。

4. 如果音箱声波的方向性不宽,可将两只音箱略向内侧摆放。

5. 对于小型音箱如果感觉低频不够,可将音箱靠近墙角摆放。

2.1.4　声场

声源产生的声波通过媒体向四周自由辐射时，声源四周360度范围内均称为声场，有时也叫音场。它是声波在空间的波能量分布，也就是指可闻声波（20Hz ~ 20KHz）在空间分布的声波能量。

从声波传播特性我们可以知道，声源发出的声能可以分为直达声能和反射声能，所以室内的直达声能与反射声能的组合就是室内声场。以空气为传播媒质的声波衰减是按其声波能量在其空间的分布情况不同，即依声场的类型而定。

声场类型大致可分为自由声场、半自由声场和扩散声场。

（1）自由声场　自由声场是基本无反射的声场，只有在室外能近似地得到。在空旷室外（如露天广场），不考虑地面的反射，这种场合称为自由声场，可以认为声源是点声源，它在每单位时间内发出的能量是一个恒量。离声源的距离越远，能量的分布面也越大，通过单位面积的能量就越小，其声波的衰减也大。

（2）半自由声场　半自由声场是具有一定声能反射的声场，在室外若有护栏和墙，或扬声器指向倾向地面，以及室内具有一定吸声量的声场，均可确定为半自由声场。

（3）扩散声场　如果在理想情况下，在室内任何位置上，声波沿着各个方向传播的概率都相同，室内声压几乎处处相等，声能密度也处处相同，此种声场类型称为扩散型声场。

2.1.5　调音台

调音台（Digital Sound Mixing Console），是调音控制台的简称，是声音制作的主要控制设备。调音台分输入、输出及监听等部分组成。输入部分在面板上以每一个通道为一组，每组以垂直排列的方式构成，每组的电路结构和面板排列位置基本相同，其自上而下一般由输入信号选择开关、前置放大器、音质均衡器、声像移动器及输入电平控制器和开关矩阵等部件构成。所以，大多数的调音台台面上最突出的特征就是会有很多的“旋钮”和“插孔”。调音台的输入通道一般以四组为一个单元，因而调音台的输入声道数往往为4的倍速，如8路调音台、12路调音台、24路调音台等，可根据需要以4为单位进行组合和增减。此外调音台还可以给麦克风提供幻象供电功能；通过调音台，工作人员还能对正在进行的直播与录制声音进行监听（见图2-9）。

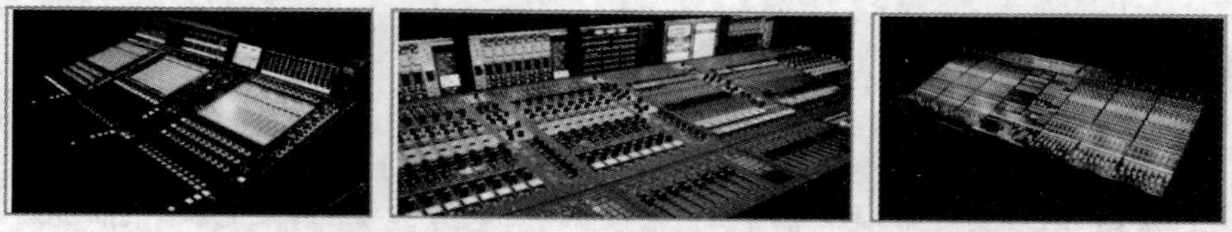

图2-9　调音控制台

调音台主要用于对声音进行分配和音色处理，此外，还可以对多路输入信号进行放大、音质修饰以及进行特殊音响效果的加工处理，然后按不同的音量将其进行混合，混合成一路或几路输出。但与现场演出的需求不同，由于音频软件功能的日趋丰富和完善,影视后期制作时制作人员往往更喜欢选用软件来做调试和控制效果的处理,调音台往往只是保留了声音分配的功能。除此之外,在录音棚里,还往往要用到调音台中的实时对讲功能 Talkback,这是一种帮助盲人或者有视力障碍的用户提供语言辅助的系统工具软件,可与录音间里戴耳机的录音演员进行通话。

随着计算机技术的飞速发展,数字信号处理器(DSP)模块处理速度不断提高,在音乐录制和还音领域中引入了计算机处理系统——数字音频工作站。它的出现给节目录制和还音的音质起到了一个质的飞跃,是一个全新的颠覆式发展。

(1)采用 44.1kHz 取样频率和 16bit 量化精度的数字信号处理器(DSP)可达到 98dB 的信号动态范围(理论值)。最新的 DSP 已发展到 96kHz 的取样频率和 24bit 的量化精度,其动态范围可大于 120dB,频响大于 45kHz,解决了过去一直无法处理的需有 120dB 信号动态范围的大型管弦乐队演奏的贝多芬作品。

(2)传统的音响系统需要有大量周边设备支持,不仅操作复杂,而且经过多次互连接后增加了噪声和失真,设备之间的电平匹配也不易达到最佳。音频工作站对所有音频信号的处理全部由内部的视窗软件和硬件模块完成(如延时器、混响效果器、压缩限幅器、扩展器/噪声门以及各种均衡等),可任意存储、调用和配置,还能与现有的其他传统设备配合兼容。它的特点是:功能众多、性能优异、使用灵活、配置简单、具有更大的扩展性。

(3)强大的编辑和存储功能。数字音频工作站可对系统中使用的各个参数和系统的状态,根据需要进行编辑和存储,可以储存多种节目演出的不同要求频响特性和参数,并能任意调用。

2.1.6 幻象电源

音响中的“幻象电源”,是在专业音响系统中常用的一种供电方式,它与一般电源供电的区别在于:常规供电方式是,电源走电源专用线路,信号走信号专用线路;而用幻象电源供电时,不需要用专门的电源线,幻象电源提供的能量是借助音频信号线,与音频信号同时进行传送。以最常用到的“幻象电源”的电容式话筒为例,如果不用幻象电源的话,每只话筒需要多接两根电源线,一个专业调音台有可能接驳十几只到几十只话筒,此时多出来的就远远不止两根线了。采用幻象电源,系统的连接就简单多了,并且可靠性也大大提高。

幻象电源的电压有+48V(较常见)、+24V、+18V、+12V 等,通常幻象电源并不能提供太多的能量,只适用于功耗较小的设备(见图 2-10)。

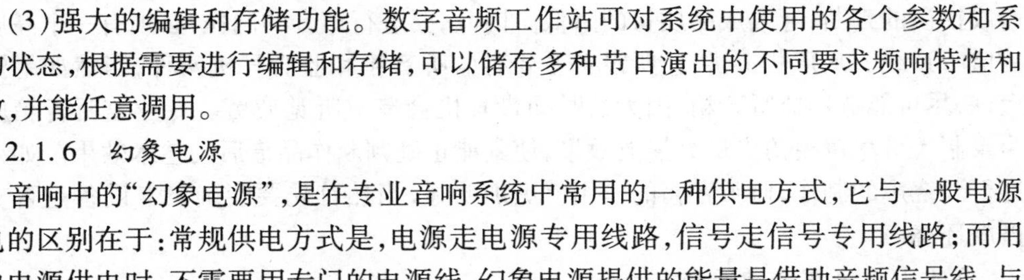

图 2-10 幻象电源

2.1.7 记录设备

记录设备用来对声音信号进行记录和存储，以便在不同的场合和时间进行还原播放。目前主要的记录设备就是电脑硬盘，现场录音人员就都使用以影片为载体的便携式录音设备。数字复制的优点是显而易见的，所以很多人会把录音数据用移动硬盘或U盘进行拷贝，以方便在不同的制作平台上工作。模拟磁带录音机、数字磁带录音机、数字光盘录音机等纷纷退出了历史舞台，但为了在使用历史声音资料时实现“接轨”，一些录音棚还是保留了与上述记录形式相应的播放设备。

2.1.8 声音的剪辑加工设备

声音的剪辑加工设备，用来对影视声音素材进行剪辑处理，主要包括数字音频工作站以及相应的周边设备。数字音频工作站就是借助计算机的运算和控制功能，最终完成信号采录、声音剪辑和声音混合等录音技术制作和艺术加工处理的一系列流程。从宽泛的角度来说，由于计算机技术的飞速发展和软硬件设备更替的加速，现在任何一台个人电脑只要装备了专业声卡和音频制作软件，都可以成为数字音频工作站。

2.1.9 监听系统

监听系统用作声音制作过程中的监听，其作用是把电信号重新还原成声音信号，供录制人员通过听觉感受与其累积的实践经验，来评价声音信号的质量和内容。声音在制作过程中，必须经过不断的试听来确定预期效果，一个不好的监听系统，往往可能造成错误的判断，导致成品质量的降低。因此，要进行声音的制作，必须有一个高质量的监听系统。从形式上讲，监听设备主要有监听音箱和监听耳机两种，当然如果资金允许，尽可能选用监听音箱，因为长时间带耳机会造成听觉疲劳。专业监听音箱应能为录制人员尽量模仿出最终播放效果，使其能正确判断作品最后的艺术效果。如果要进行环绕声的制作，监听音箱的作用就更加明显，当然首先要明确声卡设备是否支持播放环绕声。

2.1.10 视频监看系统

影视声音的后期制作有别于一般的声音制作，很重要的一点是及时体现声音与画面的匹配。目前专业音频软件中也都增加了视频窗的支持，不过音频软件毕竟不是视频编辑软件，往往只支持一个视频轨，仅仅用于参考，不能进行视频剪辑。为了避免操作界面过于拥挤，目前工作站一般采用双显示器进行显示，实际使用时也常常会将右显示器用作视频的回放显示窗口。由于配音演员在配音的时候往往也要参考画面，还可以通过相关的视频卡将视频传输到外部监视器，供录音室的配音演员进行监看。此外，还可以在控制室增加较大屏幕显示器，以方便导演或相关工作人员对影片的声画合成效果进行审看，两个屏幕中的内容是同步的。

2.1.11 录音室

(1)录音室(客观环境要求)

首先就是便于对声源进行准确采录的工作室，录音室的客观环境要求自然是越安静越好，理论上最大分贝值不能超过20，要将录音间和控制室隔开，配备水冷系统，要使用无风扇型。为获得安静的录音环境，墙越厚越好，加之水泥的隔音效果很强，理论上密度高的材料隔音效果最为适宜。在条件允许的情况下，尽量采用房套房的格局，并且录音室采用双层墙设计（见图2－11）。

图2－11　录音室（中图为上影厂录音室）

录音室为求隔音的高性能，基本上没有窗户，门也是采用高密度材料包上厚厚的门板，门框还要装上橡皮垫。天花板也都设计为波浪形，可以有效减少高频吸收率。

一般录音室分为两个部分：录音室和调音控制室，控制室和录音棚之间的窗户，隔音成本较高，需装3层以上玻璃，还不能平行，中间要抽真空，上下窗框和墙的连接也要求很高。

其次，需要对录音对象做好充分了解，做到明晰步骤与设备的最佳采录位置，并一一记录。做好采录设备所需的硬件和软件的初始准备工作，事先运行与调试到最佳工作状态。

如果时间条件允许，最好在正式录制前有一次“彩排”过程，这对录音工作人员与被采录对象都能起到熟悉流程、减少消耗和放松的目的。

（2）录音室（主观环境要求）

依据不同的制作要求，声音制作被细分化。做好录音前期的准备工作后，大量的时间需要进行针对对白、音效、动效（拟音）、音乐、终混等声音的编辑处理工作。

每一个领域通常包括声音设计师、录音师、剪辑师、混音师和技术工程师，以及每个环节的部门助理。

最为基本的录音工作开始前，首先需要做到以下几点：

① 状态要良好，没有身体的任何不适或心烦气躁、杂事缠身的困扰。

② 对于录音工作中的程序有一个较为细致的统筹计划书。

③ 为即将开始的录音工作，在做好计划书的基础上一一落实到文字上，从而可以尽可能避免疏漏和差错。

④ 制定一份较为完整细致的时间表，做好应急预案。

⑤ 将前期需要申请和协调的相关部门工作安排妥当，一一打招呼，通知工作人员到位。

⑥ 把所有录音工作中需要的道具和工作人员安置到位待命，做好交流沟通，做到参与的每一个人都清楚需要完成的工作流程与工作质量要求。要事先调试好麦克风、电脑、调音台等全部所需音频设备。

⑦ 整个录音过程，需要情绪和状态保持稳定，不急不躁，有利于顺利完成录音工作。

⑧ 工作结束后,第一时间对整个录音工作记录存档。

2.2 相关功能软件

如果说硬件系统是实现数字音频制作的骨架,那么音频软件就是数字音频制作的灵魂。

数字音频软件有很多种,依据不同的程序要求,可以分为“音序软件”“编辑制作软件”“录音软件”“混缩软件”等。

(1)音序软件　是能够进行 MIDI 数据编辑和处理,让制作出来的多声部声音按不同音色、不同音型同时或不同时有序播放。例如 Cakewalk Sonar 就是这样的一款软件。

(2)编辑制作软件　是对单个声音文件进行从音乐制作到游戏音效编辑非常广泛的应用软件。Sound Forge 就是其中的代表软件。

(3)缩混软件　可以对多轨道声音文件进行从音乐录制、音效处理到编辑混合的综合应用软件,本书重点介绍的 Adobe Audition 软件就是这方面的佼佼者。

(4)多轨录音　这类的音频软件,可以依据系统要求,又能分为三类,即全功能、单一功能和插件。全功能录音软件是最为常见也是真正意义上的数字音频工作站软件。因为它能对音频信号进行录音、剪辑、处理、混音,甚至还可以直接刻录 CD。因此,可以说音频工作的完整程序,都能利用这种软件来实现。

目前就使用率上粗略统计,Image-Line FL Studio、Ableton Live、PreSonus Studio One 和 Steinberg Cubase 为较受欢迎的几款软件。这里需要简单介绍一下 PreSonus Studio One,因为 PreSonus Studio One 是 PreSonus 首次涉足音频工作站领域的第一个软件,是一个集 MIDI 和音频功能于一身的工作站,可以独立运行,无须设置就可以直接使用,对音轨数量、效果器和插件数量都没有限制。这款音频软件提供了丰富的专业功能。

练习操作

1. 使用录音设备把自己说的“十八道辙”录制下来,播放并感受自己声音的变化特征和语音特点。
2. 录制一些自然界的声音,播放并分辨感受声音层次和距离。

第三章　MIDI

第一节　MIDI 的概念

MIDI 是 Music Instrument Digital Interface 的缩写，翻译过来就是“音乐数字化接口”，也就是说它的真正含义是一个供不同设备进行信号传输的接口的名称。是 20 世纪 80 年代初为解决电声乐器之间的通信问题而提出的。MIDI 是编曲界最广泛的音乐标准格式，可称为“计算机能理解的乐谱”。它用音符的数字控制信号来记录音乐。一首完整的 MIDI 音乐只有几十 KB 大，而能包含数十条音乐轨道。几乎所有的现代音乐都是用 MIDI 加上音色库来制作合成的。MIDI 传输的不是声音信号，而是音符、控制参数等指令，它指示 MIDI 设备要做什么，怎么做，这些指令又被统一表示为 MIDI 消息（MIDI Message）。传输时采用异步串行通信，标准通信波特率为 31.25×(1±0.01) KBaud。

MIDI 发明者是美国的加州音乐人。第一台能够兼容 MIDI 格式的 Prophet-900 合成器，就是由这位美国人 Dave Smith 制作的，这款合成器在 1982 年 12 月退役。

MIDI 可以理解为是一种协议、一种标准，或是一种技术，但它并不是单指某个硬件设备。

MIDI 仅仅是一个通信标准，它是由电子乐器制造商们建立起来的，用以确定电脑音乐程序、合成器和其他电子音响的设备互相交换信息与控制信号的方法，用于连接各种 MIDI 设备所用的电缆为 5 芯电缆，通常人们也把它称为 MIDI 电缆。

MIDI 系统实际就是一个作曲、配器、电子模拟的演奏系统。从一个 MIDI 设备转送到另一个 MIDI 设备上去的数据就是 MIDI 信息。MIDI 数据不是数字的音频波形，而是音乐代码或称电子乐谱。

MIDI 是一种电子乐器之间以及电子乐器与电脑之间的统一交流协议。很多流行的游戏、娱乐软件中都有不少以 MID、RMI 为扩展名的 MIDI 格式音乐文件。

MIDI 文件是一种描述性的“音乐语言”，它将所要演奏的乐曲信息用字节进行描述。譬如在某一时刻，使用什么乐器，以什么音符开始，以什么音调结束，加以什么伴奏等等，MIDI 文件本身并不包含波形数据，所以 MIDI 文件非常小巧。

MIDI 要形成电脑音乐必须通过合成。早期的 ISA 声卡普遍使用的是 FM 合成，即“频率调变”。它运用声音振荡的原理对 MIDI 进行合成处理，由于技术本身的局限，效果很难令人满意。声卡大都采用的是波表合成，它首先将各种真实乐器所能发出的所有声音（包括各个音域、声调）进行取样，存储为一个波表文件。

在播放时，根据 MIDI 文件记录的乐曲信息向波表发出指令，从“表格”中逐一找出对应的声音信息，经过合成、加工后回放出来。由于它采用的是真实乐器的采样，所以效果自然要好于 FM。一般波表的乐器声音信息都以 44.1KHz、16Bit 的精度录制，以达到最真实的回放效果。理论上，波表容量越大合成效果越好。根据取样文件放置位置和由专用微处理器或 CPU 来处理的不同，波表合成又常被分为软波表和硬波表。

总之，硬件连接、信息格式和标准 MIDI 文件存储，是 MIDI 技术最重要的三个组成部分。

第二节　MIDI 系统组成

2.1　音序器

音序器即音乐词处理器（Word Processor），是 MIDI 作曲和核配器系统核心部分（见图 3－1 和图 3－2）。

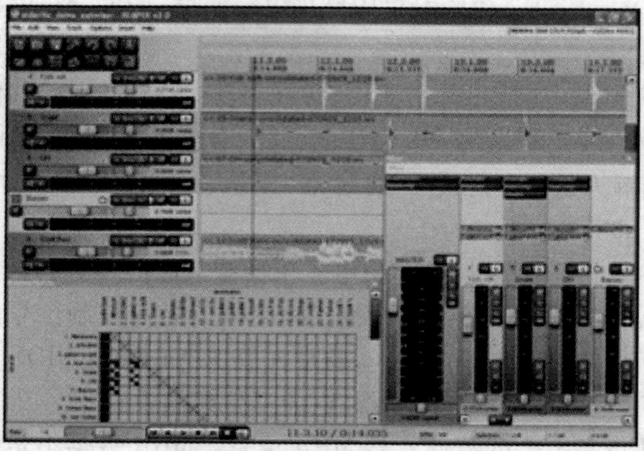

图 3－1　音序器

这个软件既可以装到个人电脑里，也可做在一个专门的硬件里。它可以记录、播放和编辑各种不同 MIDI 乐器演奏出的乐曲。音序器并不真正记录声音，它只记录和播放 MIDI 信息，这些信息从 MIDI 乐器来的电脑信息，就像印在纸上的乐谱一样，它本身不能直接产生音乐，MIDI 本身也不能产生音乐，但是它包含如何产生音乐所需的所有指令，例如用什么乐器、奏什么音符、奏得多快、奏的力度多强等。

音序器可以是硬件，也可以是软件，它们的作用过程完全与专业录音棚里多轨录音机一样，可以把许多独立的声音记录在音序器里，区别仅仅是音序器只记录演奏时的 MIDI 数据，而不记录声音；它可以单轨录制，也可以多轨进行修改。音序器在演奏时同步记录来自乐器的 MIDI 数据，同时可以不断增加声部，并实时同步播放。

作为单独设备的音序器，音轨数受限，但作为电脑软件的音序器几乎多达 50000 个音符，64 ~ 200 轨以上。音序器只受到硬件有效的 RAM（Random Access Memory 随机存储器）和存储容量的限制，所以作曲、配器根本用不着担心存储不够。

最早的是硬件音序器，我们也常称它为“编曲机”。它可以是一个独立的设备，也可以内置于合成器里。这类音序器的编辑和修改必须在它的面板上进行，使用是很不方便的。软件音序器当然要安装在电脑上，如我们常用的 Cakewalk 就是一个软件音序器。其特点就是界面扩大，功能增强，操作方便，在很大程度上，比硬件音序器优越度高。也正是由于软件加入音乐制作的领域才使 MIDI 音乐和电脑联系起来，因为制作 MIDI 音乐完全用不着电脑。

图 3 - 2　2014 年推出的最新多功能音序器

其实不用计算机也可以制作 MIDI 音乐，使用计算机可以更方便地制作 MIDI 音乐，于是就产生了“电脑音乐”这个新名词，其实我们现在所说的电脑音乐并不是指让计算机来创作音乐，而是指在 MIDI 音乐的制作过程中用到了计算机和软件而已。

2.2　采样器

采样器可以算是音源中的一种，和普通音源不同，普通音源音色是固定的，而采样器本身没有音色，它只不过有一个存放音色的空间（一般在几十兆到一百多兆之间），供使用者调用各种音色光盘。

采样器读取了使用者所需要的音色内容后，就把这些音色样本装入自己的内存供使用者采用。当需要新的音色时就重复上面的步骤，当然，上一次导入的音色也许就会被覆盖，这取决于采样器内存大小和所需要采用的某些音色。

采样器适合与普通音源结合使用，采样器光盘的音色会远远好于普通音源的音色。有时一个钢琴的采样样本可达 30MB，这比有的音源所有音色样本的总和还大。

但是使用者是不能全靠采样器来提供音色的，一是音色的调用和更改太复杂，使用不便；二是要拥有的采样器得从地板堆到房顶，占用空间大；三是绝大多数音色普通的音源已经可以胜任。事实上，采样器应当是一个自己采样和制作音色的工具，但是由于这个工作需要很深厚的音色制作基础和基本知识，不是所有 MIDI 声音制作者都能掌握的，所以大量使用采样器自己制作声音的人并不多。由于市场上随处可以购买和网站上有偿下载，想要各种声音音效较为便利。

随着电脑和软件的高速发展，软件音源开始显示出巨大潜力，趋向专业化，最主要的表现在软采样器上。很多软采样器可以提供十分优质的音色，向价格昂贵的硬件采样器发起了挑战。主要软件有 Gigasampler，Reality 等，在很多方面一点也不逊色于硬件采样器，Gigasampler 支持以 GB 为单位的音色样本。不过就目前而言，掌握这些软采样器的人还不是很多，而这些软件占用系统的 RAM 较多，要想顺利使用它，需配置顶级机器。

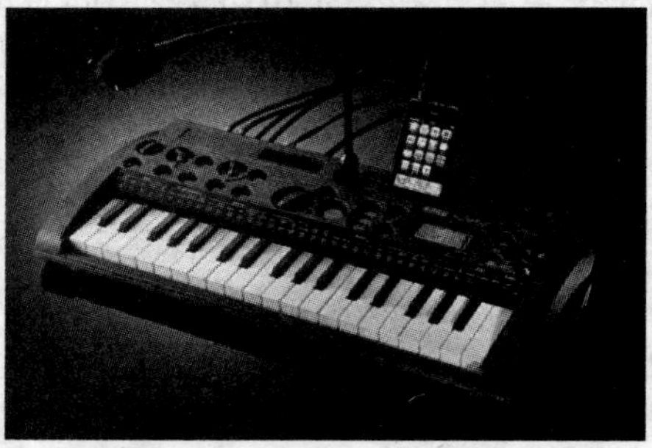

图 3-3　音源器

2.3　输入设备

2.3.1　MIDI 键盘

MIDI 键盘分为软件和硬件，实际使用中，这是唯一难以用软件完全替代的设备。如今各类虚拟电子琴和虚拟 MIDI 键盘包括 Cakewalk，也带有一个 Virtual Piano，但他们要么用鼠标点，要么用计算机键盘弹，始终无法满足演奏者畅快惬意的演奏感觉，而且也很难表现 MIDI 作品的细致性和人性。如果想要制作出高水平的 MIDI 作品，输入设备还是首选键盘演奏（见图 3-4）。

图 3-4　MIDI 作品输入设备

为了继承和沿用原来的使用习惯，设计者先后制造出了许多基于传统乐器和效果的 MIDI 输入设备，如 MIDI 键盘、MIDI 吉他、MIDI 吹管、MIDI 小提琴和 MIDI 架子鼓等等。演奏者可以按照原先所学的传统方式去演绎各种声音，再将演奏出的声音通过 MIDI OUT 出口传送到音序器，被记录为音序内容。所以可以说 MIDI 文件的内容实际上就是音序内容，它只是一堆数字而已。

MIDI 文件的体积是很小的，一般只有几十 KB，很适合在网络上传播。但正是因为 MIDI 文件不是以描述声音的波形为其记录形式的，所以同样的一个 MIDI 文件在不同的音源上播放效果会完全不一样，因为声音来自音源，而不同的声卡波表或硬件的音源音色都不一样。但是我们现在仍然可以从互联网上下载 MIDI 音乐并进行播放，为什么呢？那完全是靠一个 General MIDI（简称 GM）的标准，通俗地理解，它就是把规定了 128 种常用乐器和控制器排列顺序，例如所有的 GM 音色库第一号音色一定是三角钢琴，25 号音色一定是钢弦吉他。只要大家都按 GM 标准制作音乐，使用 GM 音色库欣赏 MIDI 音乐，那么音色是不会错乱的，钢琴还是钢琴，吉他还是吉他，只不过各个音源的音色有区别。所以提供上传到网络上的 MIDI 作品一定要符合 GM 标准。详见附录三：General MIDI 音色表。

2.3.2 音源

MIDI 音源就是一个装了很多音色的“盛器”，完全由这个“盛器”提供音色。采样器也是音源的一种，只不过它的音色不是固定的，而是来自于各类采样盘或是使用者亲自动手自己采样。音源也分硬件和软件两种。

音源很笨，因为它自己不知道该在什么时候用什么音色发多长的音，它好比一个丰富的矿藏，至于如何利用不是音源的工作，必须有另一个设备来指挥它，这个设备就是 MIDI 制作的心脏——音序器。音序器的任务就是记录人的旨意，实际上就是记录了声音中的各种基本要素，如速度、节奏、音色、音符、时值等等，这样，在播放的过程中，音序器就会根据其内容指挥音源在什么时候用什么音色发多长的音，使用者就能听到自己想要的声音了。至于输入设备很容易理解，就是把你想要的内容和效果告诉音序器。

硬件音源是现在专业 MIDI 制作不可缺少的设备，因为它们可以提供比任何一块声卡上的波表都要好很多的音色，专业人员一般使用这种独立音源。任何一块多媒体声卡上都有一个 128 种音色的 GM 音色库，也就是说每一块多媒体声卡上都有一个 MIDI 音源，因为质量和价格差异，造成音质的千差万别。

软件音源是随着计算机的高速发展而产生的，必须安装在电脑上才能使用。应用较广的软音源有 Yamaha S-YXG100，Roland VSC88 等，俗称为 MIDI 播放器。软音源提供音色，也为 MIDI 的普及做出了巨大贡献。最主要的是，让想自己制作 MIDI 音乐的人不再需要为购买大量设备而增加支出，就可以不受任何限制地自由实现了。

2.4 MIDI 接口

前面已经解释过，MIDI 就是乐器数字接口。MIDI 是由电子乐器生产厂家为了不同型号的电子乐器的“交流”而产生的。它是一种技术规范，是多媒体计算机所支持的产生声音的方法之一，也是本书声音制作需要了解的知识点。

这里特别提出的是，MIDI 产生声音的方法不是通过模/数转换，而是依据 MIDI 文件中的 MIDI 信息生成对应的各种声音波形并放大输出。

由于 MIDI 采用的是数字化技术，自然而然就很容易进入计算机领域了。MIDI 作为多媒体的一个重要组成部分，使用者习惯将这种接口技术当作电脑音乐的代名词。

MIDI 乐器的接口有三种，即 MIDI OUT、MIDI IN、MIDI THRU。

MIDI OUT 是将乐器中的数据（MIDI 消息）向外发送。

MIDI IN 是用于接收数据的。

MIDI THRU 是将收到的数据再传给另一个 MIDI 乐器或设备，可以说是若干个乐器连接的接口（见图 3－6 和图 3－7）。

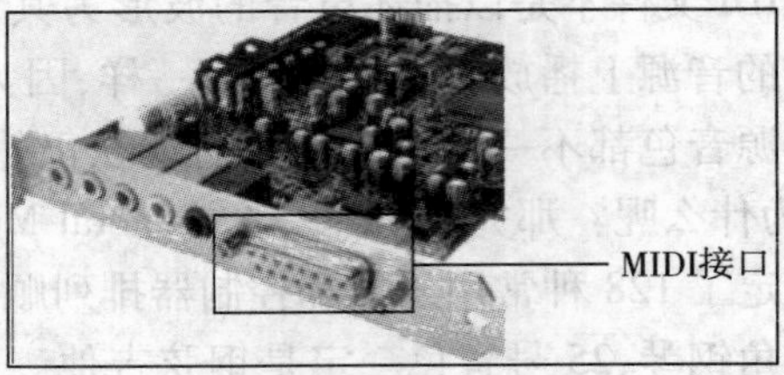

图 3－5　IMDI 接口

图 3－6　设备 MIDI 接口

可以这样说，MIDI 所描述的是将 MIDI 乐器弹奏出的音变成 01010 一样的数据输出，也可以由计算机中的软件将要表示的音变成 01010 的二进制数据通过声卡输出，或者接收一些 01010 的数据进行处理。

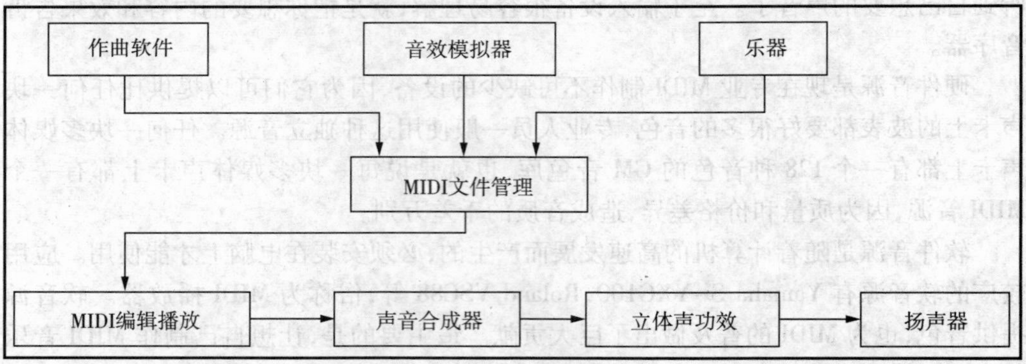

图 3－7　MIDI 接口示意图

2.5　MIDI 映射表

MIDI 映射表（MIDI Mapper）的存在几乎感受不到，但 MIDI 映射表的概念是非常重要的。

MIDI Mapper 是一种特别的程序，它是 MIDI 硬件和系统之间的桥梁，来自系统中的 MIDI 软件信号首先被送到 MIDI 映射表，然后按照 MIDI 标准协议被送到 PC 内部的 MIDI 硬件部分。MIDI 映射表过滤了一些不必要的或者非标准的 MIDI 信号，同时将 MIDI 软件程序发出的程序数据转换（或者说是“翻译”）成 MIDI 硬件能够识别的语言。

MIDI 映射表的基本工作就是将 MIDI 通道(MIDI Channels)正确地连通到 MIDI 硬件上去,这种对应关系是可以依据自己的要求自行修改对应设置,并在相当程度上解决了 MIDI 信号和 MIDI 硬件之间可能存在的不兼容,音频软件与 MIDI 端口以及合成器成音源型号等问题。只要明确告知 PC 系统兼容与否,其他都留给系统在后台自动解决。

MIDI 映射表中还含有一个非常重要的 MIDI 音色表(见图 3-8),即 Patch Maps。

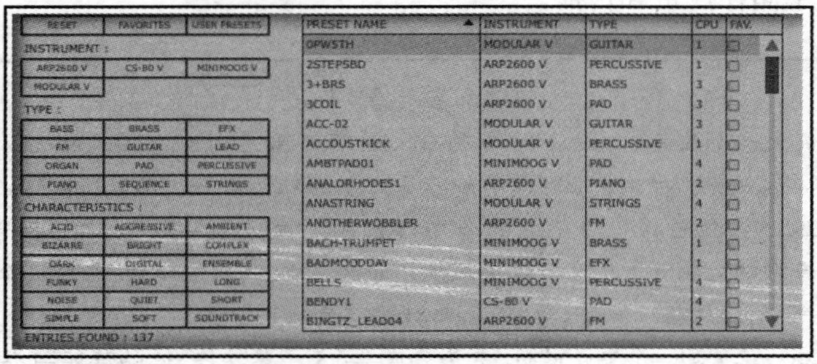

图 3-8　音色表示例

2.6　MIDI 标准

通常一个标准的 MIDI 有 16 个通道,GM 标准里的第 10 通道是专为打击乐设定的。

常见的 MIDI 标准有 GM、GS、XG,各标准之间存在着竞争。

GS 标准是在 ROLAND 的早期产品 MT-32 和 CM-32/64 的基础之上,规定了 MIDI 设备的最大同时发音数不得少于 24 个、鼓镲等打击乐器作为一组单独排列、128 种乐器音色有统一的排列方式等。有了这种排列方式,凡是在支持 GS 标准的设备上制作的音乐,拿到任何一台支持同样标准的设备上都能正常播放。

GM 标准的全称应该是"通用 MIDI 标准系统第一级"(General MIDI system Level1),在 GS 标准基础上,主要规定了音色排列、同时发音数和鼓组的键位,而把 GS 标准中重要的音色编辑和音色选择部分去掉了。GM 的音色排列方式基本上沿袭了 GS 标准,只是在名称上做了修改,如把 GS 的 Piano1 改名为 Acoustic Grand Piano 等。

XG 同样在兼容 GM 的基础上做了大幅度的扩展,如加入了"音色编辑"的功能,使得作曲家可以在 MIDI 乐曲中实时地改变乐器的音色;还加入了"音色选择"功能,在每一个 XG 音色上可以叠加若干种音色。

2.7　MIDI 信息

MIDI 信息(MIDI Messages)是 MIDI 技术最为主要的组成部分,是声音真实度感受的关键要素。MIDI 信息中包含了模拟真实声音里复杂声音变化的信号,以及这些复杂信号的转换和处理的过程内容，是数字乐器里最主要的特征之一。

MIDI 信息可简单地分为两类：一类是 MIDI 通道信息（Channel Message），另一类是系统信息（System Message）。

MIDI 信息又可以分为两个部分，即 MIDI 通道音色信息（Channel Voice Message）和通道模式信息（Channel Mode Message）。

MIDI 信息一般比波形文件要小很多。举个例子：一小时的立体声音乐，波形文件数据量约为 600MB，但是 MIDI 文件是只有 400KB 左右。很显然，MIDI 声音文件在许多场合更加便于储存携带和传播。

MIDI 音序器软件

Cakewalk 是一个最为人们熟知的音序器软件，硬件音序器濒临淘汰的边缘很大程度上是由于它的出现。它是 MIDI 音乐制作中最容易上手的软件之一。从 4.0 版起，Cakewalk 加入了音频处理功能，使它从一个单纯的音序器软件走向一个专业的 MIDI 和音频工作站。Cakewalk 的音频功能实际上已经可以满足使用者的要求了，一般地说，录制一个人声应该没有什么问题，所以，如果想玩 MIDI，就从 Cakewalk 起步吧！

Fruity Loops2.7 是一个电子鼓机/电子合成器/音序器软件，他的性能与界面远远超过了原来介绍的 DT010，它能够创建鼓声和其他音频循环。该软件设计严谨的鼓声盒方法，对于新手来说是轻松易用的，但是使用者会发现 Fruity Loops 同时包含专业音乐制作人员所使用的功能强大的专业工具，支持单独对每一音符进行定格、音量、定调、混频、回声以及剪切等操作，具有延展、衰减、反响等数字效果以及主从 MIDI 同步等其他功能。

Yamaha 公司的音源也是名扬四海，S-YXG100 是 Yamaha 出的软音源，符合当今较流行的 XG 标准，播放界面也漂亮，有实时的效果器可以添加，可以用来欣赏用 XG 音源和标准制作的音乐。但它也不是实时响应音源，只适合播放 MIDI 文件。

Guitar Pro GUITAR PRO 是吉他爱好者的福音，它提供了打印标准六线谱的方式，有很多吉他专用记号，另外它还有完善的吉他指板图，也就是和弦标记。可以用 MIDI 设备播放音乐，使用者可以选择用尼龙弦、钢弦、爵士、失真吉他的音色，回放 CLASICAL，POP，JAZZ，ROCK 音乐。

Superquitar 吉他和弦表，是极有用的软件，可以快速查询所有的吉他和弦，各个和弦都包括高中低把位，并可以即时弹奏所选和弦。

练习操作

参观录音室，并利用录音室完成一段录音。

1. 为画面里的某一角色配音，感受声音对角色塑造的重要性。
2. 用两只话筒录制一段对白，体会录制对话交流，注意观察录音室设备和录音中的每个环节。
3. 采用生活中的废旧物，如报纸材料等，制作模拟音效。

第二部分

Adobe Audition CS6

第四章　Adobe Audition CS6 概述

Adobe Audition 的前身为 Cool Edit Pro。2003 年，美国 Adobe Systems 公司收购了 Syntlillium Softwale Korpolation 公司的全部产品，用于充实其阵容强大的视频处理软件系列。Adobe 在图形图像界的影响可谓尽人皆知，音频制作也很精益求精。

第一节　了解 Adobe Audition CS6

Adobe Audition 功能强大，控制灵活，使用它可以录制、混合、编辑和控制数字音频文件。也可轻松创建音乐、制作广播短片、修复录制缺陷。通过与 Adobe 视频应用程序的智能集成，还可将音频和视频内容结合在一起。使用 Adobe Audition 软件，将获得实时的专业级效果。

目前 Adobe Audition 的最新版本是 Adobe Audition CC 2014(7.0)，需要说明的是，Adobe Audition CC 系列不再支持 XP 系统。

Adobe Audition 是一个非常出色的数字音乐编辑器和 MP3 制作软件。不少人把它形容为音频“绘画”程序。你可以用声音来“绘”制音调、歌曲的一部分、声音、弦乐、颤音、噪声或是调整静音。而且它还提供多种特效，为你的作品增色，例如：放大、降低噪音、压缩、扩展、回声、失真、延迟等。你可以同时处理多个文件，轻松地在几个文件中进行剪切、粘贴、合并、重叠声音操作。使用它可以生成的声音有噪声、低音、静音、电话信号等。该软件还包含 CD 播放器。其他功能包括：支持可选的插件；崩溃恢复；支持多文件；自动静音检测和删除；自动节拍查找；录制等。另外，它还可以在 AIF、AU、MP3、Raw PCM、SAM、VOC、VOX、WAV 等文件格式之间进行转换，并且能够保存为 RealAudio 格式。

1.1　常用音频软件简介

在实际操作中，常用的音频处理软件有很多，例如：Sound Forge、Gold Wave、NGWave Audio Editor、Total Recorder Editor、AD Stream Recorder、Audio Recorder Pro、

WaveCN、Audacity、Wavosaur、Adobe Audition 等。

1.1.1　Sound Forge

它是 Sonic Foundry 公司的产品，是一个非常专业的音频处理软件，功能非常强大而复杂，可以处理大量的音效转换的工作，并且包括全套的音频处理、工具和效果制作等功能，需要一定的专业知识才能使用（见图 4-1）。

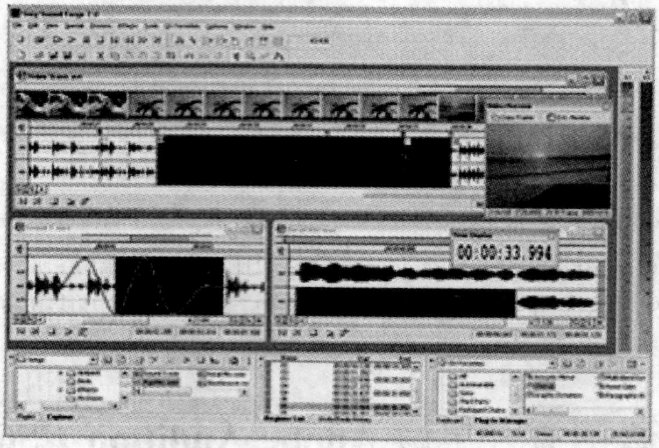

图 4-1　Sonic Foundry 示意图

1.1.2　Gold Wave

它是一个不需要安装的绿色软件，集声音编辑、播放、录制和转换于一身的音频工具，功能非常强大，支持的音频文件格式相当多，有：WAV、OGG、VOC、IFF、AIF、AFC、AU、SND、MP3、MAT、DWD、SMP、VOX、SDS，AVI 等多种格式，可直接从 CD、VCD、DVD 或其他视频文件中提取声音（见图 4-2）。Gold Wave 内含丰富的音频处理特效，从一般特效如多普勒、回声、混响、降噪到高级的公式计算（利用公式在理论上可以产生任何你想要的声音）。

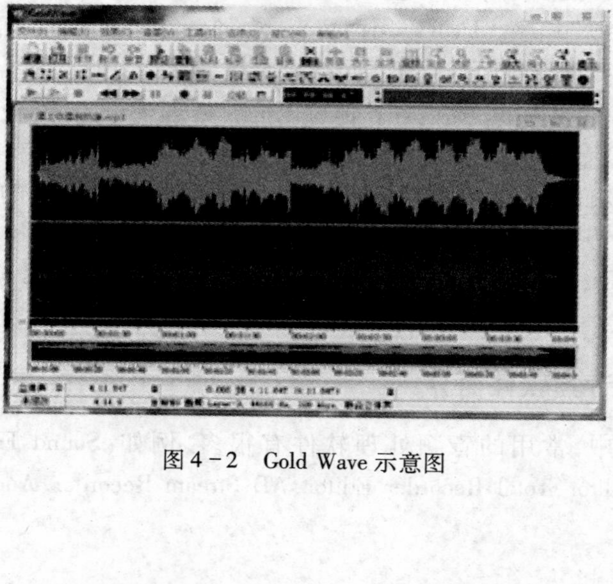

图 4-2　Gold Wave 示意图

1.1.3　NGWave Audio Editor

它是一个功能强大的音频编辑工具，采用下一代的音频处理技术，使用时你可以在一个可视化的真实环境中精确快速地进行声音录制、编辑、处理、保存等操作，并可以在所有的操作结束后采用创新的音频数据保存格式，将其完整、高品质地保存下来（见图4－3）。

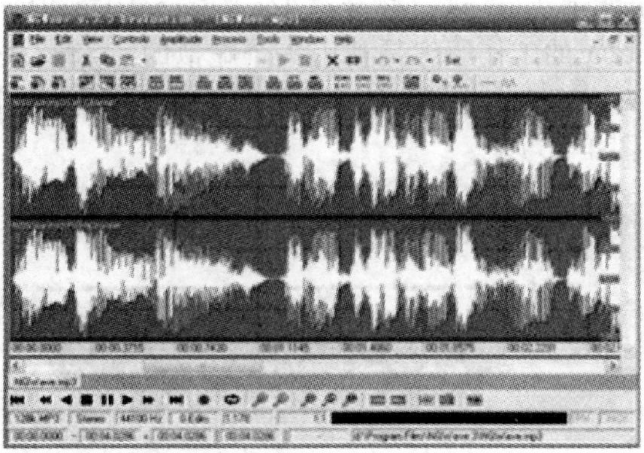

图4－3　NGWave Audio Editor 示意图

1.1.4　All Editor

是一个专业多功能声音编辑和录音工具，自带音效库，多种音效效果用于修饰音乐，比如淡入淡出、静音的插入与消除、哇音、混响、高低通滤波、颤音、震音、回声、倒转、反向、失真、合唱、延迟、音量标准化处理等等（见图4－4）。软件还自带了一个多重剪贴板，可用来进行更复杂的复制、粘贴、修剪、混合操作。在 All Editor 中你可以使用两种方式进行录音，边录边存或者是录音完成后再行保存，并且无论是已录制的内容还是导入的音频文件，都可以全部或选择性地导出为 WAV、MP3、WMA、OGG、VQF 文件格式（如果是保存为 MP3 格式，还可以设置其 ID3 标签），能较轻松地让做出来的音乐效果出色出彩！

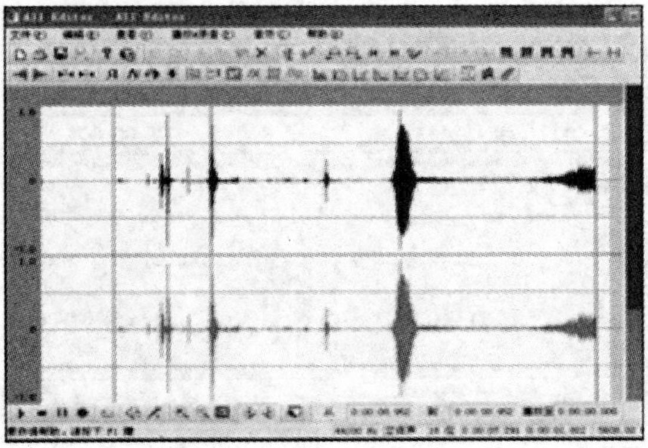

图4－4　All Editor 示意图

1.1.5　Total Recorder Editor

它是 High Criteria 公司出品的一款优秀的录音软件，其功能强大，支持的音源极为丰富，不仅支持硬件音源，如麦克风、电话、CD-ROM 和 Walkman 等，还支持软件音源，比如 Win amp、RealPlayer、Media player 等，而且它还支持网络音源，如在线音乐、网络电台和 Flash 等。除此之外，它还可以巧妙地利用 Total Recorder 完成一些不可能完成的任务。总之，"全能录音员"这一称号对 Total Recorder 来说一点都不过分。至于录音质量，Total Recorder 的工作原理是利用一个虚拟的"声卡"去截取其他程序输出的声音，然后再传输到物理声卡上，整个过程完全是数码录音，因此从理论上来说不会出现任何的失真（见图 4－5）。

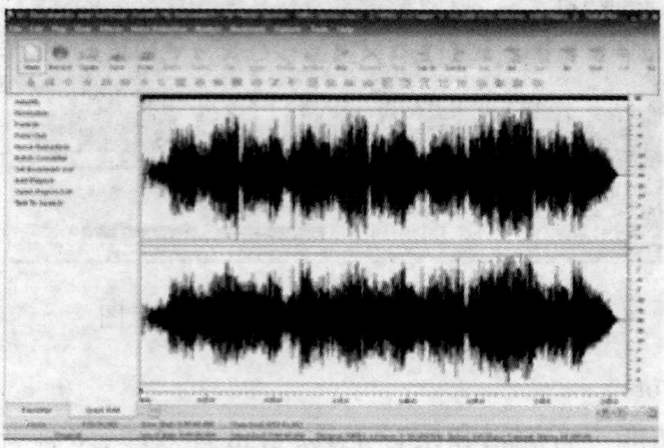

图 4－5　Total Recorder Editor 示意图

1.1.6　AD Stream Recorder

它是一款流媒体录音工具，可以对实况流媒体进行录音或者可视化分析。与同系列产品 AD Sound Recorder 可谓相辅相成之作。它能录制互联网主流媒体、Windows 媒体播放器播放的电影和音乐。录音和监视过程中可实时显示信号，帮助录制出高质量的音频。用此软件进行录音，发现其资源占用极小，界面简洁使用顺手（见图 4－6）。

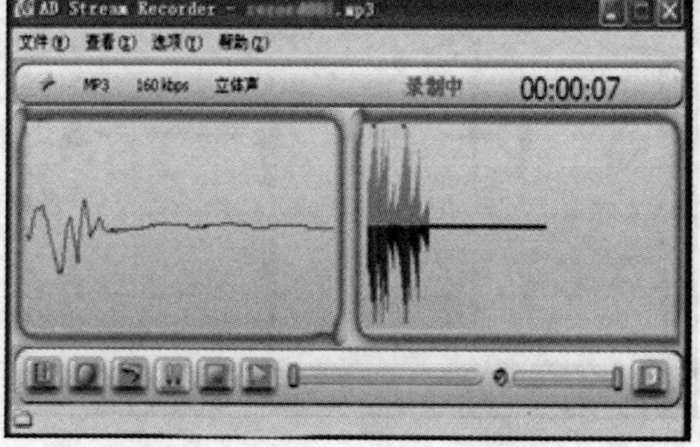

图 4－6　AD Stream Recorder 示意图

1.1.7　Audio Recorder Pro

它是一款实用，快速和容易使用的录音工具。它可录制音乐，语音和任何其他声音并保存成 MP3 或 WAV 格式，支持从麦克风、互联网、外部输入设备（如 CD、LP、音乐磁带、电话等）或者声卡进行录制（见图 4－7）。允许预设置录音质量以帮助快速设定和管理录音参数；允许定时录制，内置增强的录音引擎，允许在录音前预设定录音设备。也可以满足对着电脑自弹自唱的爱好。

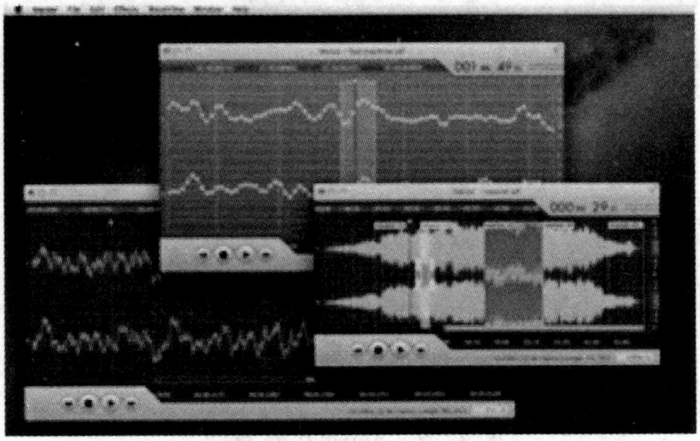

图 4－7　Audio Recorder Pro 示意图

1.1.8　WaveCN

它是操作方便功能强大的一款国产中文免费录音编辑处理软件（见图 4－8）。优势在于全中文操作界面，无限次免费使用，软件还提供包括录制音频、支持多种音频文件格式的打开保存和增强丰富的音乐效果等功能，充分领略录制音乐的简单与轻松。

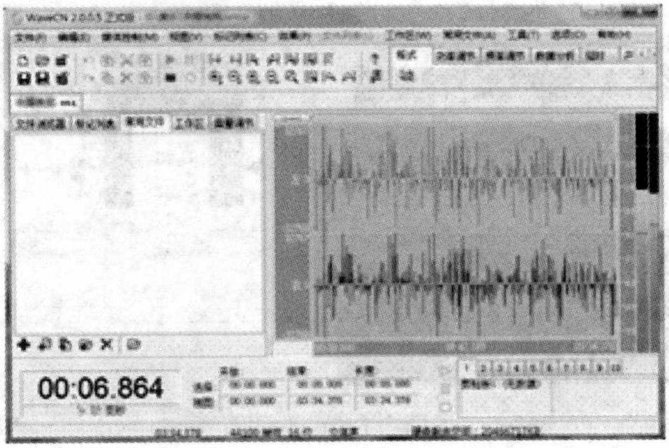

图 4－8　WaveCN 示意图

1.1.9　Audacity

它是一个免费的跨平台（包括 Linux、Windows、Mac OS X）音频编辑器。可录音、播放，输入输出 WAB、AIFF、Ogg Vorbis 和 MP3 文件，并支持大部分常用的工具，如剪裁、粘贴、混音、升/降音以及变音特效等功能(见图4-9)。此软件还有一个内置的封装编辑器,支持VST和LADSPA插件效果,可自定义声谱模版和实现音频分析功能的频率分析窗口。并且还提供了理想的音乐文件功能自带的声音效果,包括回声,更改节拍,减少噪声,以及内建的剪辑、复制、混音与特效功能。

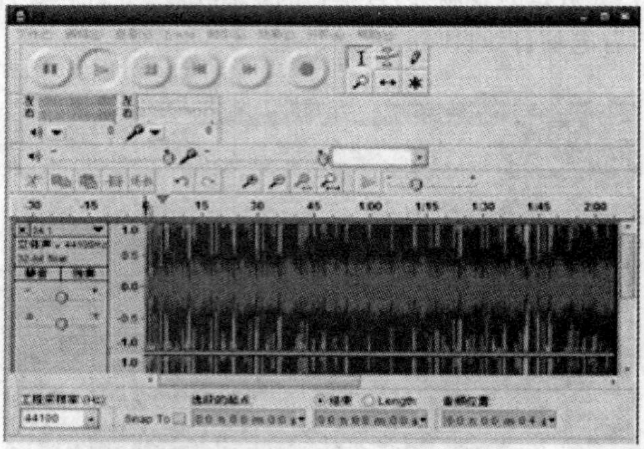

图4-9 Audacity示意图

1.1.10 Wavosaur

它是一款绿色免费音频编辑工具。可以编辑音频,进行剪辑、声音设计、控制、记录等等。解压后文件不到500KB,其中有些功能专业性强,是一般免费软件较少能兼顾到的。并且这款软件支持VST插件,可以更换软件背景(见图4-10)。

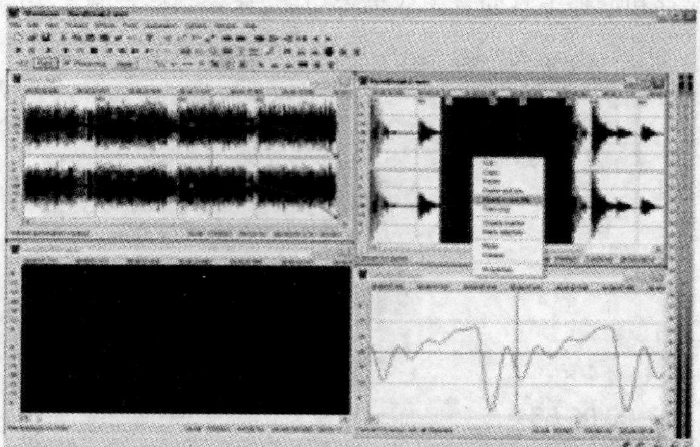

图4-10 Wavosaur示意图

以上对常用的音频编辑软件和其基本功能做了一些介绍,每个编辑软件都有其相对的使用对象和功能方向,可以依据不同需求选择。本书详细介绍的音频编辑软件是Adobe Audition CS6。

1.2 新增功能

Adobe Audition CS6 较前几个版本有了很大的功能上的更新，增加了一些更加便利于操作使用上的功能改变，共有以下 21 项。

(1)更快速、更精确的音频编辑；

(2)根据时间选择修剪多轨剪辑；

(3)多轨剪辑定位；

(4)使用跳过选择项预览编辑；

(5)波形编辑器中的多个剪贴板；

(6)多轨剪辑伸缩；

(7)语音对齐；

(8)带有参数自动化的操纵面支持；

(9)功能强大的音调控件；

(10)手动音调校正效果(仅限波形编辑器)；

(11)媒体浏览器；

(12)在"文件"面板中，通过在搜索框中输入数据(如名称、声道或媒体类型)，快速地查找文件；

(13)"标记"面板会添加类似的搜索框和选定"显示所有文件的标记""插入多轨"等标记；

(14)扩展的音频和视频格式；

(15)CD 刻录；

(16)重新引入了几个关键效果；

(17)更多效果、灵活路由和 VST3 支持；

(18)集成无线自动化；

(19)改进的批处理；

(20)可配置的节拍器；

(21)增强的键盘快捷键。

其实 Adobe Audition CS6 的操作过程就是数字化音频的过程，简单概括为一句话，就是由麦克风将空气中的压力波转换为电压变化，声卡将这些电压变化转换为数字采样，合成再转换为模拟信号经扬声器传出的过程。

点击 Adobe Audition 图标，Adobe Audition 便开始进入工作状态。操作者在点击 Adobe Audition 的同时，也就即时启动了计算机的声卡，并指定使用采样率和位深度。通过"线路输入"或"麦克风"端口，声卡接收模拟音频并以指定的采样率进行数字采样。Adobe Audition 按顺序存储每个采样，直到录制停止。在模拟声音变成数字音频之后，再将一系列采样传送到声卡里，由声卡重建原始波形，并对其进行录制、删减、增幅、变调、提取、移动、合成等技术处理，合成后以模拟信号的方式再通过"线路输出"端口发送到扬声器，这个过程，就是 Adobe Audition CS6 这款软件的工作过程。

总之,这款软件的操作方法和制作效果千变万化,最大的限制就是操作者本人对声音的积淀和想象力。

练习操作

1. 打开软件,熟悉每个下拉菜单中的操作名词。
2. 熟悉介绍的常用音频软件,依据自身需求,记录并下载相关软件,打开界面初运行。

第二节 Adobe Audition CS6 的安装

安装 Adobe Audition CS6,首先要对这款软件所需的硬件环境有所了解。

利用这款软件录制数字音频,可以在很多领域中使用,兼容性很好,但在安装使用时,首先考虑的是其硬件上的要求,需要一台多媒体计算机、一块独立声卡、一支话筒和一副耳机。专业性的用途,则在声卡、电容话筒上要求较高,还需要配置话筒放喷罩、调音台、监听音箱,最主要的是其录音环境的要求。下面讲解硬件的要求。

操作系统建议使用 64 位。这款软件可以安装在 32 位系统中,但在实际使用时,经常需要和 Premiere 等相关软件互通操作,而 Premiere 这些软件对系统要求较高,一般都需要操作系统为 64 位。

目前,电脑配置的 CPU 基本上能满足录音的需要。因为在进行录音及其他音频处理时占用资源较大,所以内存最好是 256M 以上,太小就会出现资源不足的问题。声卡自然需要一块专业性能较强的独立声卡,这样在音效处理和声音还原度上能体现其优越的性能。

如果需要录制音质较好的声音,话筒不能使用电脑话筒和耳麦这两类产品。因为电脑市场上卖的耳麦中的 mic 大多数是用低档驻极体电容传声器做成,此种话筒的特点是传音清晰而且成本很低,把它用于一般语音聊天和讲话录音还可以,但如果用来制作类似于 remix 这样的音乐,则难以满足要求。这是由于低档驻极体电容传声器指向性差,容易感受外界噪声,而且频率响应差,录进去的声音失真度较高,因此如果想要好的声音效果,就一定要购买一款质量不错的录音话筒。耳麦录制时较易将人呼吸等声音一起录入,即便后期调音手段很高,也不可能出现完美的声音效果。

配置的耳机是监听的专用耳机。为了不让伴奏声录制到正在录音的人声中,需要单独播放伴奏和其他背景声音。简单地说就是为了降低噪声,需要购买一款质量较好的耳机,作为监听使用。质量好的耳机还有一个重要作用,是在录音制作完成后,需要还原度高的耳机将声音播放,如果质量差,还原度效果肯定是不理想的。

2.1 安装

在安装光盘中运行 Audition 6.0 Setup. exs 程序,弹出“Adobe 安装程序”对话框

（见图 4－11 至图 4－13）。

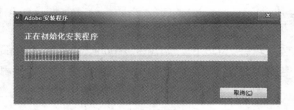

图 4－11　Adobe 安装程序对话框(1)

待弹出欢迎界面后，已经拥有产品序列号的可以选择“安装”选项。没有序列号则可以选择“试用”选项。“试用”是指在一段时间内试用的版本。cs6 试用时间为 30 天。

图 4－12　Adobe 安装程序对话框(2)

完成了“安装”或“试用”选项后，就会出现“Adobe 软件许可协议”提示框，这里点击“接受”；选择不接受，将自动退出安装模式。

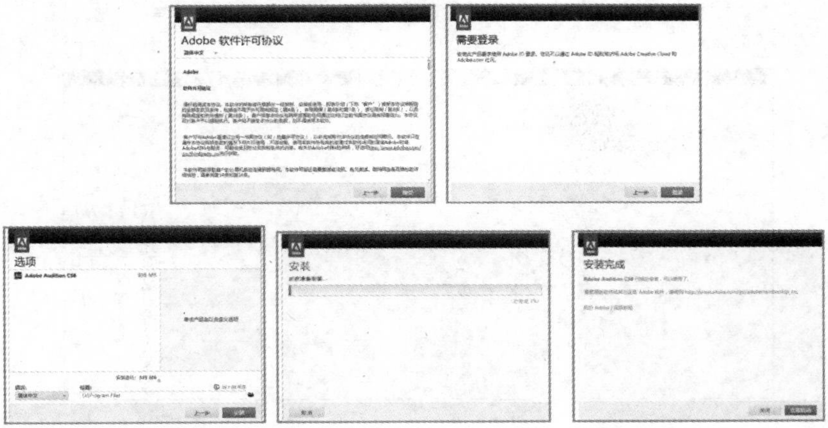

图 4－13　Adobe 安装程序对话框(3)

根据以上从左至右的图示顺序操作，即可完成 Audition cs6 的安装程序。

2.2 帮助系统

为了便于使用这款软件，可以在开始就将 Adobe 提供的音效都下载至电脑中，这里需要事先在这台电脑上建立一个音效库，便于使用（见图 4－14 和图 4－15）。

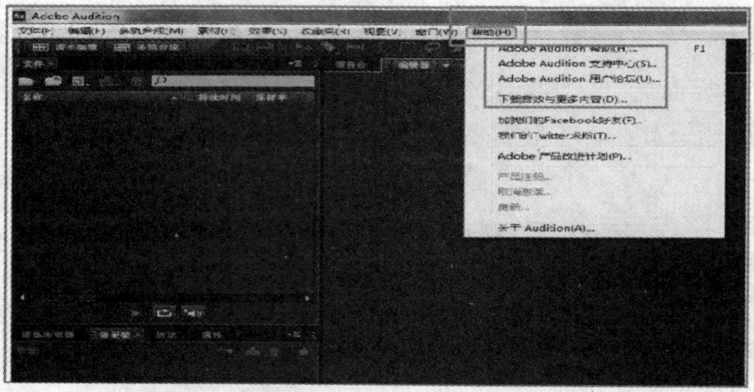

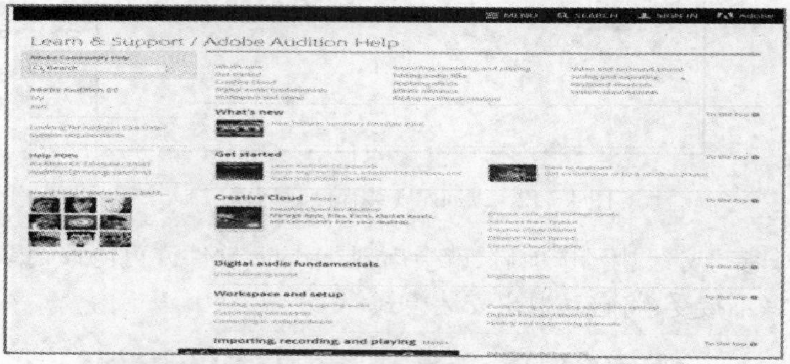

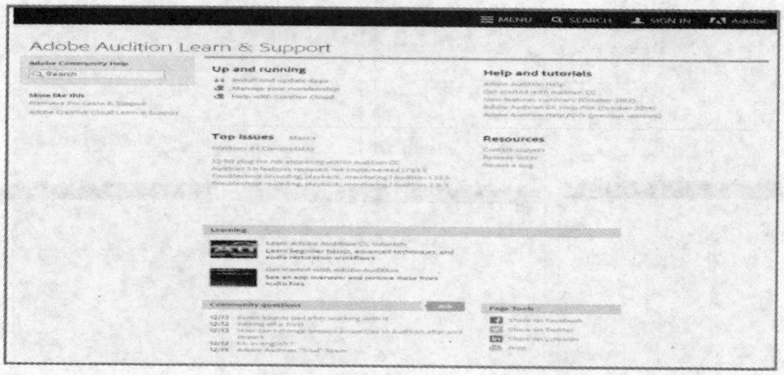

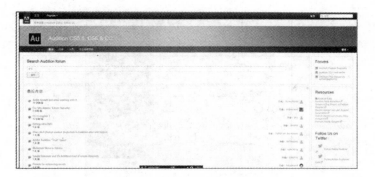

图 4－14　Adobe 帮助系统界面

图 4－15　Adobe 帮助系统界面

2.3　界面了解

Adobe Audition CS6 软件界面见图 4－16 至图 4－25。

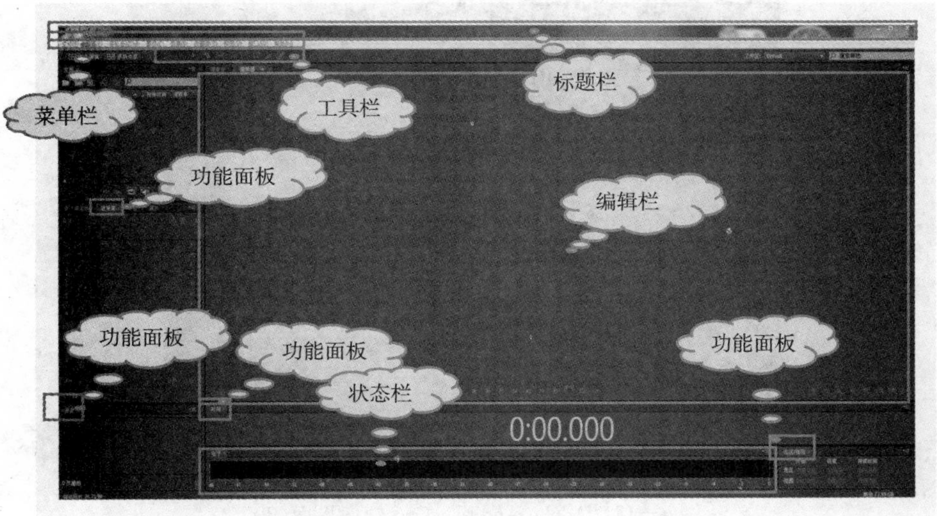

图 4－16　Adobe Audition CS6 软件界面(1)

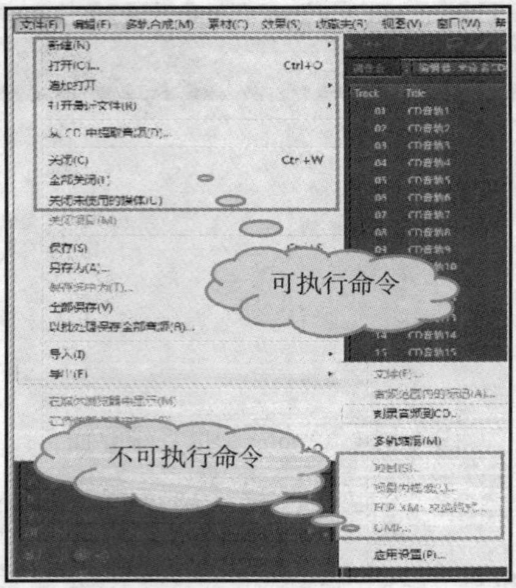

图 4－17　Adobe Audition CS6 软件界面(2)

屏幕上显现黑体字的为可执行命令，灰色字体的为不可执行的命令，鼠标点击无反应。

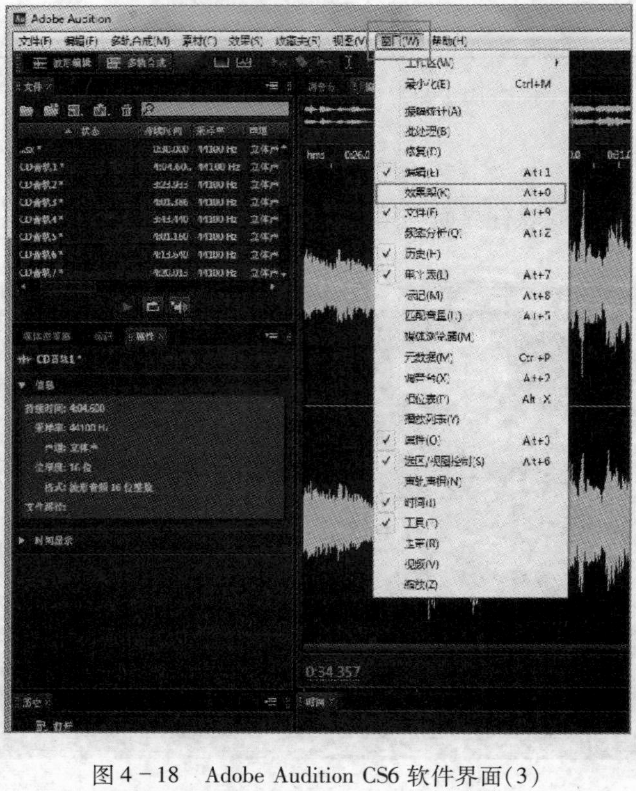

图 4－18　Adobe Audition CS6 软件界面(3)

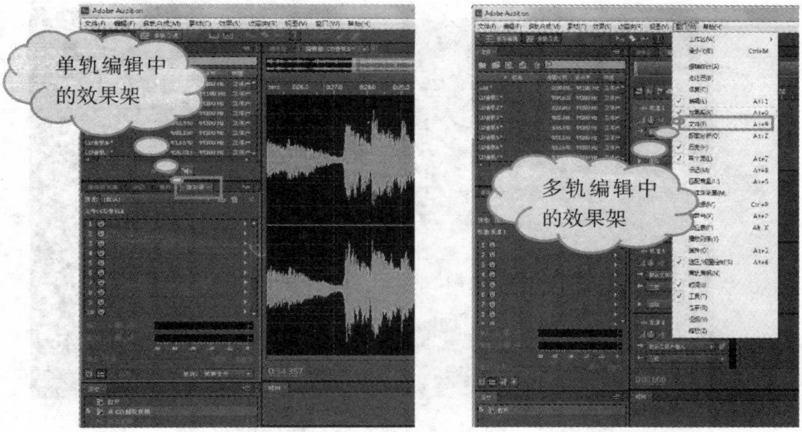

图 4－19　Adobe Audition CS6 软件界面(4)

图 4－20　Adobe Audition CS6 软件界面(5)

图 4－21　Adobe Audition CS6 软件界面(6)

图 4－22　Adobe Audition CS6 软件界面(7)

点击了 Audition cs6“窗口”下拉菜单中的““历史”和“视频”后，会出现两个活动的“历史”和“视频”版面。

图 4－23　Adobe Audition CS6 软件界面(8)

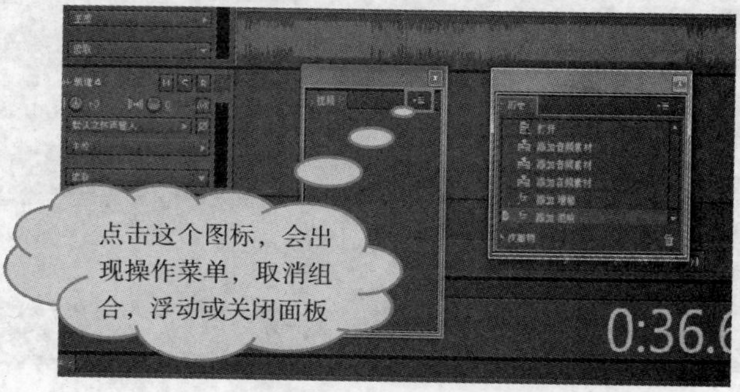

图 4－24　Adobe Audition CS6 软件界面(9)

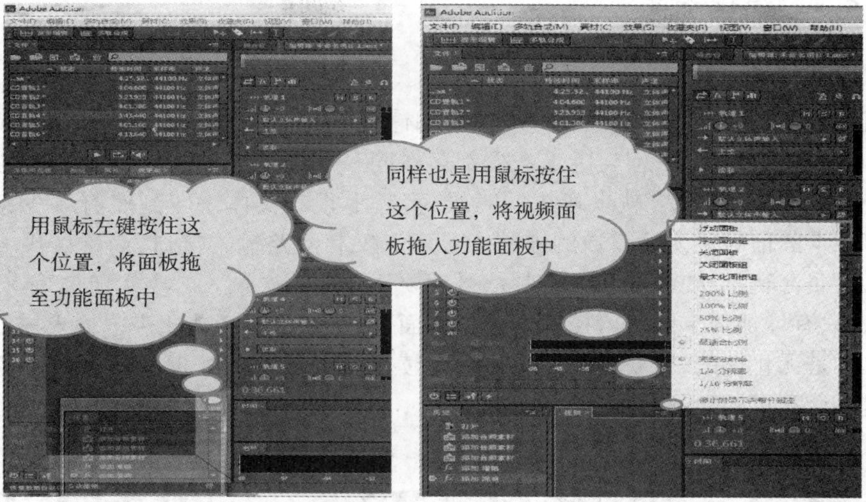

图 4－25　Adobe Audition CS6 软件界面(10)

2.4　单轨界面

Adobe Audition CS6 软件单轨界面如图 4－26 所示。

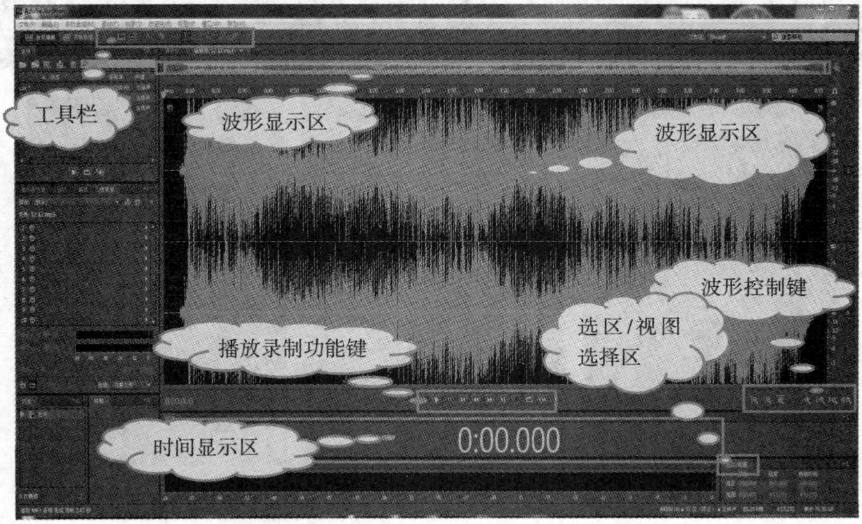

图 4－26　Adobe Audition CS6 单轨界面

2.5 多轨界面

在数字多轨录音机中每条数码音轨不一定是客观存在的音轨,而是“虚拟”音轨的概念(见图 4－27 至图 4－30)。这就如计算机的硬盘分区一样,我们可以将硬盘分为 C 盘、D 盘、E 盘等,但实际上数据都存在同一个硬盘上,这种划分是“虚拟”的。因此当一台 PC 机作为多轨录音机的时候,实际上很难具体表明到底有多少条音轨,只是有声卡的信号输入接口数的限制。若声卡仅有两路输入接口,简称两进,一次只能录入两条音轨上,要录制 8 轨音频信号就要至少分 4 次录入。要实现多轨声音的同时录入,只有增加声卡的输入接口。另一方面,虽然录入的音轨比声卡输入接口数目多,但也不是无止境的,也要受到计算机硬盘读取数据和处理数据的速度的制约,因此必须提高计算机的运行速度。

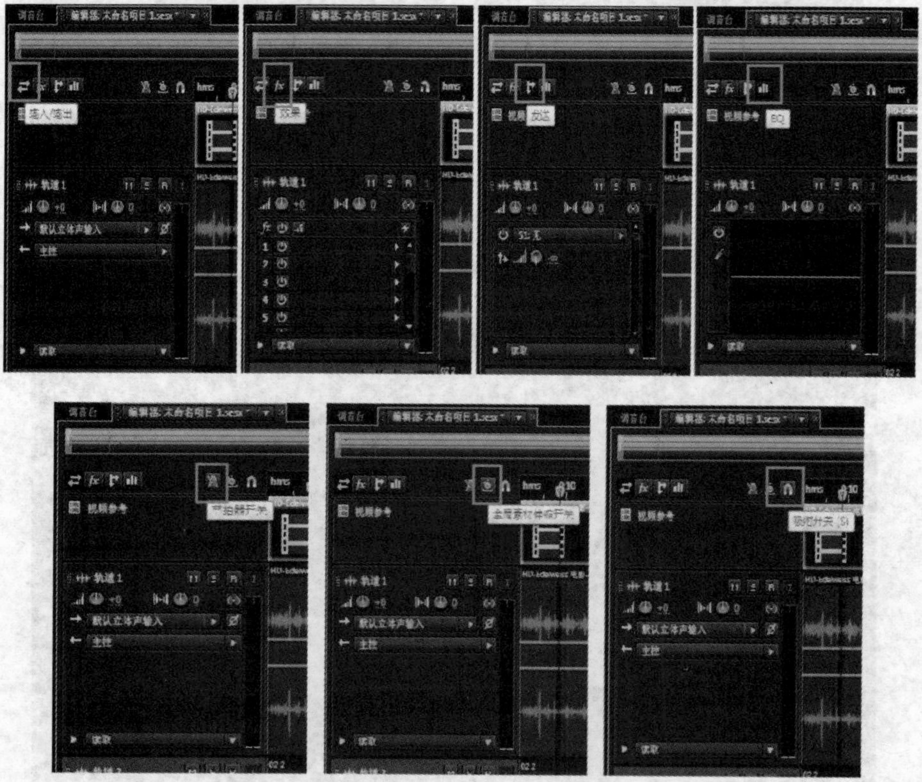

图 4－27　多轨界面(1)

以上均为多轨操作界面中每个版面中每个按键的具体功能名称。

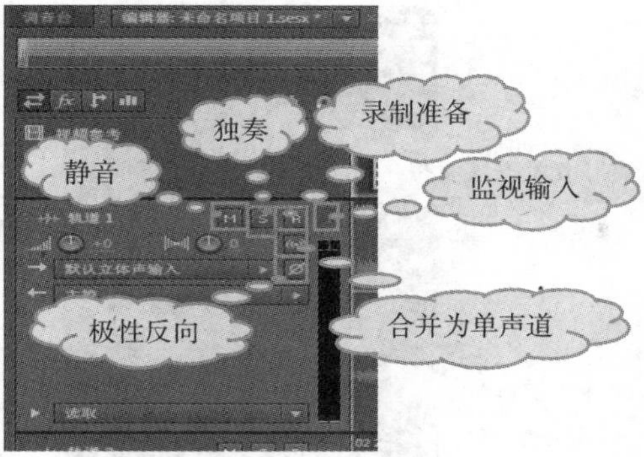

图 4－28　多轨界面(2)

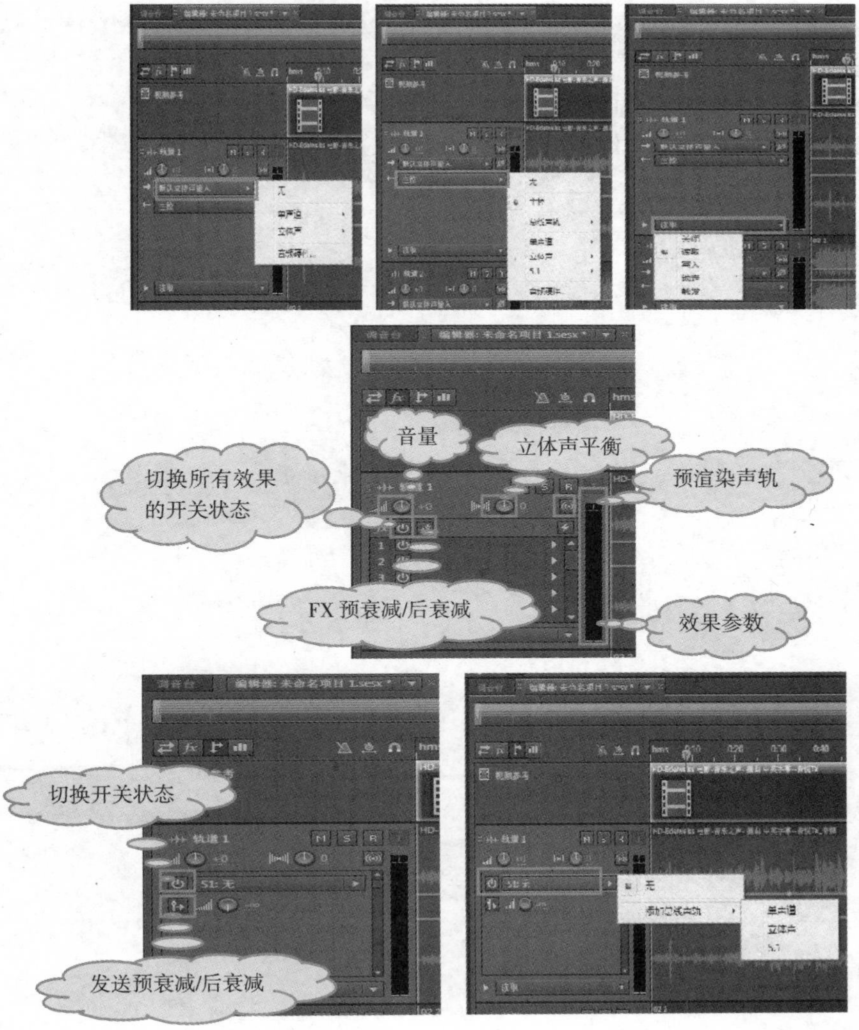

图 4－29　多轨界面(3)

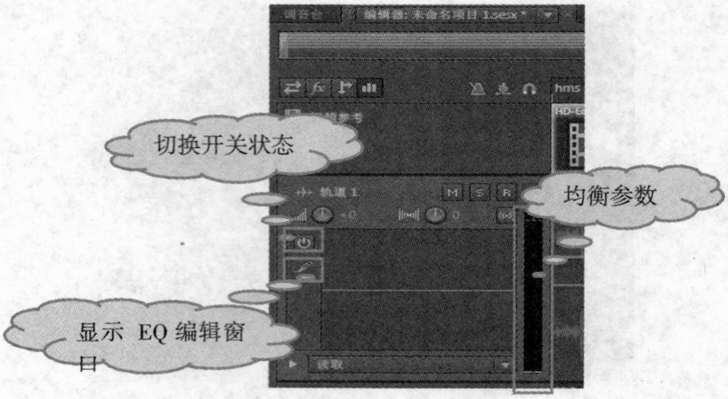

图 4－30　多轨界面(4)

练习操作

1. 打开软件,仔细观察和对应运行每个操作按钮。
2. 尝试导入和打开音频文件并播放。

第五章　Adobe Audition CS6 的基本操作

第一节　基本操作步骤

1.1　创建与打开

点击“文件”下拉菜单中的第一个“新建”命令，在“新建”子下拉菜单中有“多轨合成项目”“音频文件”“CD 布局”三个选项（见图 5－1）。

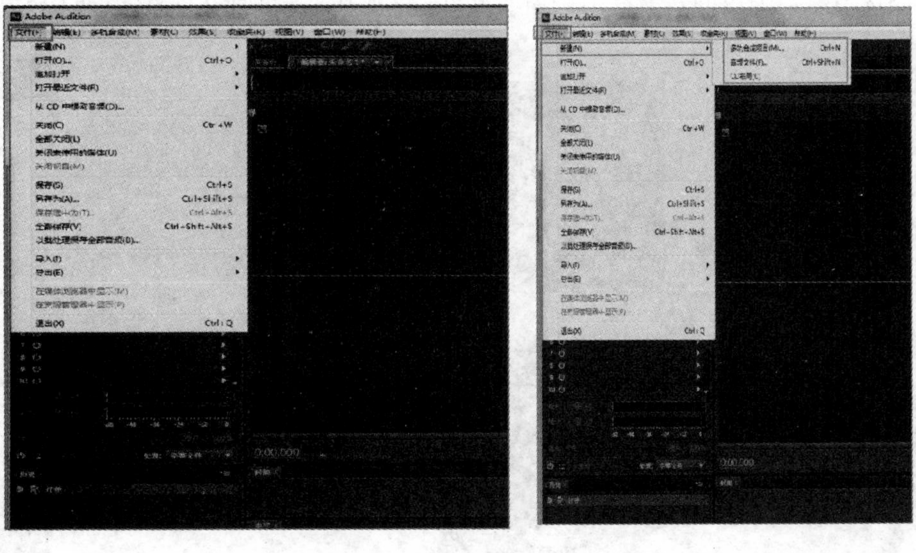

图 5－1　在下拉菜单和子菜单中选择命令

在“追加打开”的下拉菜单中，有两个命令选择：“到新文件”和“到当前文件”（见图 5－2）。

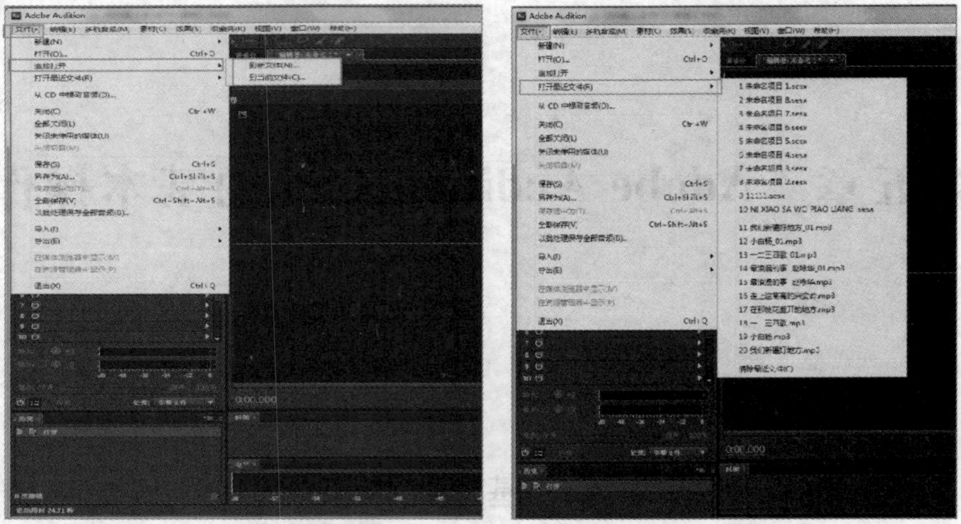

图 5 - 2　在追加打开菜单中选择命令

1.2　导入文件

1.2.1　导入音频文件

"文件"下拉菜单中直接点击"导入"命令，出现"文件""Raw 数据""应用设置"三个命令选项。在弹出的对话框中，"所有文件"选项中支持多种文件格式（见图 5 - 3）。

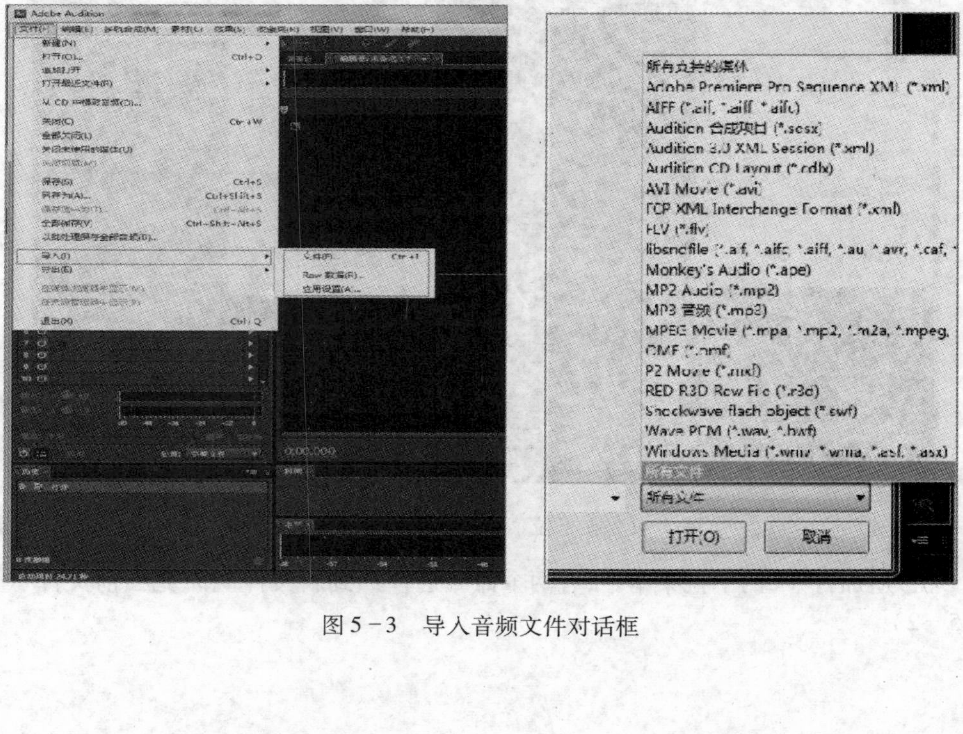

图 5 - 3　导入音频文件对话框

1.2.2 导入视频文件

导入视频文件，首先要对软件的设置进行链接启动勾选。点击“编辑”下拉菜单中的“首选项”，在弹出的对话框“动态链接媒体 Dynamic Link Media”中将“启动 DLMS 格式支持 Enable DLMS Format Support”和“启动 DLMS 预览 Enable DLMS Preview in the Media Browser(may be slower)”勾选中(见图 5-4)。

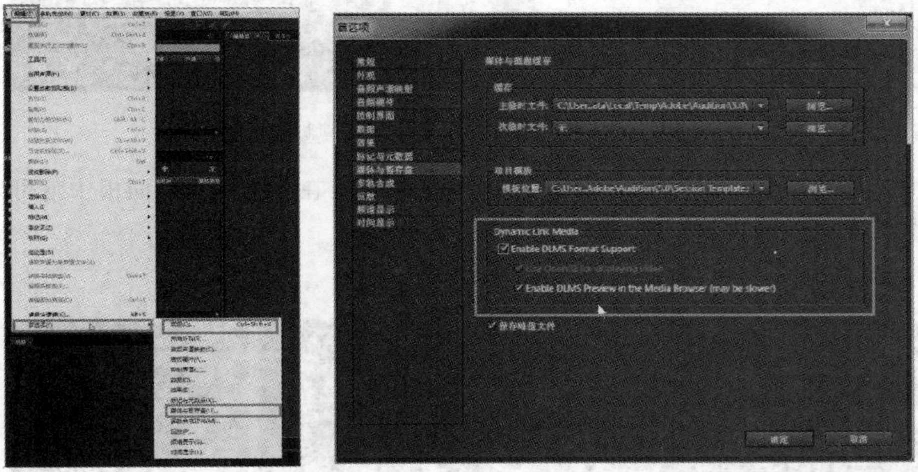

图 5-4 导入视频文件对话框

在“窗口”下拉菜单中勾选“视频”选项。

这些设置都完成后，就可以使用鼠标右键，在鼠标快捷菜单里的“轨道”下拉菜单中，直接选取“添加视频轨”(见图 5-5)。

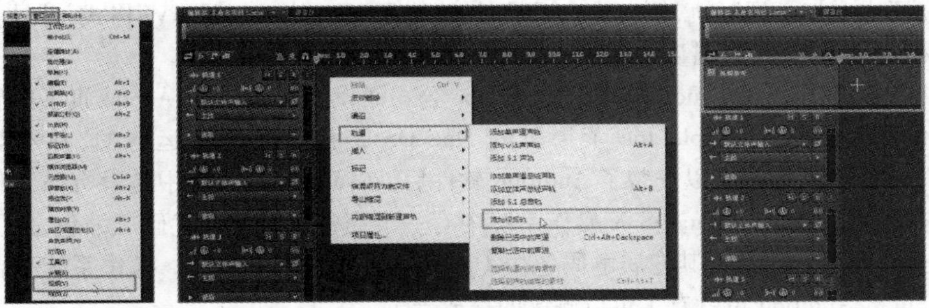

图 5-5 在快捷菜单对话框中选择“添加视频”

也可以在“文件”下拉菜单中使用“导入”命令，添加视频文件。选取完成，就可以在“多轨合成”界面的“文件”功能面板中看到已经导入的视频文件。注意，导入的视频文件已经自动将视频与音频分为两个文件(见图 5-6)。

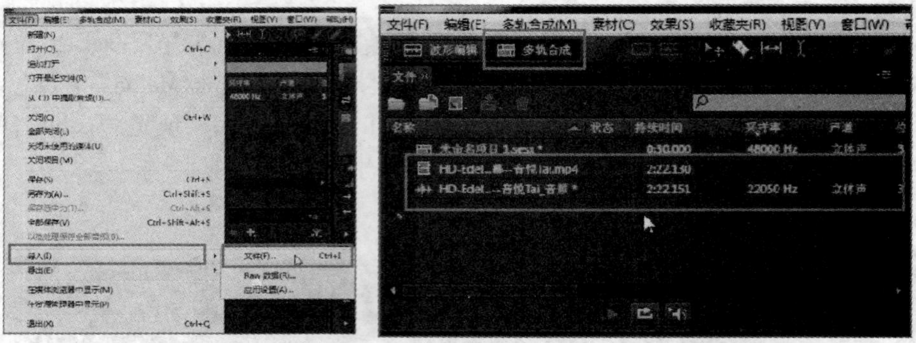

图 5－6　在文件下拉菜单中添加视频文件

用鼠标将视频标识的文件直接拖入视频轨中。在左下角功能面板中就可以看到视频当前帧的静止画面(见图 5－7)。

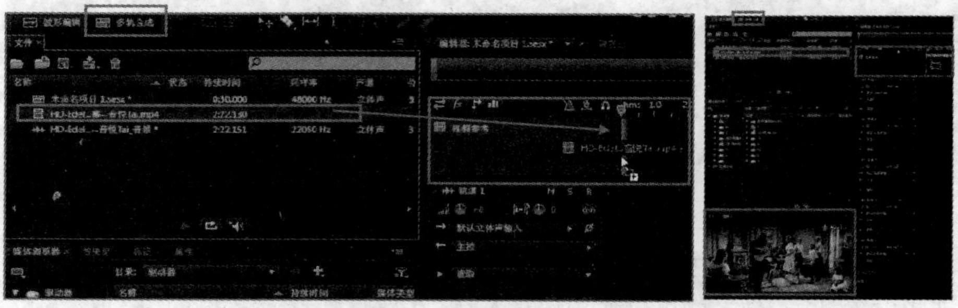

图 5－7　用鼠标将视频标志拖入视频轨中

这里需要提示一下,不少同学运行到这一步时会发现,设置了“首选项”,也在“多轨合成”中增加了视频轨,但在导入视频时,不论是 MP4 格式还是 AVI 格式,总是会有提示框弹出,告知设置错误(见图 5－8),这是为什么呢?

首先我们要了解,Audition 软件是 Adobe 公司研发的音频软件,Adobe 旗下所研发的软件都是构建在 Apple Inc 苹果机的 Mac OS X 操作系统中运行的,并不兼容 Windows 操作系统。所以安装了 Audition 软件后,在 Windows 系统中是没有与之相匹配的视频播放器的。Mac OS X 操作系统中有一个完整的系统及代码压缩包,内置多媒体播放器 QuickTime,其专属解码包令 QuickTime 得以在 Windows 操作系统平台上运行,自然 Audition 也就有了可以解读的播放器了。

QuickTime 是苹果公司提供的系统及代码的压缩包,它拥有 C 和 Pascal 的编程接口,更高级的软件可以用它来控制时基信号。应用程序可以用 QuickTime 来生成,显示,编辑,拷贝,压缩影片和影片数据,就象通常操纵文本文件和静止图像那样。除了处理视频数据以外,诸如 QuickTime3.0 还能处理静止图像,动画图像,矢量图,多音轨,MIDI 音乐,三维立体,虚拟现实全景和虚拟现实的物体,当然还包括文本。它可以使任何应用程序中都充满各种各样的媒体。

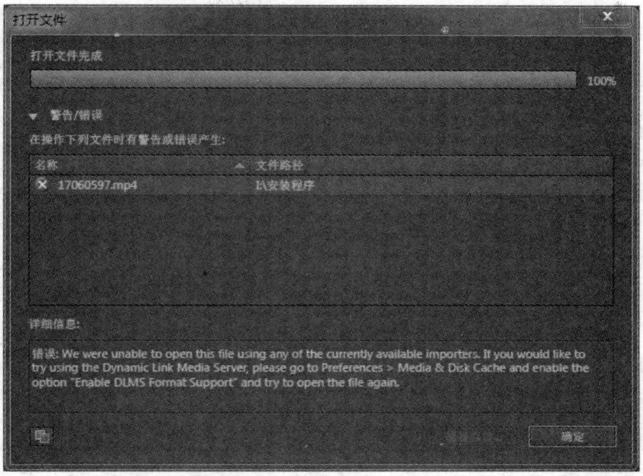

图 5－8　提示设置错误对话框

1.2.3　从 CD 中提取音频

在"文件"下拉菜单中,直接点击"从 CD 中提取音频"。在弹出的对话框中,可以看到 CD 盘中所有歌曲的时长,也可以试听歌曲,或直接更改歌曲名称,对整个光盘进行总体分类,最主要的是能够有选择性地勾选需要导入的歌曲(见图 5－9 至图 5－12)。

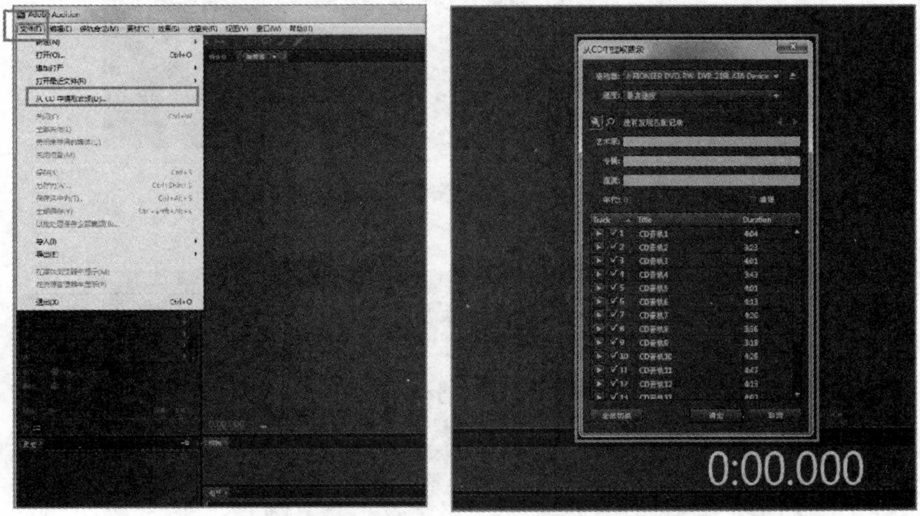

图 5－9　从 CD 中提取音频对话框(1)

设置选择完成后,点击"确定"键,就可以看到已经被选择导入的音频文件。

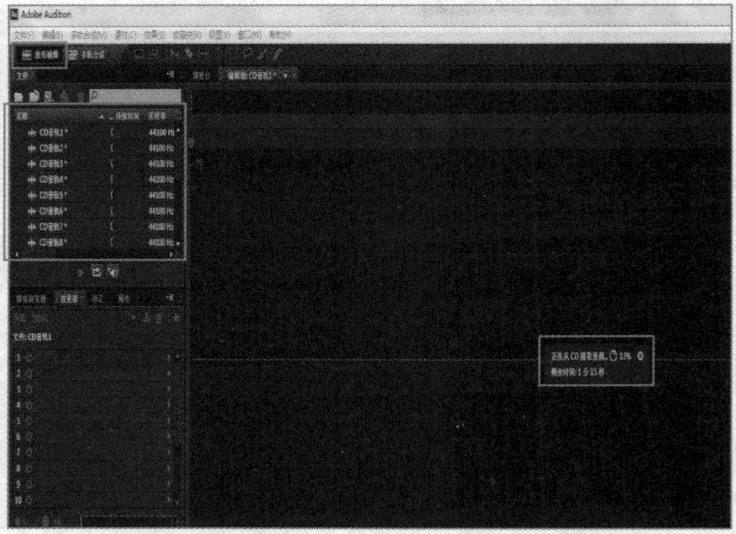

图 5－10　从 CD 中提取音频对话框(2)

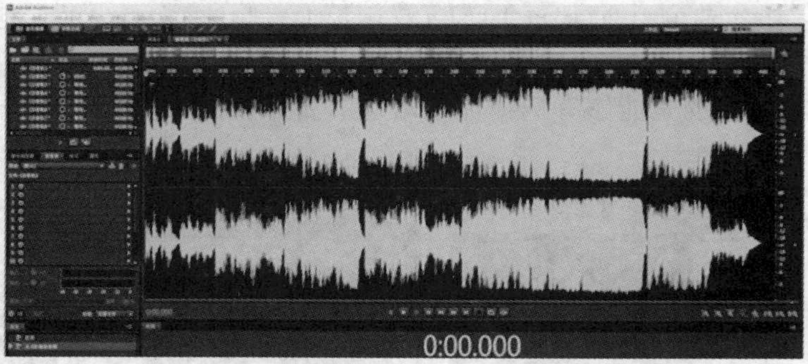

图 5－11　音频文件界面(1)

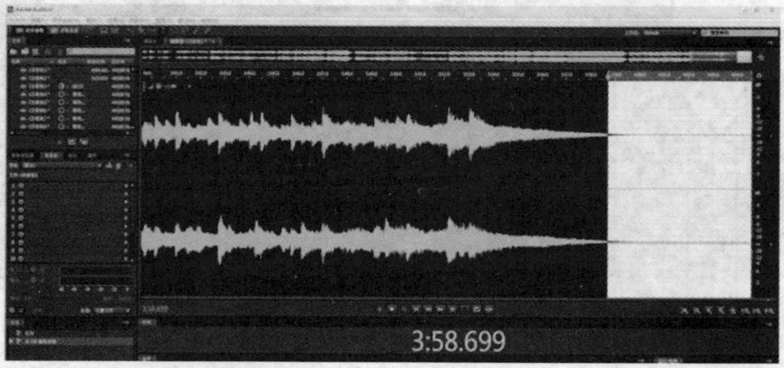

图 5－12　音频文件界面(2)

1.2.4　控制播放

面板上的播放、录音、停止、暂停、快进、快倒放等功能键，还可以通过键盘上的Space（空格）键来完成（见图5－13）。

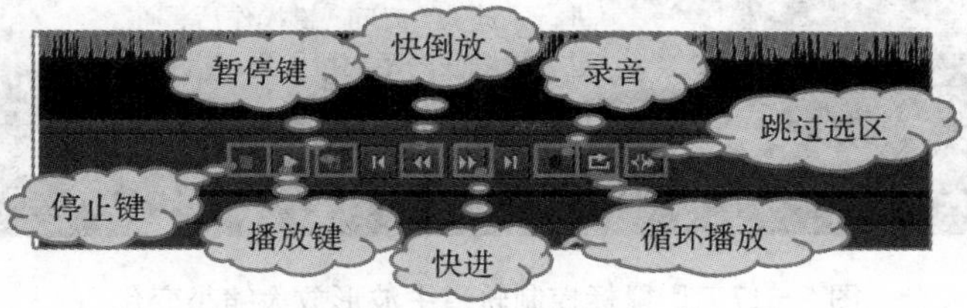

图5－13　播放面板上的功能键示意图

1.2.5　波形的缩放与滚动

对声波进行水平放大和垂直放大操作后，可以点击“全部缩小”键，令整个声波波形完全显示在单轨编辑界面中，对声波波形进行“全部缩小”操作后，波形恢复到最原始状态（见图5－14至图5－16）。

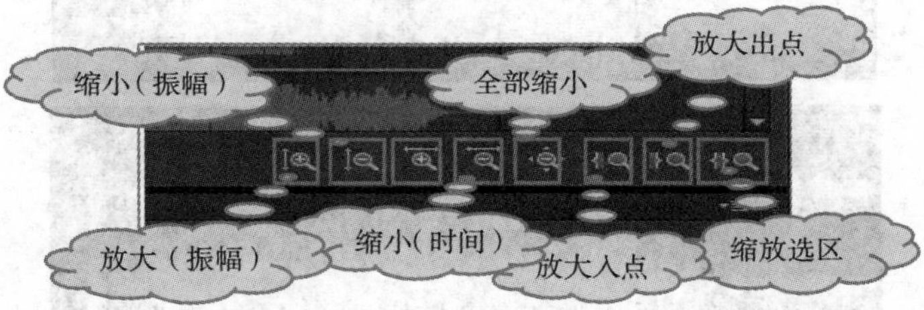

图5－14　波形缩放功能键示意图

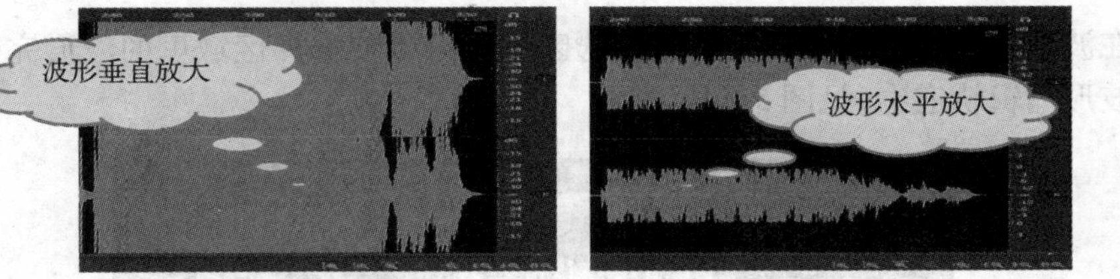

图5－15　波形垂直放大和水平放大界面

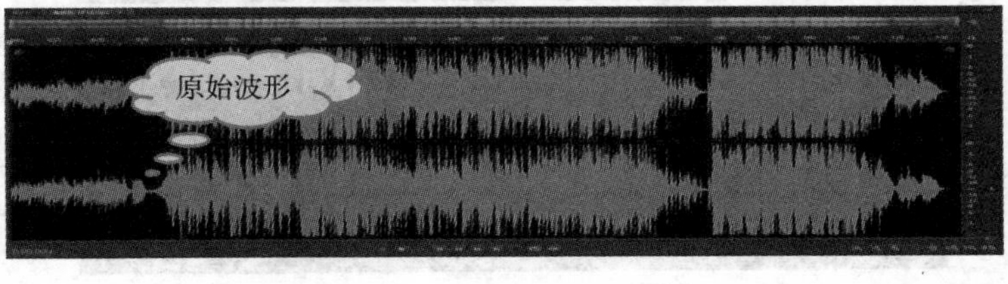

图5－16　波形变化状况

“放大(时间)”和“缩小(时间)”这两个键的操作功能,也可以单纯操作鼠标的滑轮上下滑动,控制轨道中的波形放大和缩小变化(见图5-17)。

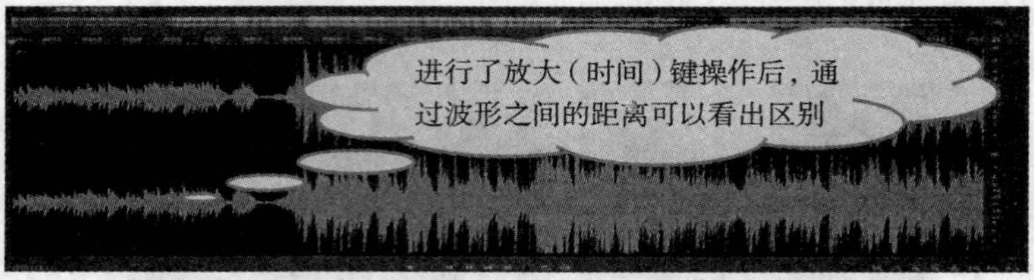

图5-17　用鼠标控制轨道中波形放大缩小变化

点击“放大入点”键,可以使选择区域的波形显示在整个界面中的右侧,同理,点击“放大出点”键,可以将选择区的波形显示在整个界面中的左侧(见图5-18)。

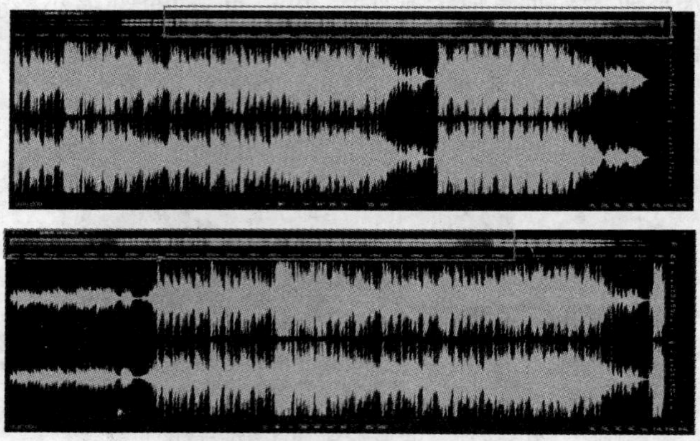

图5-18　点击“放大入点”和“放大出点”后波形变化状况

在波形选中区域,然后点击“缩放选区”键,可以使选择区域里的波形完整显示在整个波形编辑轨道中(见图5-19)。

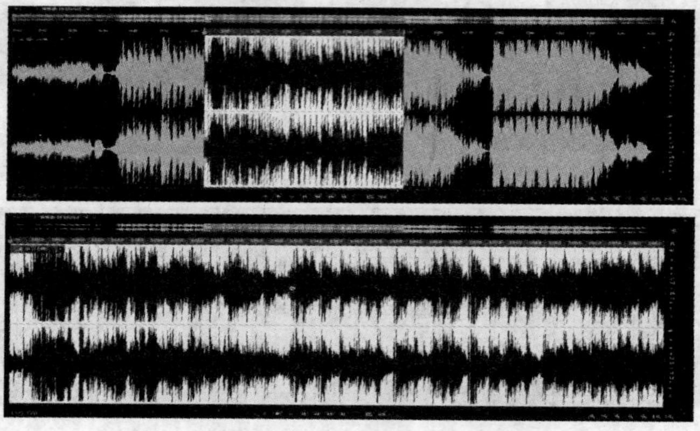

图5-19　点击“缩放选区”后波形变化状况

1.2.6　保存、输出与关闭文件

当声音文件在单轨编辑界面中编辑完成后，需要对所完成的作品进行保存，可以选择“文件”菜单中的下拉菜单中的五种保存方式中的一种。这可根据作品保存的需要来进行选择（见图5－20）。

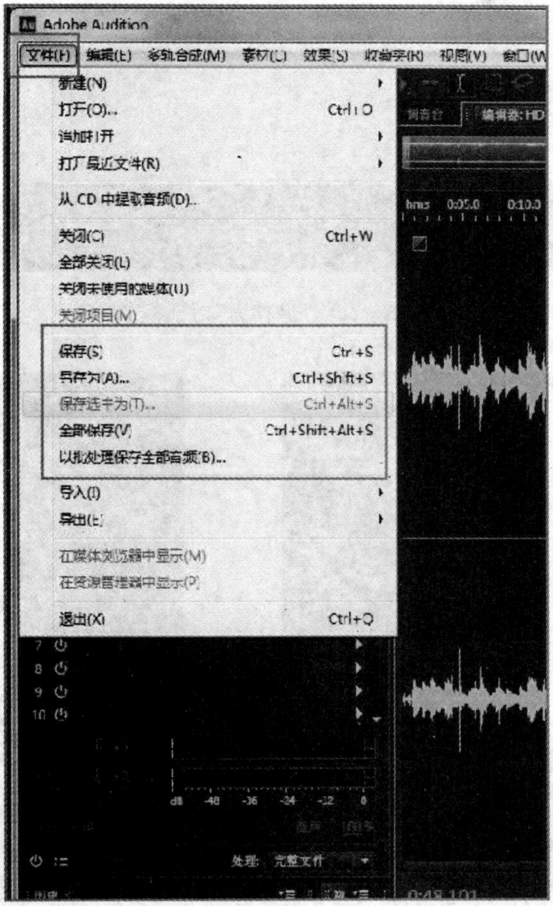

图5－20　保存、输出与关闭文件对话框

选择“文件”下拉菜单中的“另存为”，会跳出一个“另存为”对话框，可以对其中的“文件名”进行更改，也可以更改保存文件的位置地址，更主要的是，可以根据作品需要，将被保存的文件格式进行可选性保存（见图5－21）。

在多轨合成界面中做好合成后，可以将多个轨道的声音混缩成一个独立的声音文件输出保存。点击“文件”→“导出”→“多轨混缩”→“整个项目”，完成这几步命令过程后，会弹出一个“导出多轨混缩”对话框，对其中的文件名、保存位置、需要保存的文件格式进行修改确定（见图5－22）。

图 5－21 “另存为”对话框

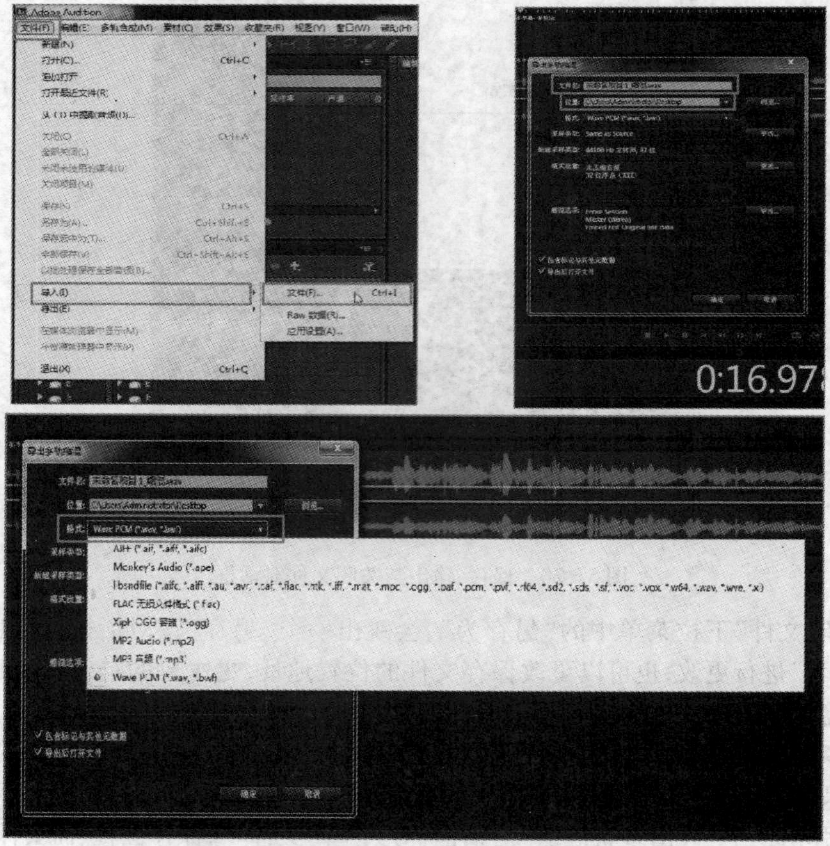

图 5－22 选择“导出多轨混缩”对话框

此对话框还可以对采样类型、格式设置和混缩选项进行改动(见图5-23)。

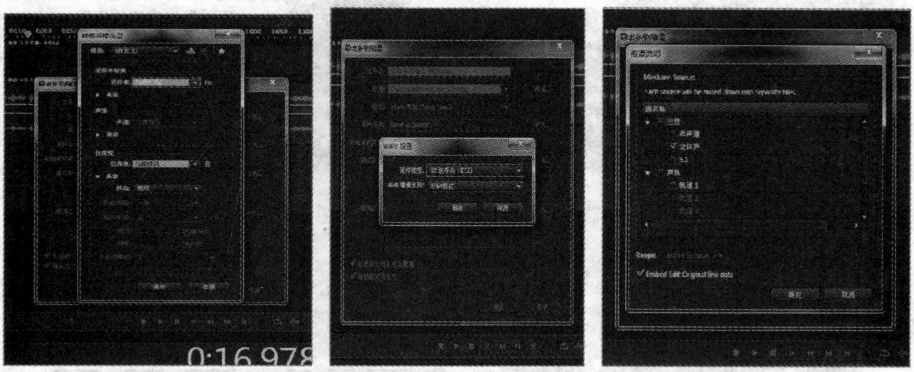

图5-23　改动采样类型、格式设置和混缩选项

关闭文件:可点击“文件”菜单,在其下拉菜单中,“关闭”命令表示关闭当前界面中的音轨;点击“全部关闭”命令则是表示关闭所有已经打开的音轨。这里只是指清除了所有已经操作的音轨制作,并不表示退出软件。不论是选择“关闭”或“全部关闭”命令,都会弹出一个对话框,选择是否保存单个文件、全部文件保存、单个文件不保存、全部文件不保存和取消关闭动作(见图5-24)。

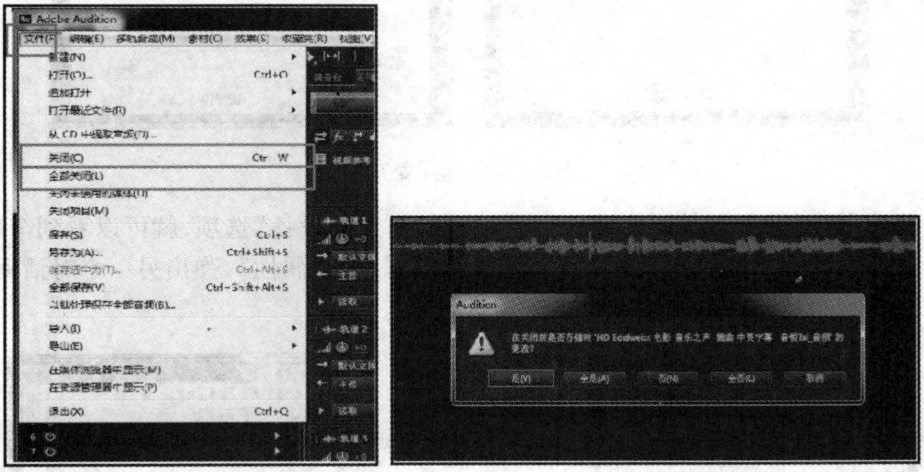

图5-24　关闭文件对话框

1.2.7　设置录音选项

以Windows7操作系统为例,录音选项的具体步骤如图5-25至图5-27所示。

点击电脑右侧下端的扬声器图标。

出现对话框中的录音命令选项,点击“录音设备”。

图 5－25　选择扬声器

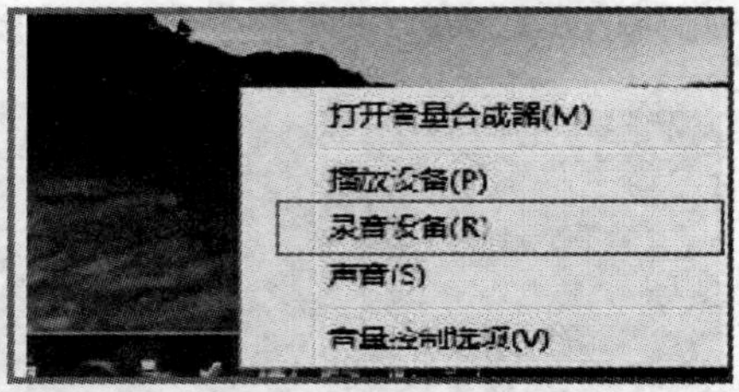

图 5－26　选择录音设备

弹出“声音”对话框里的“录音”中可以看到“麦克风”选项，点击鼠标右键就会出现设置选项。

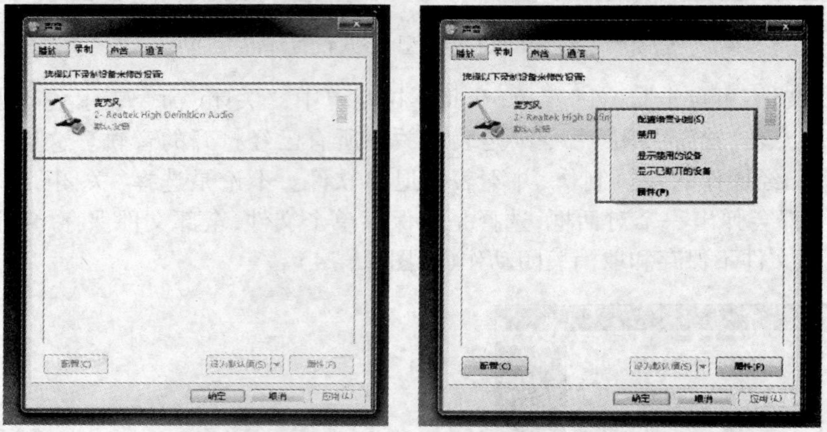

图 5－27　选择麦克风

点击其中的“显示禁用的设备”和“显示已断开的设备”选项，就可以看到全部未连接和被禁止显示的设备。选中麦克风显示框后点击“属性”，弹出另一个对话框，对麦克风的属性进行详细的设置（见图 5－28）。

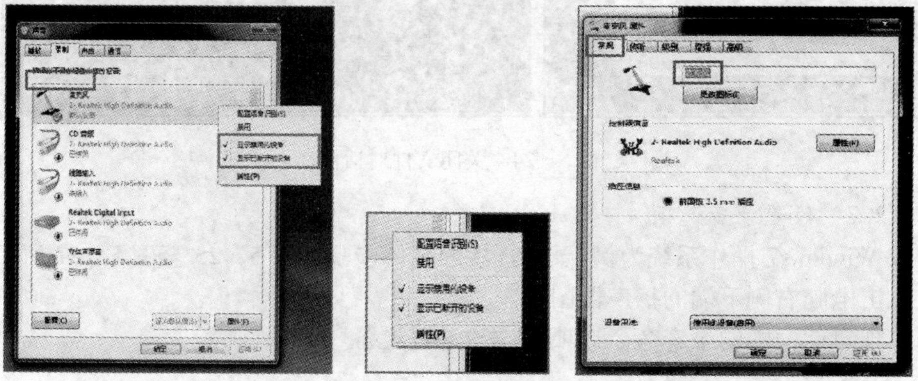

图 5－28　设置麦克风属性

分别有“侦听”“级别”“增强”“高级”四个选项(见图5－29)。

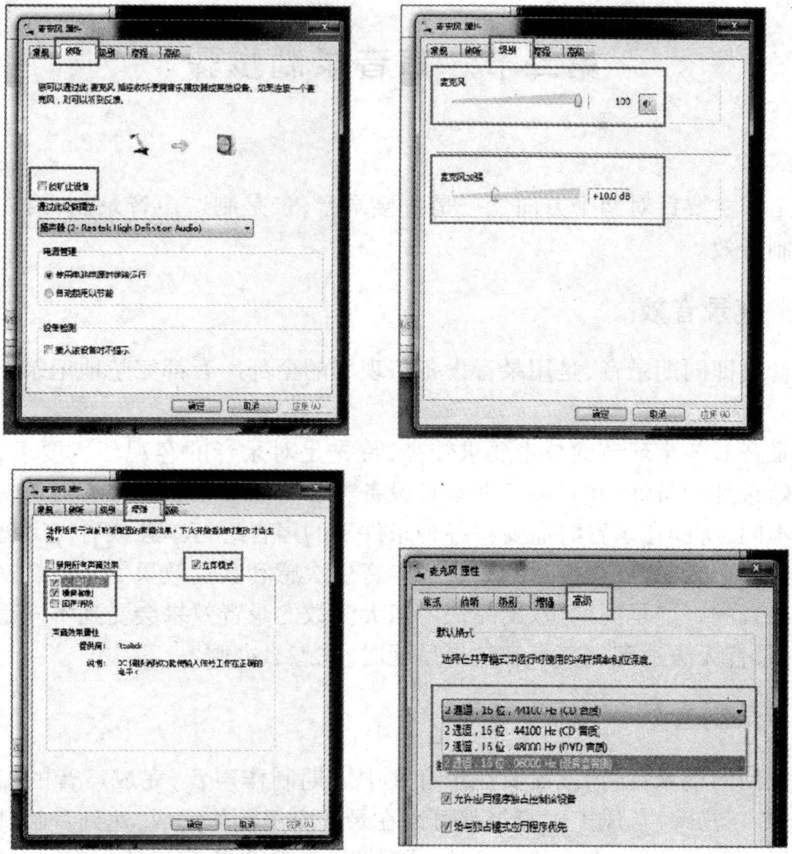

图5－29　麦克风属性选项

选中“侦听”设备,就会很直观地感受到录音的同时,喇叭会同步播放出录制的声音,会有回音的感觉。建议不勾选这个选项。因为侦听的时候,这种声音也会被麦克风同步采录。

“级别”功能选项中,主要是可以提高麦克风的收音音量,可以直接输入需要的dB值,增强你所想达到的音量值效果。

“增强”功能主要矫正优化麦克风的收音效果和播放模式,从而取得最为理想的效果。

“高级”选项中点击选择框可以看见三个录音音质选项。频率越高,录音效果越好,但首先决定条件是麦克风拾音的赫兹数值能否匹配。

练习操作

1. 打开Audition软件,新建或导入音频文件、视频文件。
2. 将需要制作的原声音频导入后,设置软件首选项,并进行计算机中的录音选项设定试运行。

第二节　声音录制步骤

录制工作主要针对两个方向。一是直接录音，二是制造声音录制，第二种通常被称作为录制音效。

2.1　直录音效

直录音效即同期录音，是用录音设备将现场的全部声音都完整地记录下来的录音方法。

同期录音对各个环节的技术要求较高，首先是对录音的客观环境要求，应具备良好的隔音效果处理条件，并且需要在录音设备上加装避音装置。因为对每一种声音的要求系数不同，所以在录音时需要将各种条件下的声音进行单独或者交叉处理的录音工艺记录全部声音，这样才能达到一定的声音层次感和真实效果。

同期录音的好处是周期短，出品快。但大多数的录音效果会受到不同程度的客观影响，同期录音无法达到完美声音效果呈现时，该怎么办呢？

2.2　录制音效

无法做到同期录音时，就需要在录音室中后期制作声音，完成声音的编辑处理工作。如脚步声、马蹄声、风声雨声等都可以在录音室里制作完成，达到身临其境的还原效果。同样，在自然界中本来就罕见的，或是根本就不曾出现过的声音，如外星人的交流、外太空的武器交锋、动物之间的撕咬扯打等特殊的声音，则更需要在录音室里制作完成。

那么怎么完成声音的制造呢？这就需要对生活中的各种声音有一定的了解和积累，制造后直接使用或者对已形成的声音进行一定的扭曲变形，即可达到所要的声音效果。

例如马蹄声，用生活中常见的马桶搋子的橡胶部分，根据画面中不同地面的要求，在木板、水泥地面或者铺着毛巾的平面上配合画面同步敲击，就可以模拟出想要的马蹄声音效果。还可以用木槌敲击碎石块，也可以达到同样的效果。

其实制作音效并不是非得模拟软件或者依靠某种特殊器乐，完全可以就地取材，很多都来自于现实生活中的物件。例如，粗一些的芹菜，对其做折断动作，录制出来的效果就可以为一些奇幻动物的撕咬扯断等动作配音。掰裂包心菜，也可以取得同样的效果，可以用来模拟踩在草地上的脚步声。有节奏地揉搓质地较硬的褶皱纸，可以为很轻的脚步声配制效果。用铁锤敲击西瓜，掰开一瞬间的声音，可以模拟低沉、深闷的撞击和大型物体的破裂。用一根较细柔韧性很好的竹条，用力向下做劈砍的动作，可以用来模拟短促有力的挥拳、踢腿和劈剑动作的声音。用一整块大的质地较薄的不锈钢板，竖立后敲击其不同部位，可以取得闪电、舞剑、机器人或者外星人举手投足的动作音效。专业录音师甚至会创造性地自制一些物件，为一些特殊音效配音（见图5－30）。

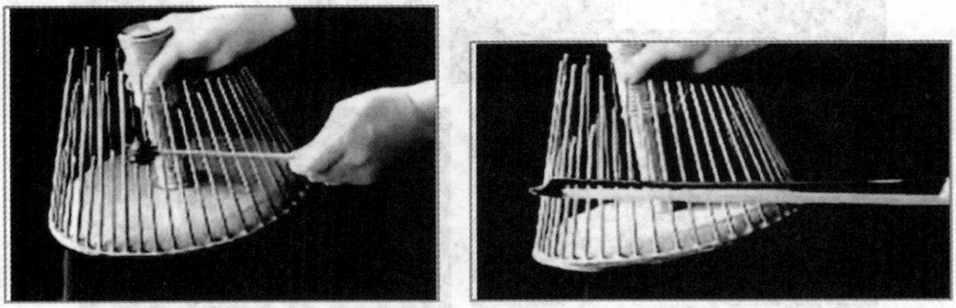

图5－30　自制的配音器具

总之，制作音效不难，难的是对声音的敏感度和经验积淀。

从事与录制声音有关工作的同学，不妨从现在开始随身携带一支录音笔，养成随时录音的习惯。这既可以为自己积攒一定的音效素材，也可以从中培养对声音的敏感度和分辨力。

2.3　单轨录音

在确定麦克风、声卡、外接设备和电脑接口连接后，我们可以打开 Adobe Audition CS6 软件，点击工具栏中的“波形编辑”，弹出“新建音频文件”对话框，对其设定好所需采样率、声道数和位深度，再点击“确定”键，就可以开始录音了（见图5－31）。

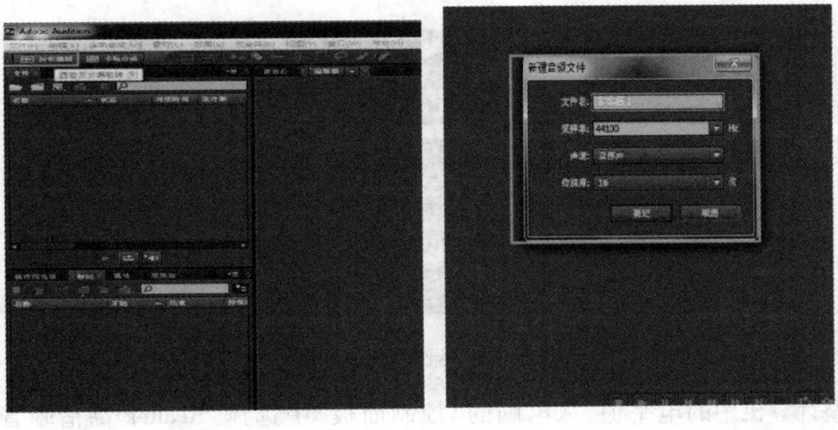

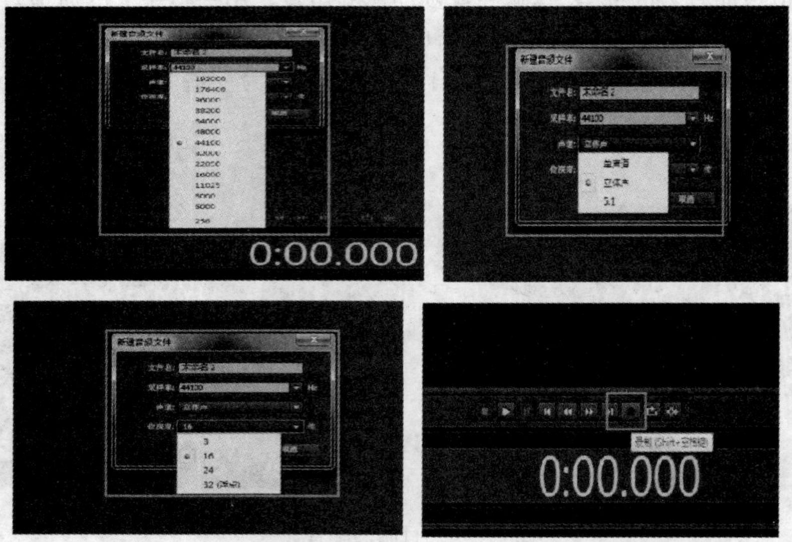

图 5－31　新建音频对话框

录音开始后，暗红色为未录音状态，红色亮起，表示正在录音中（见图 5－32）。

图 5－32　录音状态

一般情况下，录音时麦克风与录音对象的距离事先都已设定好，但也会中途出现破音，爆破声和声源音量较弱的现象。这时就要对距离和软件中的电平值进行一定的调整。但是，在录音过程中如何能及时发现距离位置的不准确呢？最直接的就是直观实时电平显示：电平值低，则声弱；电平值颜色变红或者电平值显示到极限时，显然是采集音量过高过大（见图 5－33）。

图 5－33　录音电平值状态

调整计算机中的电平值，从电脑的“控制面板”中选择“Realtek 高清晰音频管理器”，选择麦克风选项，就可以对麦克风的电平值进行调整了（见图 5－34 和图 5－35）。

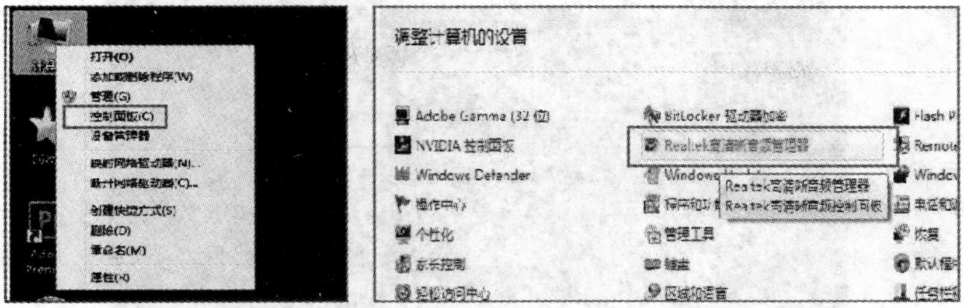

图 5－34　在“控制面板”中选择音频管理器

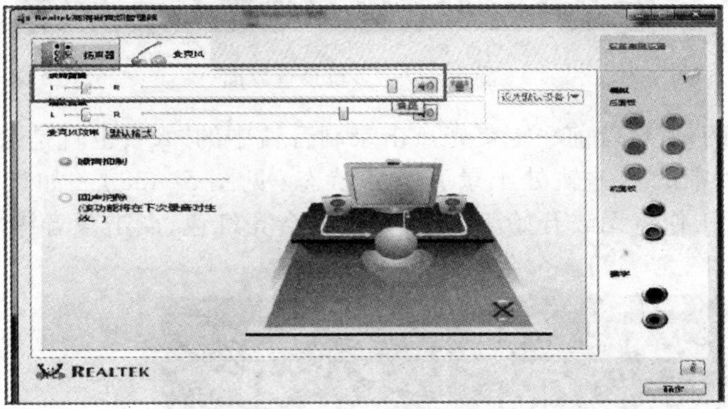

图 5－35　高清晰音频管理器

2.4　多轨录音

多轨录音开始动作与单轨录音基本相同，确定麦克风、声卡、外接设备和电脑接口已经连接后，再打开 Adobe Audition CS6 软件，点击工具栏中的“多轨合成”，弹出“新建多轨项目”对话框，设定好所需采样率、声道数和位深度（见图 5－36 和图 5－37）。这里比单轨编辑中多了一个选择项，那就是模板选项，是由软件依据不同的采样率和位深度指定源文件设置，预设好的默认声音效果。

一切准备就绪就可以点击“确定”，开始录音。

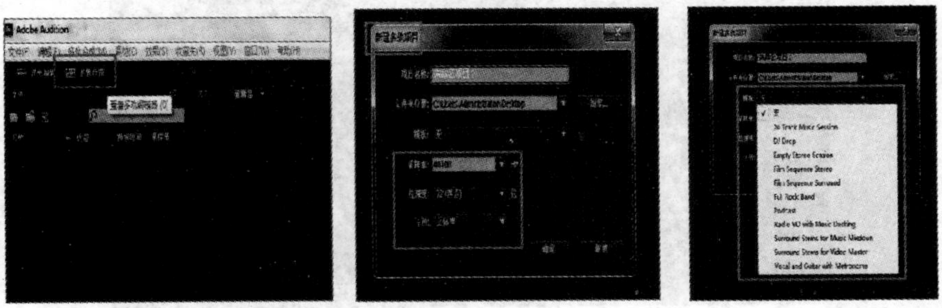

图 5－36　新建多轨项目对话框

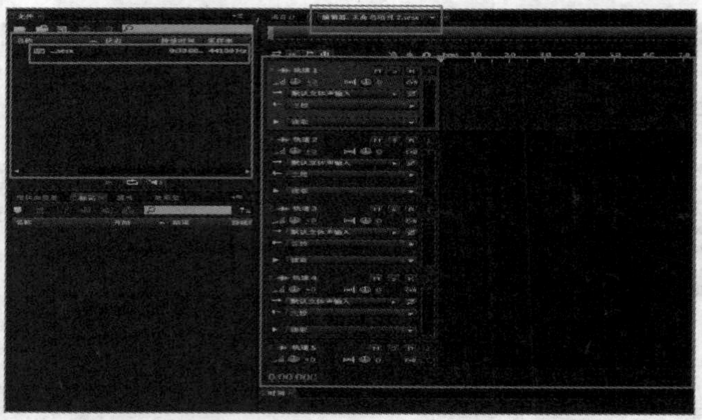

图 5－37　多轨录音界面

需要注意的是,录音前一定要先点击录制音轨中的“R”,也就是录制准备这个按钮,使多轨界面中的这一轨处于录音准备状态(见图 5－38)。如果没有按下这个“R”,那么录音工作将无法开始。按下“R”后,会亮红色,点击录音键后,“R”会由红色变成灰色(见图 5－39)。

图 5－38　录音准备状态

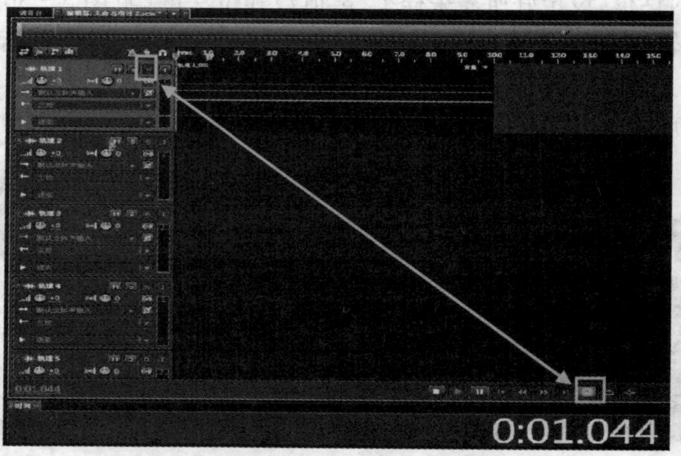

图 5－39　点击录音键的状态

制作游戏音效步骤

1. 素材选择/拟音：音效制作一部分为素材音效，另一部分为原创音效，素材音效制作的第一步就是挑选出类似的音效，通常挑选出多个音效备用；原创音效由录音棚录制或户外拟音作为音源，可采集真实声音或进行声音模拟。

2. 音频编辑：原始音声音确定后，需要进行音频编辑，比如降噪、均衡、剪接等。音频编辑是音效制作最复杂的步骤，也是音效制作的关键所在，一句话概括，就是用技术手段将声音源变成游戏所需要的音效的过程。

3. 声音合成：很多音效都不是单一元素的，需要对多个元素进行合成。比如被攻击的音效可能会由刀砍和死亡的声音组成，合成不仅仅是将两个音轨放在一起，更重要的是需要对元素位置、均衡等多方面进行调整统一。

4. 后期处理：后期处理是指对一部游戏的所有音效进行统一处理、使所有音效达到统一的过程。通常音效数量较庞大，制作周期较长，往往之前之后制作的音效会有一些听觉上的出入，这就需要后期处理来使其达到统一。

此外，可以根据游戏需求，对所有音效进行全局处理，比如游戏风格比较黑暗，就可以将音效统一，削减一些高频，使音响配合游戏的整体风格。

练习操作

1. 使用 Audition 录制一段自己的说话声音，播放并感受自己声音的变化特征。
2. 录制一些自然界的声音，播放并分辨感受声音层次和距离。

第三部分

Adobe Audition CS6 的制作

第六章　波形编辑界面制作

第一节　波形编辑技术

进入“波形编辑”即单轨编辑界面时，基本操作就是对声波波形文件进行各种操作，操作的第一步是对波形的选取。

1.1　波形选择

1.1.1　波形选择方式

波形选择可以通过三种方式完成，即键盘操作、鼠标操作、时间定位。

（1）键盘操作选择波形，首先从选择区域的始端单击，按住键盘中的 Shift 键，在选择区域的末端单击。中间高亮的部分就是被选取的波形部分。如果选择区域需要调整，则重复上面的动作，配合键盘中的“左”“右”箭头按键，直到选取到满意的波形区域为止。

（2）鼠标操作选择波形，只要按住鼠标左键，从选择区域的始端平移滑动鼠标，在鼠标松开左键时，中间会出现高亮的部分，这就是已经被选定的波形区域。如不满意选择的波形需要调整时，则可以重复上述动作。

（3）使用时间定位，需要在“选择/视图”面板中输入你希望开始的始端时间和末端时间，输入完毕敲击键盘中的 Enter 键，或者直接在面板中的任意空白处点击，这个过程就完成了选取动作，中间的高亮处就是已经选择完毕的波形区域。同样，如果不满意或者需要调整区域，则直接在始端时间和末端时间修改数值即可（见图 6－1）。

在实际操作中，如果对键盘不是很熟悉，或者对所选区域时间不是很肯定的话，那么鼠标操作选择波形区域往往是最为简单和常用的。

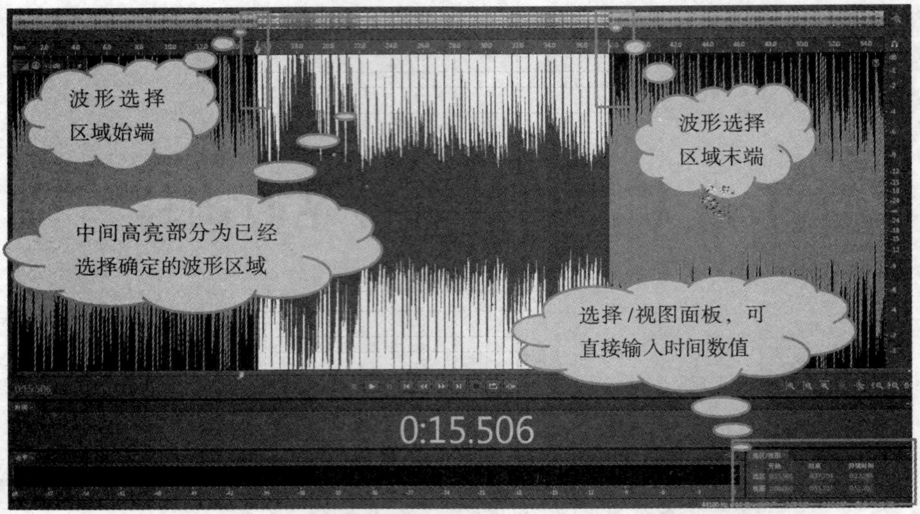

图6-1　波形选择

1.1.2　*声道波形选择*

在单轨编辑界面中，一般默认为立体声，即双声道。但是在编辑过程中，有时会对左右声道进行不同的编辑处理，这时就需要将默认的双声道进行区分，可以临时禁音某一声道，以便对另一个声道进行编辑。如何操作呢？这就要修改默认值，点击菜单栏中的"编辑"，看到其下拉菜单的最后一项"首选项"并点击。"常规"选项中的第一项就是"允许相关的声道编辑"，将这一复选框选中（见图6-2）。

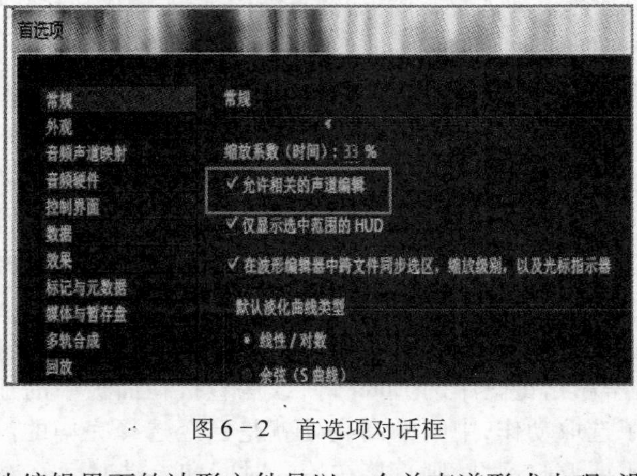

图6-2　首选项对话框

如果此时单轨编辑界面的波形文件是以一个单声道形式出现，没有出现两个相同的波形文件时，并且用鼠标在其波形文件区域的偏上端或者偏下端平移滑动，发现无法出现单独声道选择，那么你就需要点击状态栏中的"视图"，在其下拉菜单中可以看到"波形声道"选项，将"层叠"前的选择点击除去，这时单轨编辑界面波形就会出现声道区分并可以自如操作了（见图6-3）。

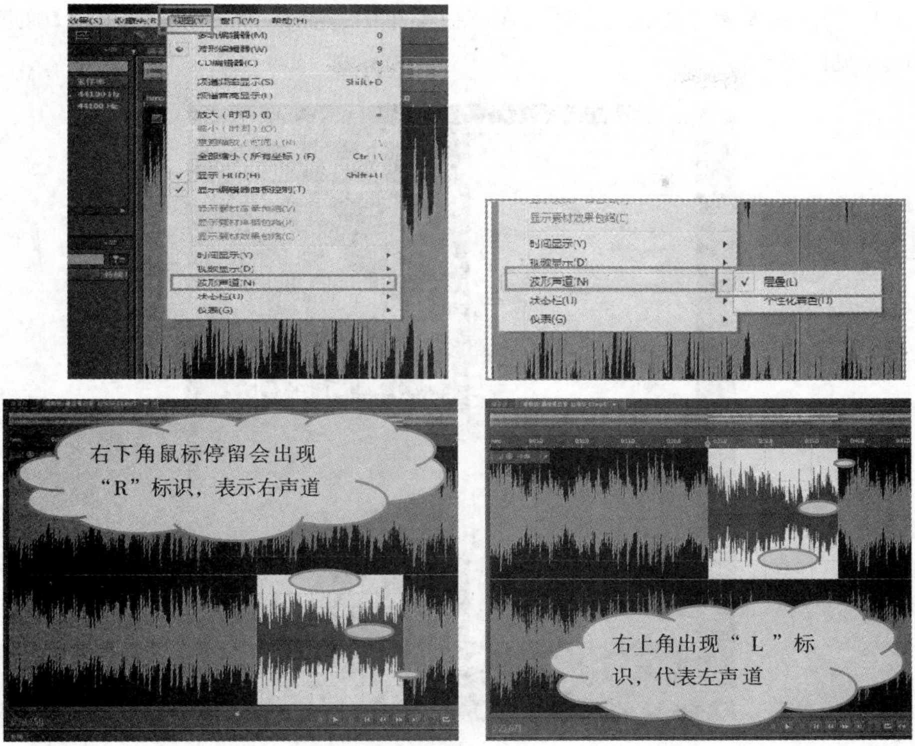
右下角鼠标停留会出现
"R"标识，表示右声道
右上角出现" L "标
识，代表左声道

图6－3　波形声道选择

1.1.3　全部波形选择

波形选择中，还有一种是全部波形选择。显示出来的是波形文件整体高亮状态(见图6－4)。

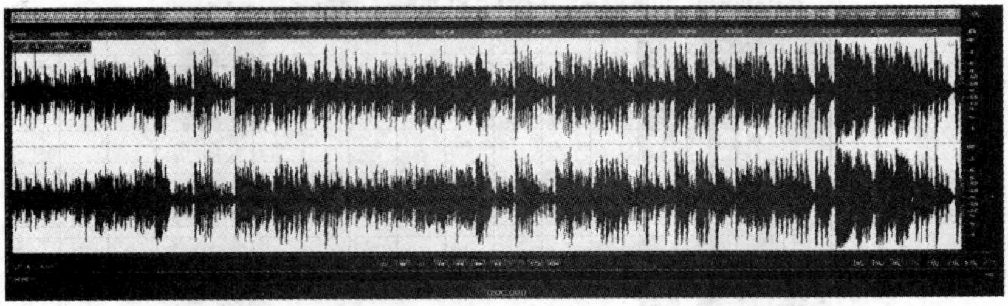

图6－4　全部波形状态

一般只要点击波形中的任何一处，不用做任何选择动作，软件默认就选择了全部波形。

在实际操作过程中，全部波形选择还有很多别的方式。

方式一：在单轨编辑界面中，用鼠标的左键从头至尾平移全部划选，那么结果就是选取了全部波形。

方式二：用键盘中的 Ctrl+A 组合键，也是波形全选的方式。

方式三：点击菜单栏中的“编辑”，在下拉菜单中“选择”弹出的子菜单里，确选“全选”命令（见图 6－5）。

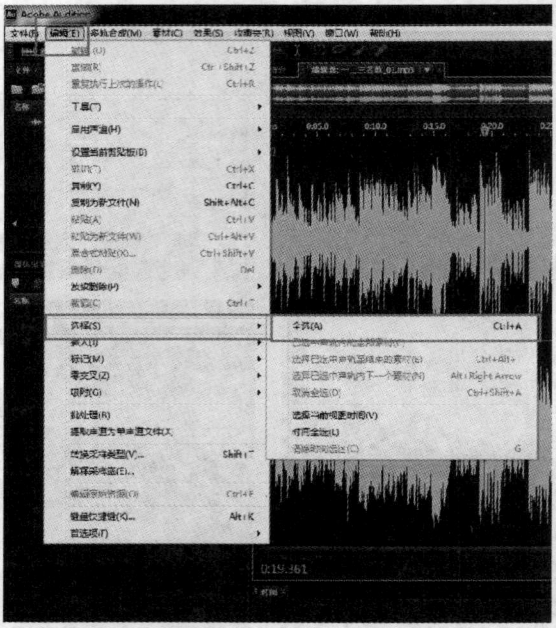

图 6－5　“选择”菜单对话框

方式四：利用快捷菜单来完成全选。在波形中的任何一处单击鼠标右键，会弹出快捷菜单，在这个菜单中选择“全选”命令，达到波形全选目的（见图 6－6）。

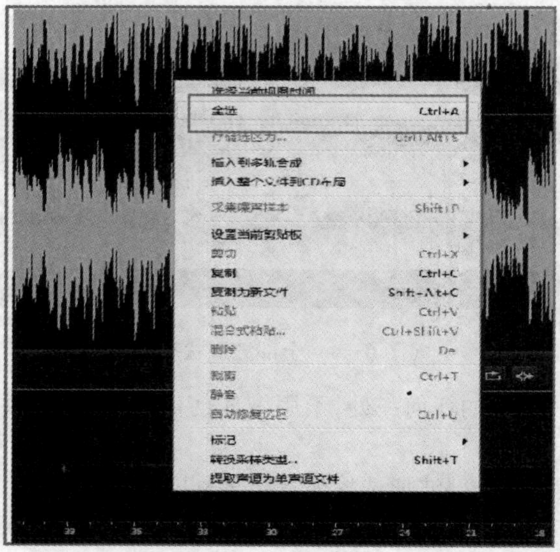

图 6－6　快捷菜单选择“全选”命令

方式五:还有一种较为简单的方式就是在波形文件上的任意处,使用鼠标左键两次连击,就可以实现波形全选。

1.1.4　单声道选择

首先如何区分波形文件中的左右声道,直观的方式就是将鼠标停留在波形上下两个靠边的位置。光标右侧会出现两个小的大写英文字母:“L”(Left)为左声道,“R”(Right)为右声道。

单一声道全选也有多种方式。

方式一:将鼠标光标停留在波形文件中的任意一处,使用键盘中的“上、下、左、右”键的“上”键和“下”键来控制单声道选择。↑选择的是左声道,↓选择的是右声道。

方式二:在菜单栏中的“编辑”下拉菜单中点击“启用声道”,取消不需要的声道,留下的就是欲进行编辑的声道(见图6-7)。

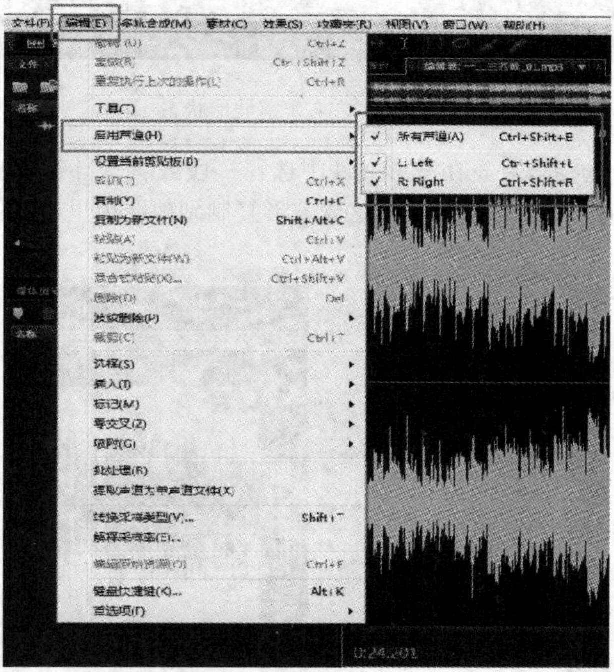

图6-7　编辑声道

方式三:将鼠标光标放置在你需要编辑的声道波形上,一定要放在靠边的位置。左声道贴近上端,右声道靠近下端(见图6-8)。然后单击鼠标左键。

1.1.5　复制、剪切与粘贴

(1)复制

复制波形就是将选择好的波形文件暂存在剪贴板中。复制波形在编辑音频中运用率极高。其操作手法有菜单选择、使用快捷菜单、组合键和复制到新文件等。

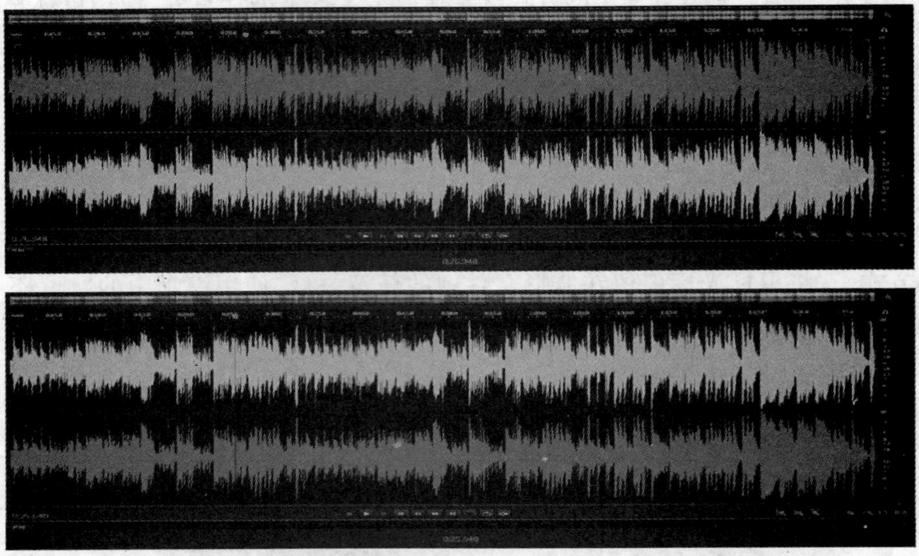

图 6－8　左右声道波形状态

方式一：菜单选择。首先在波形文件中选择一段或者全部欲编辑的波形，在菜单栏的“编辑”中点击“复制”，这样就将这段波形复制到剪贴板里（见图 6－9）。

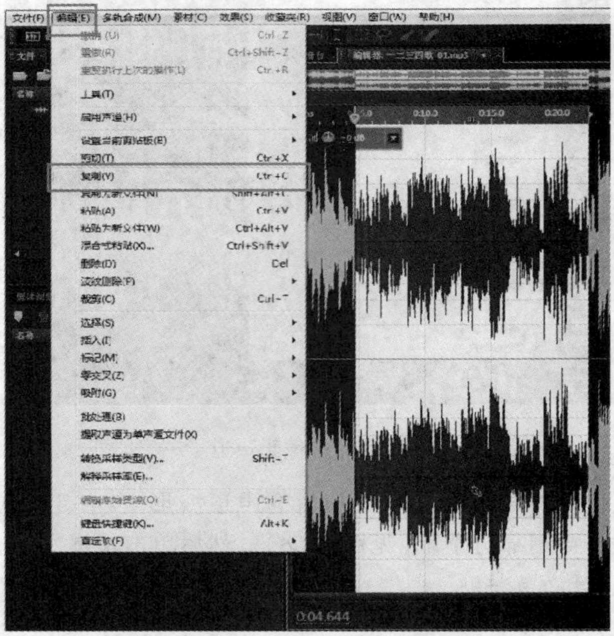

图 6－9　编辑菜单

方式二:使用快捷菜单。还是先选择好需要复制的波形时间区域,点击鼠标右键后,在弹出的快捷菜单中选择“复制”命令(见图 6-10)。

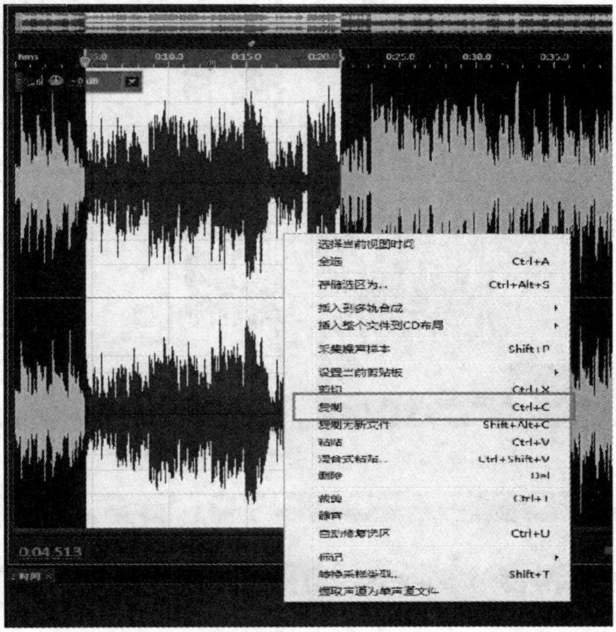

图 6-10　用快捷菜单选择复制命令

方式三:使用组合键 Ctrl+C。将事先选择好的波形文件时间,用计算机键盘上的组合键 Ctrl+C“复制”到剪贴板中。

复制为新文件,是将选择好的波形文件直接生成新的音频文件并实时显示。这种复制不需要再使用“粘贴”功能。方式为:其一,打开菜单栏中的“编辑”,点击下拉菜单里的“复制为新文件”选项;其二,使用快捷菜单中的“复制为新文件”选项。

需要说明的是,使用“复制为新文件”选项,会依据选择区域的不同,显示出两种波形文件结果。

首先,从波形文件的始点选择的波段时间,点击“复制为新文件”选项,会生成实时显示被选择波形文件的全部波形。而非波形文件始点选择的波段时间,使用“复制为新文件”选项,会生成实时显示的波形文件,将被选择波形文件的前端未被选择的波形一同复制到新的波形文件中(见图 6-11 和图 6-12)。

以上是从波形文件始端选择,用两种方式复制的新文件,显示出来的就是被选择波形文件的全部(见图 6-13)。

没有从始端选择的波形文件,用两种方式“复制为新文件”,出来的结果就会将前面的未被选择的波形一并复制并实时显示(见图 6-14)。

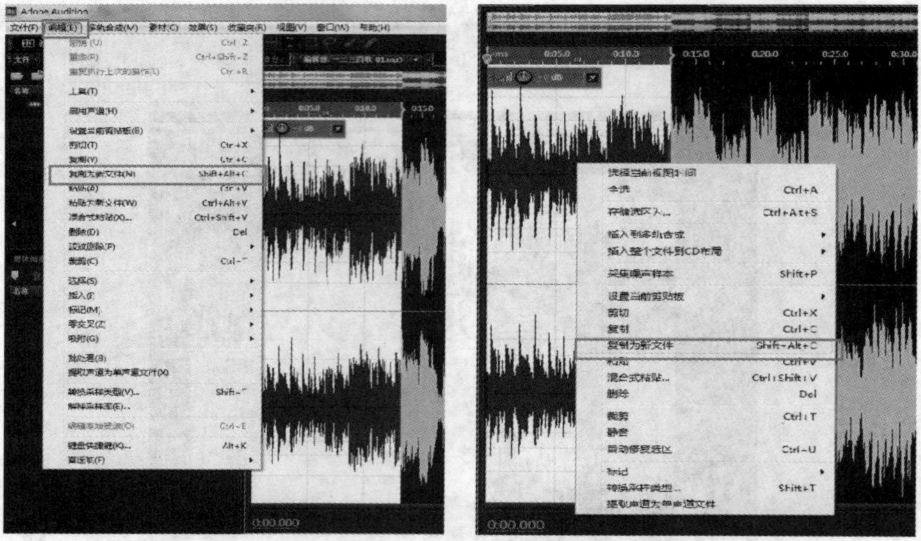

图6－11　用键盘复制新文件对话框

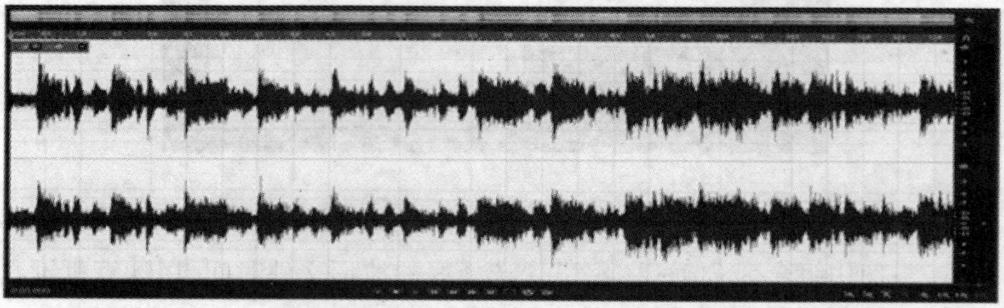

图6－12　新波形状态

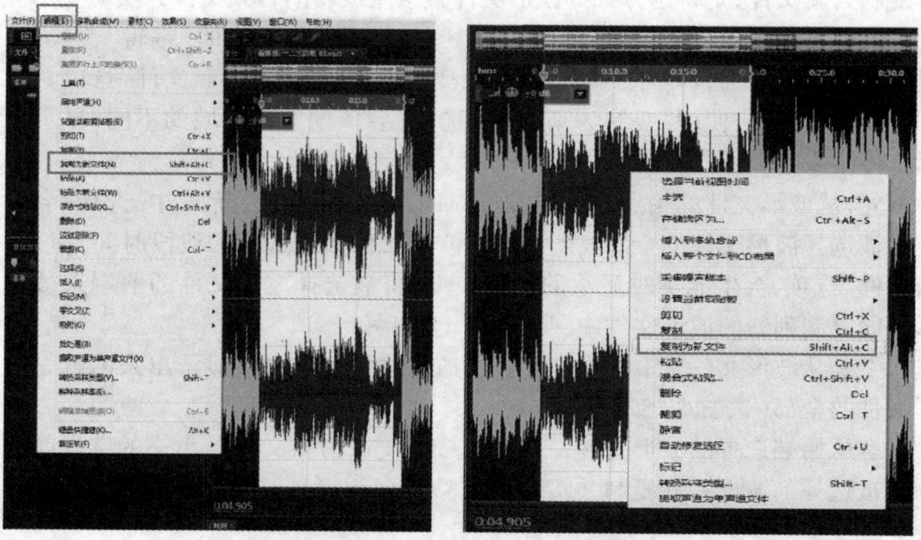

图6－13　被选择的全部波形文件

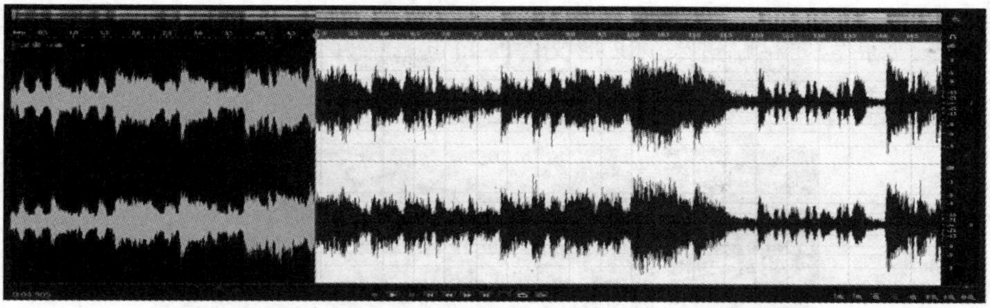

图 6－14　末端选择的波形状态

(2)剪切

剪切波形文件,是将选择区域内的波形文件直接从整个被编辑的声音波形中去除并存储到剪贴板中。剪切方式类似于复制,方式有菜单栏选择、快捷菜单选择和 Ctrl+X 组合键三种。

菜单栏中的“编辑”下拉菜单,找到“剪切”命令点击,即刻完成这个动作。

在已经选择好的波形时间段里点击鼠标右键,出现快捷菜单下拉菜单,选择“剪切”并点击(见图 6－15)。

在计算机操作键盘上,使用 Ctrl+X 组合键,立刻就会将已经选择好的波形文件去除并储存在剪贴板里。

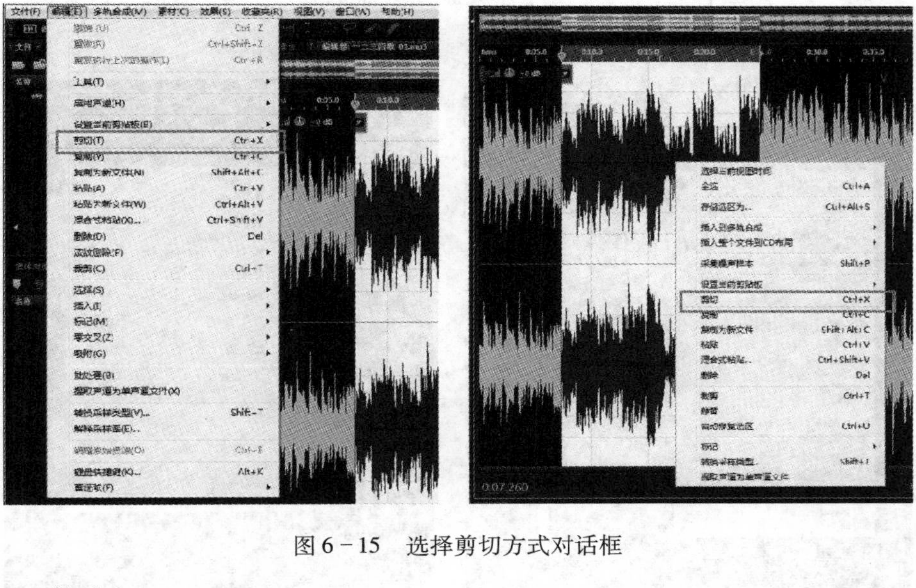

图 6－15　选择剪切方式对话框

(3)粘贴

粘贴是将已经复制暂存到剪贴板的波形文件添加到新的波形区域中。可以说,执行这步操作,就是延续复制动作,也是在编辑音频波形文件时的一个高频功能。其操作手法类似于复制动作,也是分为三种:菜单栏选择、快捷菜单操作和 Ctrl+V 组合键实现。

首先，要将需要粘贴进来的波形文件时间点选择好，确定后即可完成“粘贴”命令（见图6－16）。

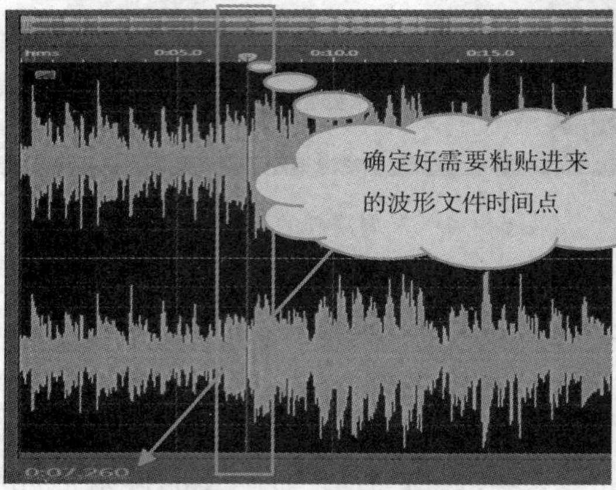

图6－16　选择粘贴文件的时间点示意图

第一种方式是：菜单栏的“编辑”下拉菜单中，点击“粘贴”。第二种方式是：在确定好的波形文件时间点的位置操作鼠标右键，选择下拉菜单中的“粘贴”并点击完成（见图6－17）。第三种方式就是在计算机操作键盘上运行Ctrl+V，执行这个命令的同时，完成“粘贴”动作。

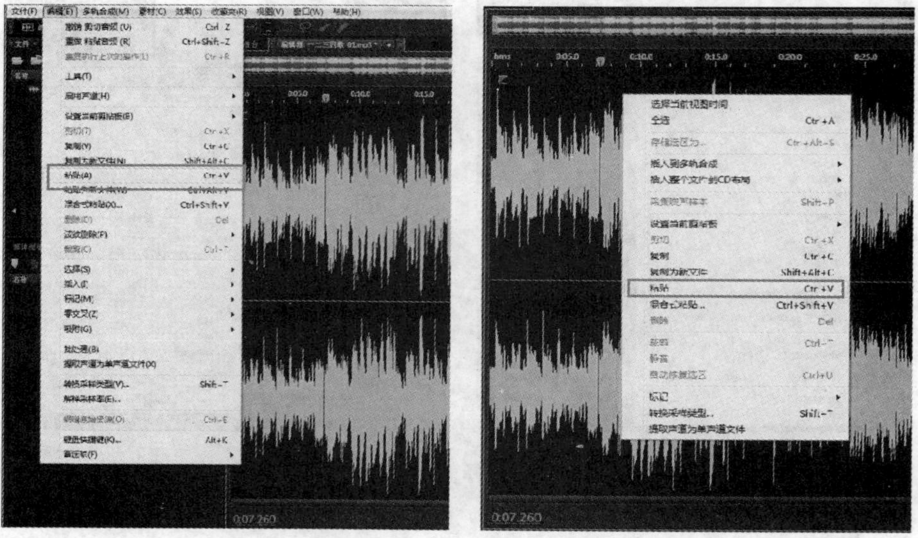

图6－17　选择粘贴方式菜单栏

粘贴完成的状态如图6－18所示。

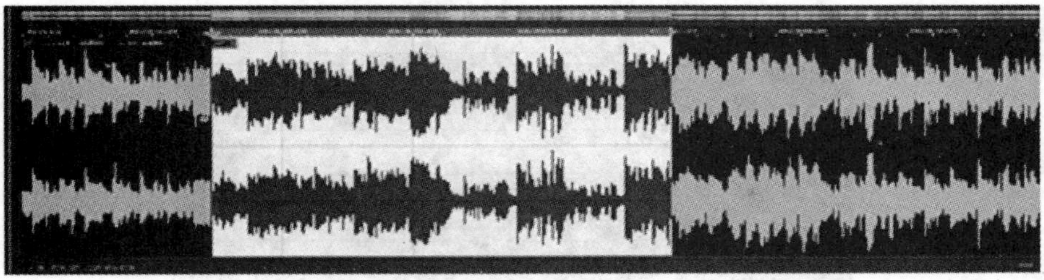

图 6－18　粘贴完成状态示意图

粘贴到新文件。执行这个命令，操作基本与“粘贴”相同，方法上只有从菜单栏“编辑”下拉菜单中选择和敲击键盘上的 Ctrl+Alt+C 组合键两种。

混合式粘贴。这种粘贴方式比较有意思，动作完成后，会根据不同的需求产生变化效果。我们看看动作执行前后的三张声波状态有什么不同（见图 6－19）。

第一张图片是原波形，第二张是需要粘贴的波形，第三张是完成了“混合式粘贴”动作的波形截图。

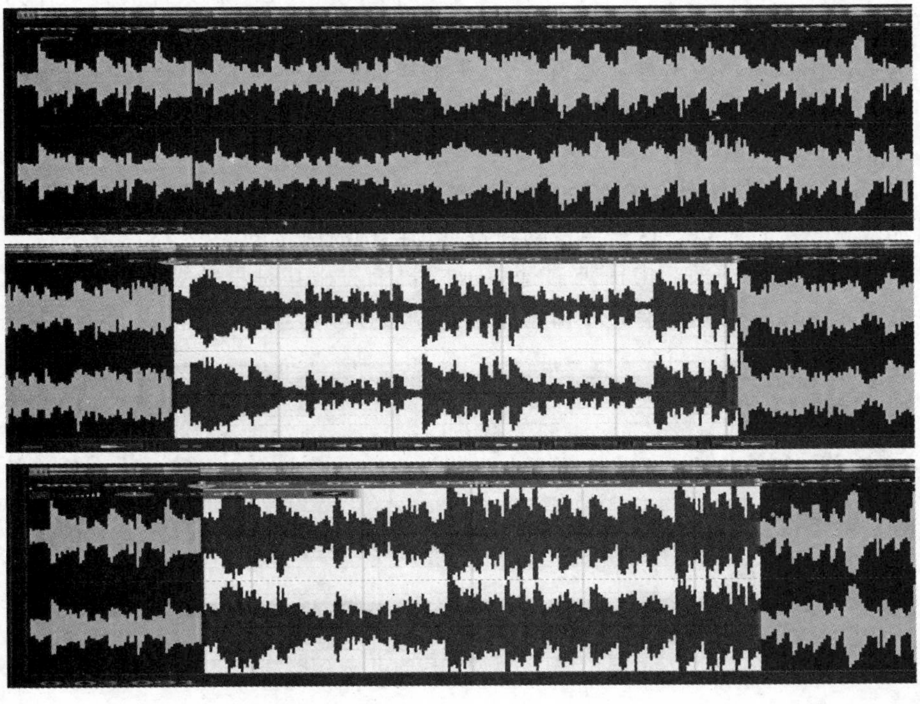

图 6－19　混合式粘贴波形示意图

细心一些的同学不难发现，第三张图片从波形上就可以看出，这是两种声波的重叠，而非完全覆盖和取代。播放这段音频，听到的是两种声音都存在并都在发声。

操作“混合式粘贴”，会弹出一个对话框（见图 6－20）。

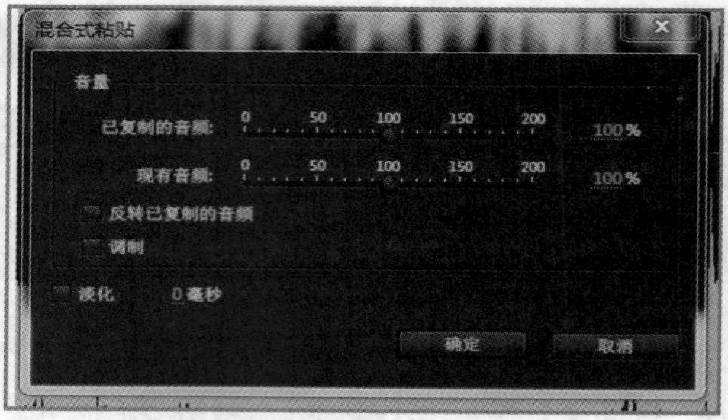

图 6－20　混合式粘贴对话框

因为我们都已经知道了是两种声音并存,所以在编辑时,可以对两种声音的音量进行调整,直到满意。

“已复制的音频”是指粘贴进来的声音。“现有音频”是针对原先的波形文件音量。这两个选择,是调整两种声音不同的音量,需要将原先声波文件的音量作为背景效果,突出表现粘贴进来的声音,那么就可以将“已复制的音频”的滑块向右滑动至满意。需要突出原有声波文件音量,粘贴进来的声波只是想作为背景音出现,就向右滑动“现有音频”滑块,增加原有声波音量,或者将“已复制的音频”滑块向左滑动,减少粘贴进来的声波文件音量。

“反转已复制的音频”只针对两个振幅波峰完全相同的声音。点击这个复选框,可增加或减少声音音量。这是声音的独特物理结构所决定的。

“调制”是针对声波与电流波碰撞生成的效果。相互是重叠关系,由于两个不同波值数的每个点是彼此相乘而非相加,故得出来的效果会非常有趣(见图 6－21)。

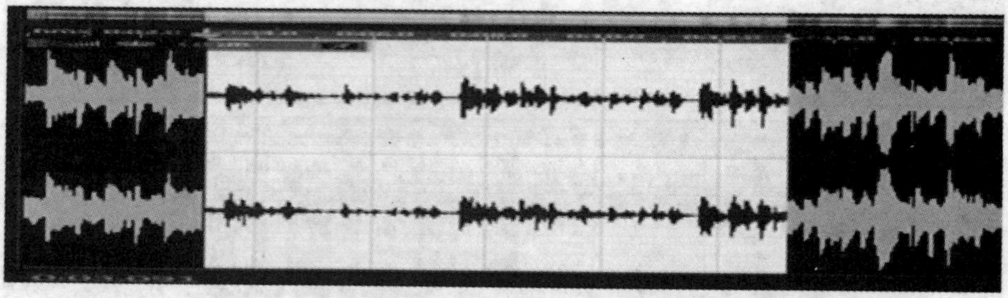

图 6－21　“调制”后的声波变化

“淡化”复选框的选择,用调整时间的毫秒数值,决定被粘贴进来的声音文件,在开始和结束时的音量强弱变化。这也是在编辑制作声音时,经常用到的“淡入”“淡出”或“渐入”“渐出”。

运行“混合式粘贴”同样也有三种方式:菜单栏选择、快捷菜单使用和操作组合键 Ctrl+Shift+V 完成(见图 6－22)。

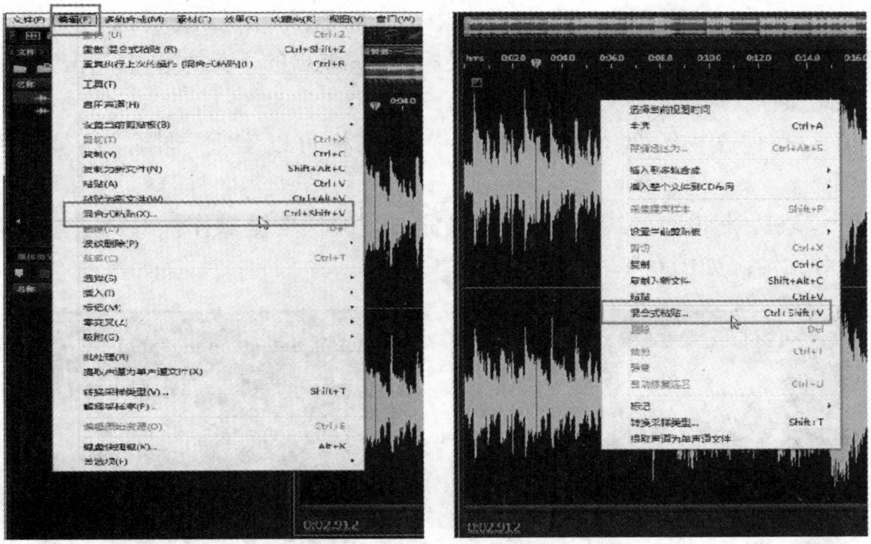

图 6 - 22　混合式粘贴方式菜单栏

1.1.6　删除、裁剪

(1)删除

删除就是删除音频素材，主要分双声道声波选择性删除和单声道声波选择性删除。

首先还是要做声波选择，选择好需要删除的声波后，再用下面三种方式中的一种来对声波进行删除(见图 6 - 23)。

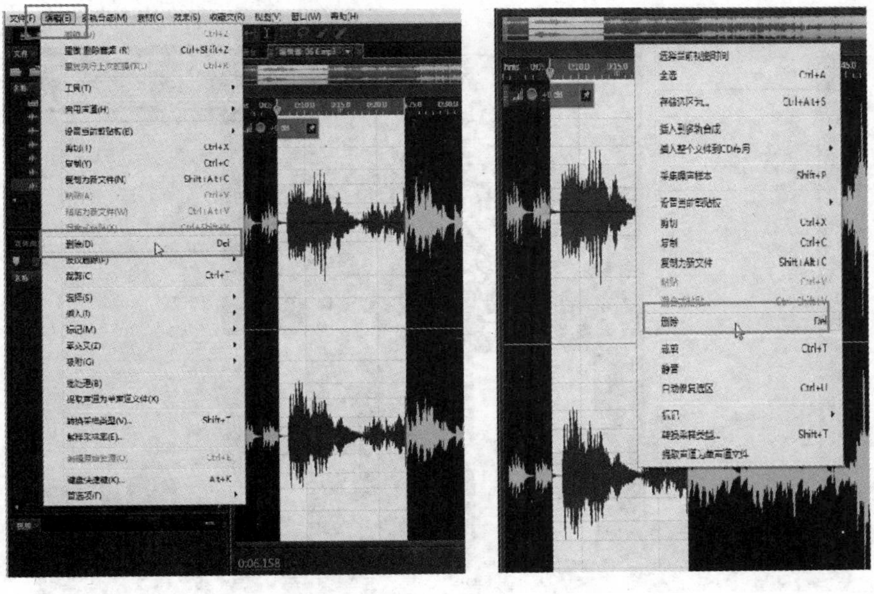

图 6 - 23　删除裁剪方式菜单栏

方式一：菜单栏中的“编辑”下拉菜单中，找到“删除”并点击执行命令。

方式二：在被编辑的音频块中，点击鼠标右键，弹出的下拉菜单中点击“删除”，也可以完成此操作。

方式三：在计算机键盘上，操作 Delete 键，同样可以实现“删除”已被选择好的声波。

图 6－23 中，左边为方式一，右边是鼠标右键的快捷键操作。双声道声波波纹删除前后的对比情况如图 6－24 所示。

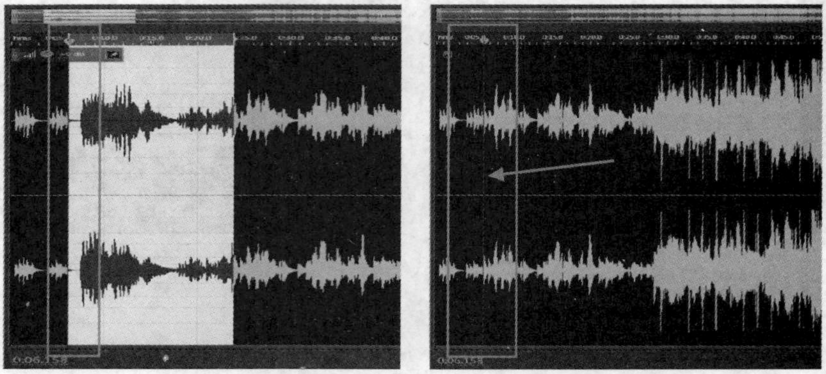

图 6－24　双声道声波波纹删除前后的波纹对比

单声道声波删除，也是实现选择好需要删除的对象，然后使用菜单栏里的“编辑”下拉菜单中的“删除”完成，也可以使用鼠标右键的快捷方式操作执行“删除”命令（见图 6－25）。单声道声波删除前后对比情况如图 6－26 所示。

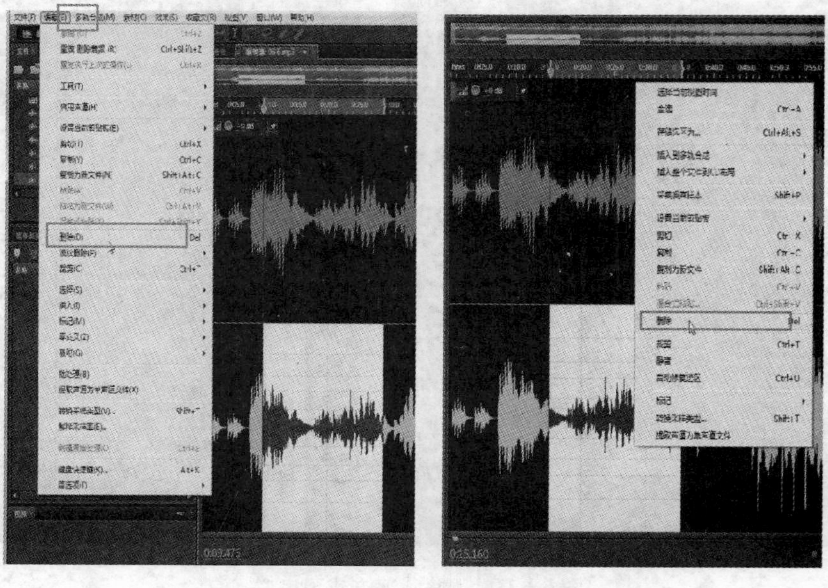

图 6－25　单声道声波删除方式菜单

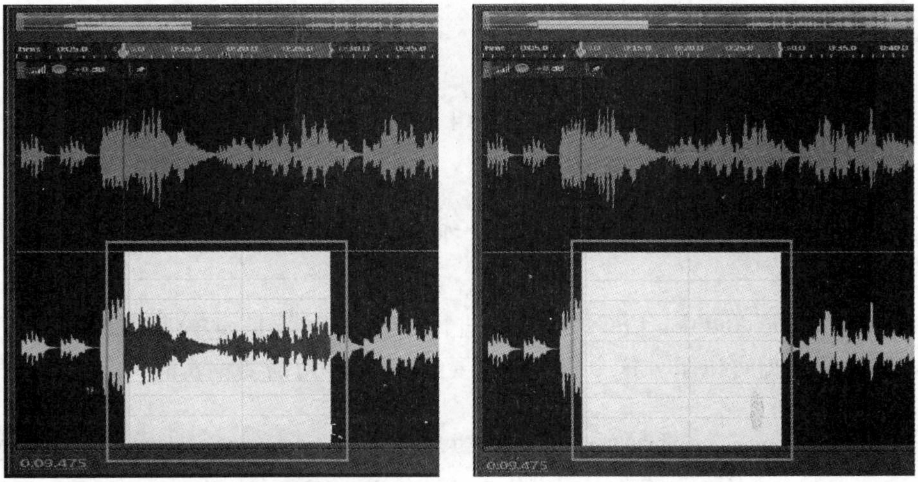

图 6－26　单声道声波删除前后的对比图

（2）裁剪

操作裁剪功能，会产生与“删除”互为相反的效果。“裁剪”剪切裁掉去除的，不是选中的波形文件，而是选中的波段之外的所有声音文件。需要删除较多波形，只想保留一小部分时，执行这个命令会省时省力。

执行此命令，同样的可以采用三种方式，即菜单栏、快捷菜单与组合键。

菜单栏中“编辑”下拉菜单中“裁剪”，点击完成；鼠标右键快捷菜单中选择“裁剪”，完成操作；计算机操作键盘 Ctrl+T 组合键，执行“裁剪”命令（见图 6－27）。

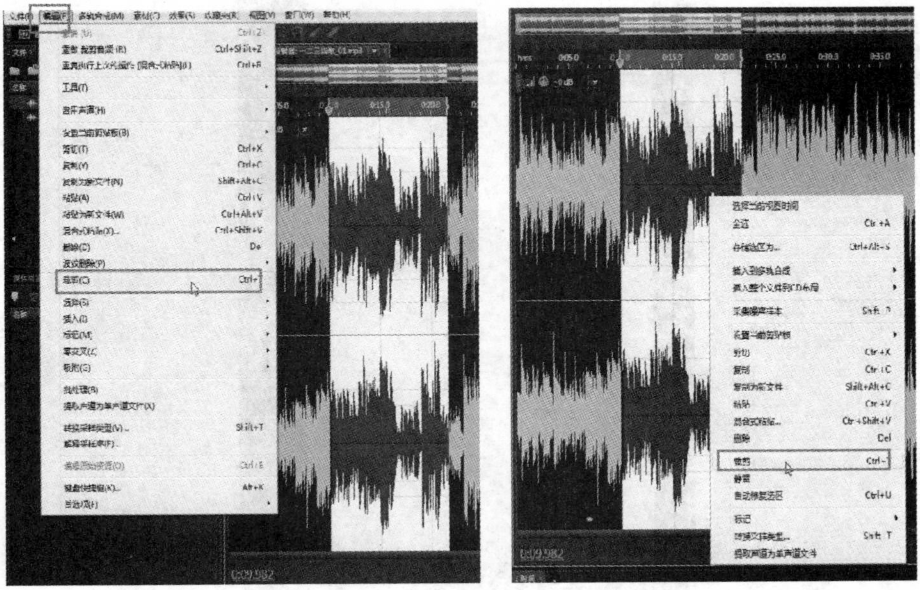

图 6－27　裁剪方式菜单栏

练习操作

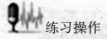

1. 认识“波形编辑”界面。
2. 导入一段音频，熟悉“波形编辑”下拉菜单中的可执行命令，并执行操作。

第二节　波形编辑效果技术

在使用 Adobe Audition CS6 操作软件进行声音编辑，不是简单地进行粘贴、复制、删除和静音操作就可以了。这个软件最主要的使用，是对需要编辑的声音进行各种效果的技术处理。

在 Adobe Audition CS6 这款软件中，效果器的作用就是完善对声音技术处理的效果，从而可以制作出各种不同的声音，甚至是自然界中不存在的声音，或者是人耳根本不可能听到的声音。

2.1　反转与前后反向

在“效果”下拉菜单中，“反转”是指单左声道或者单右声道的声波波纹对换位置，不要理解为是左右声道的变换。

“前后反向”，只有特殊需要的时候才会使用到。使用效果是使得任何正在编辑的声音头尾位置对调。要是一首歌，执行后，是从结尾处往开始方向倒播放（见图 6－28）。

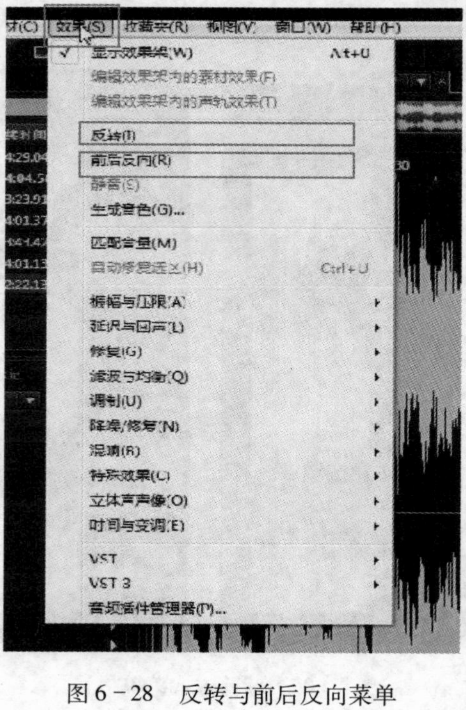

图 6－28　反转与前后反向菜单

这两个命令在只能在“波形编辑”界面操作执行。

2.2 静音与生成音色

2.2.1 静音

“静音”顾名思义就是将声音进行静默处理操作。

执行“静音”命令有三种方法，选择好需要处理编辑的声波波纹时间段（见图6－29）。

方法一：直接点击菜单栏“效果”下拉菜单中的“静音”。

方法二：鼠标右键快捷菜单中直接选择“静音”即可。

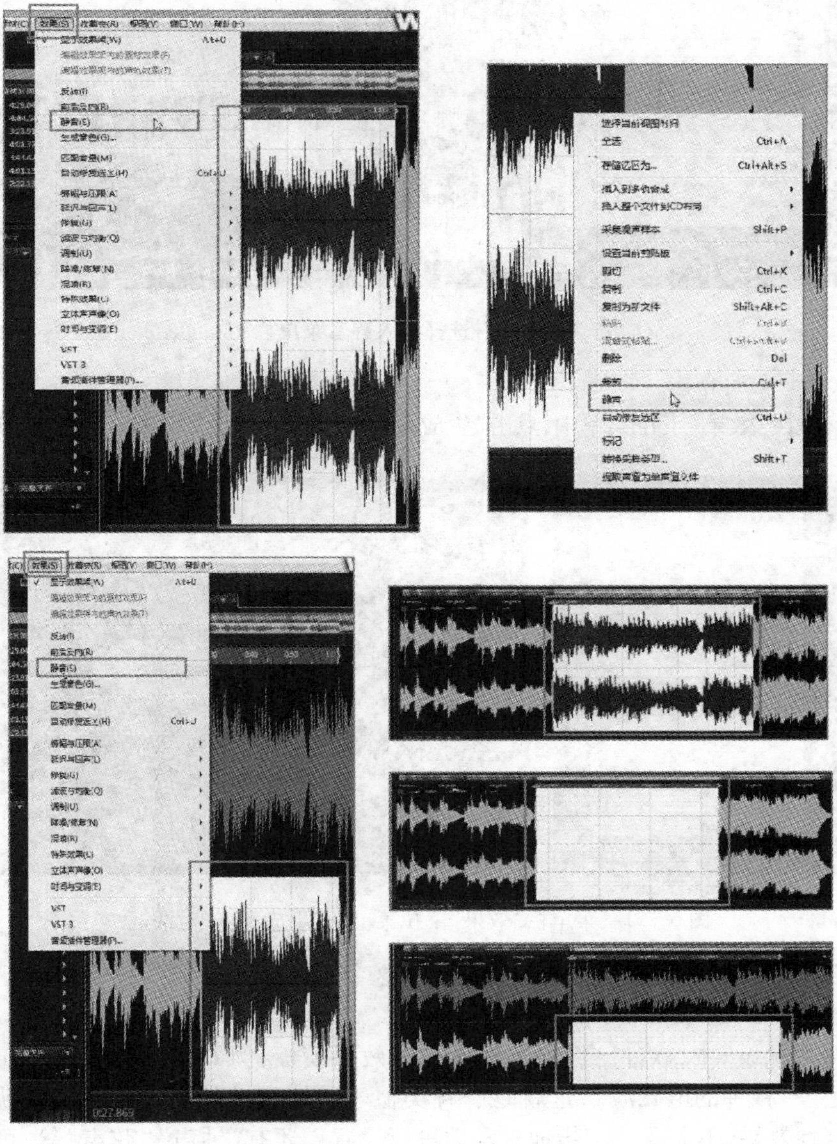

图6－29 选择静音方式菜单栏

方法三则是在菜单栏“编辑”下拉菜单中，点击“插入”，选择“插入静音”命令。在弹出的对话框中输入需要静音的时间即完成操作（见图6－30）。

图6－30　选择插入静音菜单栏

2.2.2　生成音色

在菜单栏“效果”下拉菜单中，点击“生成音色”，会弹出一个对话框（见图6－31）。

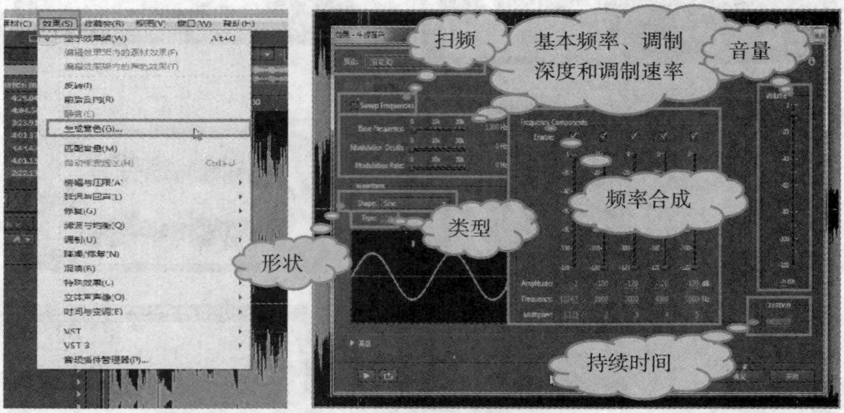

图6－31　菜单栏“效果”下拉菜单及“生成音色”对话框

我们来看一下这个对话框的内容。完成这个命令操作，主要是分为几个区域进行调整设置。

首先，“预设”中，软件已经设置好了一些效果模板，例如“1 Second Pulese”，直译过来就是“一秒钟的电磁波”，这就是一种类似于脉搏挑动的声音。点击它就直接自动生成这种效果，不需要一步步地对参数进行设置。还有“钟声”“弦声”等，可以依据需要直接点击使用(见图 6－32)。

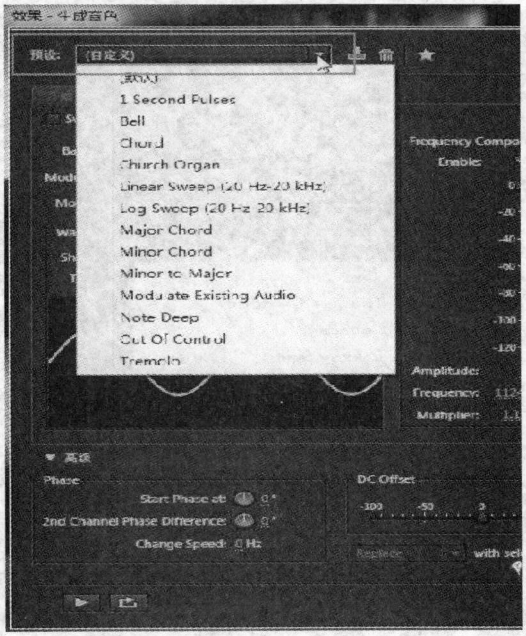

图 6－32 “生成音色”下拉菜单

其次,在对话框中,有一复选框即“扫频”。点击后,对已经选择好的声波波段时间,分别设置开始和结束的时间参数(见图 6－33)。这个设置所产生的效果,会有一个逐渐变化的音色信号。否则,就会生成一个不产生变化的音色声波。当然,没有选择这个复选框,颜色为灰色不可执行。

图 6－33 设置“开始”和“结束”参数

在“基本频率”“调制深度”“调制速率”这个板块中,“基本频率”是决定生成音色的主要频率数值,“调制深度”则是设定基频范围值大小的调制,“调制速率”针对基频进行调制频率。需要说明的是,调制数值不能为零。

“调制深度”值数也不能太小,虽然有较纯的频率成分,但可调制幅度就很小了。反之,可调幅度过大,所有的频率成分就过于复杂了。

“形状”是指声波的波形选择。选择项包括“正弦波”“三角波”“方波”“反正弦波”四种(见图 6－34)。

“类型”决定了声波波形的变形程度。数值越高,变形曲度越大,“正弦波”和“反正弦波”的最高数值为“10”,“三角波”与“方波”则是以百分比为参考数值。

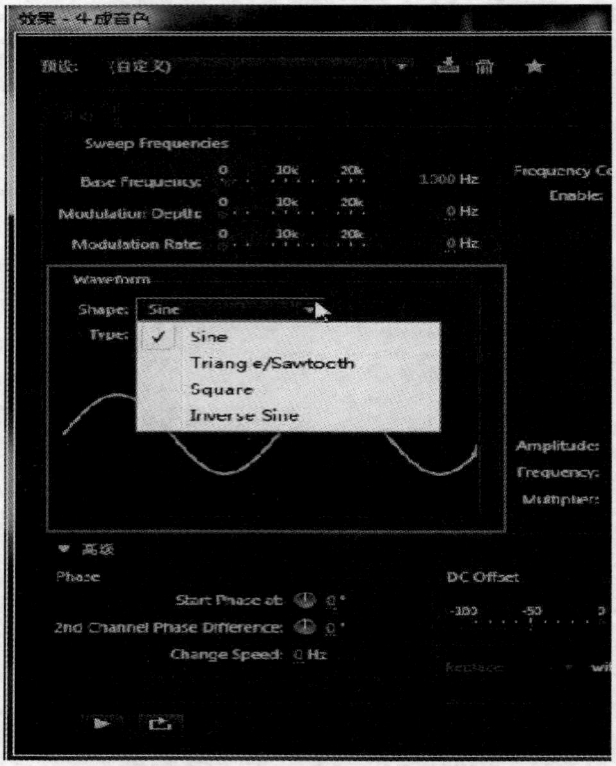

图 6－34　“形状”⇒波形选择

“音量”是指生成的音色电平值。可以直接滑动滑块，也可以精确地直接输入数值。

“持续时间”可以直接输入精准数值，设定生成音色的时间长度，单位为秒。

“频率合成”中，有五条频率数量选择，选择越多，表现出来的音色就会越丰满，效果就会越好。选定频率数后，就可以点击“启用”来完成这步操作了。

在对话框的左下角有一个“高级”选项组中，有“相位”和“直流偏移”两个调整项。在“选中音频”选项里，可以将正在编辑的声波进行“重叠（混合）”等设定（见图 6－35）。

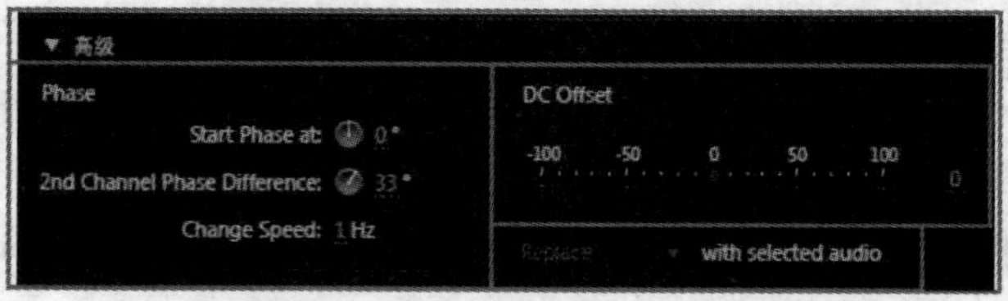

图 6－35　高级选项组

“生成音色”操作技术主要有三种。

（1）生成固定音色（常用信号 1kHz 正弦波）　在默认状态下，“基本频率”设置为 1000，“形状”选择“正弦波”，“持续时间”中输入时间为 10 秒，“音量”为－6dB，点击

“确定”。

(2)生成调幅波形　首先要制作基频,需要将基本频率设定为预期值,再将调制深度和调制速率设定为“0”。选择全部基音,在“生成音色”对话框中与第一种设置相同,然后再点开“高级”选项设置。

这里需要注意“音量”数值不能高,否则会发生削顶失真。如果需要复杂的调制波形,需进行多次调制。

(3)生成扫频音　选中“扫频”复选框,“开始”与第一种相同,但在“结束”参数设置中,需要选中“对数扫频”(见图6-36)。

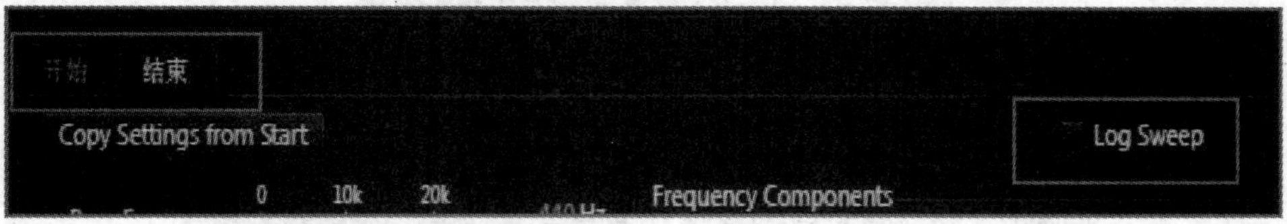

图6-36　对数扫频

2.3　振幅与压限

2.3.1　改变波形振幅

在菜单栏“效果”选项“振幅与压限”下拉菜单中,第一选项“增幅”命令,是编辑音量调整的。需要提示的是,在非特殊要求的情况下,音量调整不可过度,过大或过小都不会产生令人舒适的效果。过大会令声音失真,过小则体现不了声音所传递出的信息(见图6-37至图6-39)。

“保存预设设置”是可以将经常使用的振幅幅度数值保存至“效果预设列表”中,

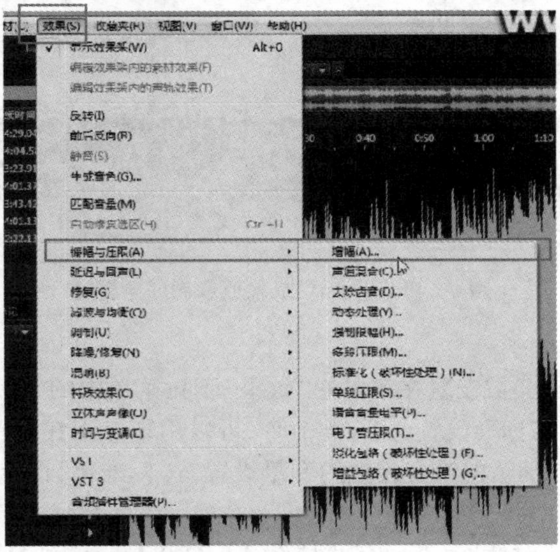

图6-37　“振幅与压限”及其下拉菜单

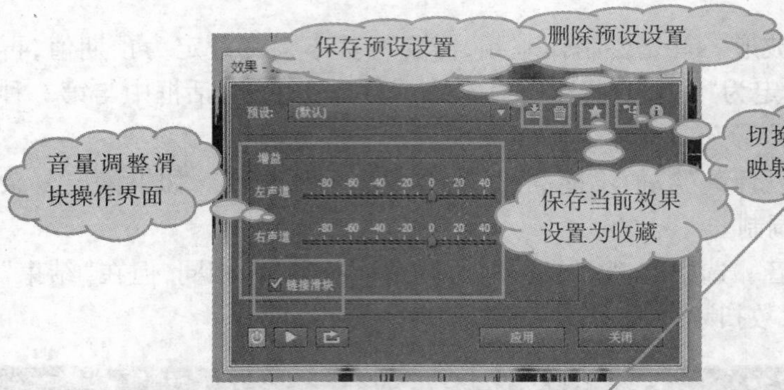

图6-38　音量调整操作界面

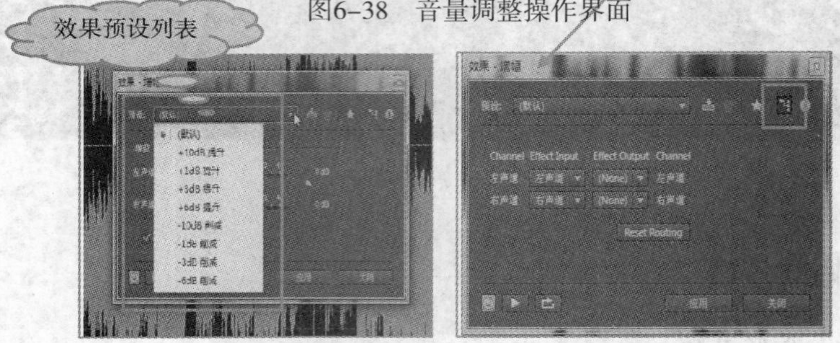

图 6－39　效果预设列表

避免了每次需要调整数值的麻烦，方便了操作。

“音量调整滑块操作界面”选择了复选框“链接滑块”，那么移动左右声道滑块时，软件将默认左右声道是同时改变音量数值。

“电源状态开关”呈现绿色，是应用可以使用状态，灰色为不能应用状态。

播放键和“循环播放”的设置好处是，可以一边调整设置，一边实时地听到效果，更加有利于编辑操作（见图 6－40）。

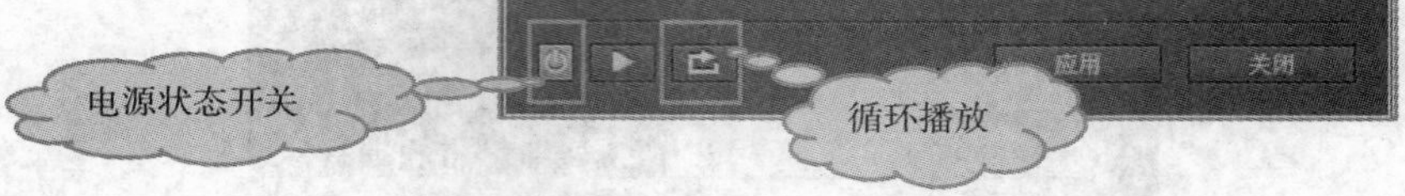

图 6－40　电源状态、播放和循环播放键

2.3.2　标准化

这款软件“标准化”被设置在菜单栏“效果”下拉菜单中的“振幅与压限”里（见图 6－41），是指对音量的标准设置，执行此命令，可以用来修正在录音时声音音量过小，迅速找到与其他正在编辑的声音相似的音量设置。“标准化”命令只能在波形编辑中操作并执行。

弹出的“标准化”对话框，上面有两种设置标准单位。一种是将电平峰值比“%”动态放大为标准，另一种是以“dB”分贝单位为标准的设置。

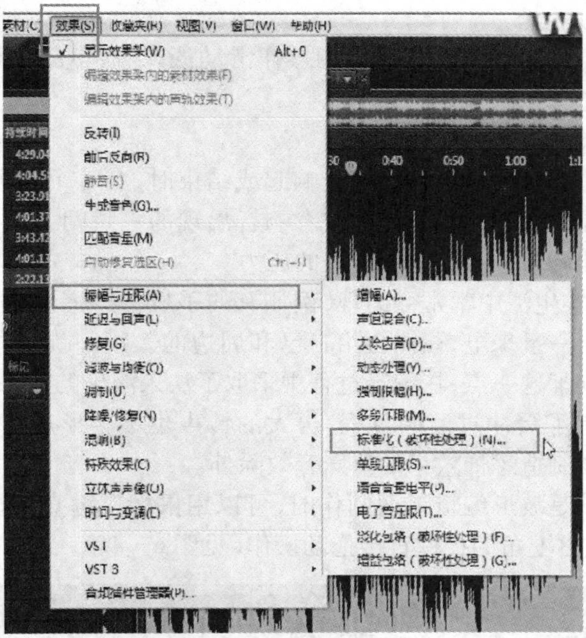

图 6－41　从效果下拉菜单中选“振幅与压限”及“标准化”选项

复选框“平均标准化所有声道”一般为默认选择状态，是针对双声道同时执行等量的“标准化”命令。取消此命令，也可以在单声道中使用操作（见图 6－42 和图 6－43）。

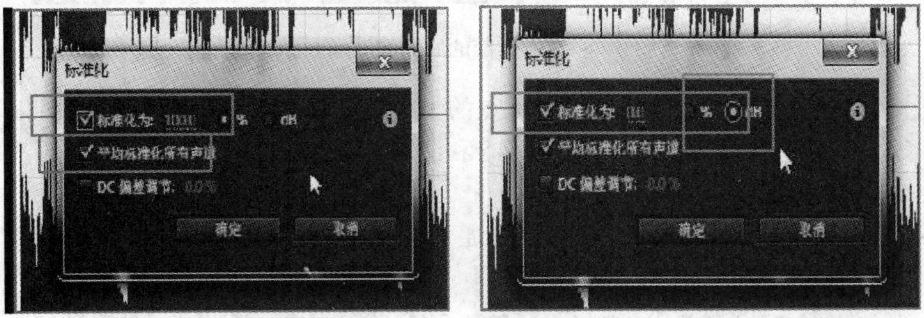

图 6－42　标准化对话框

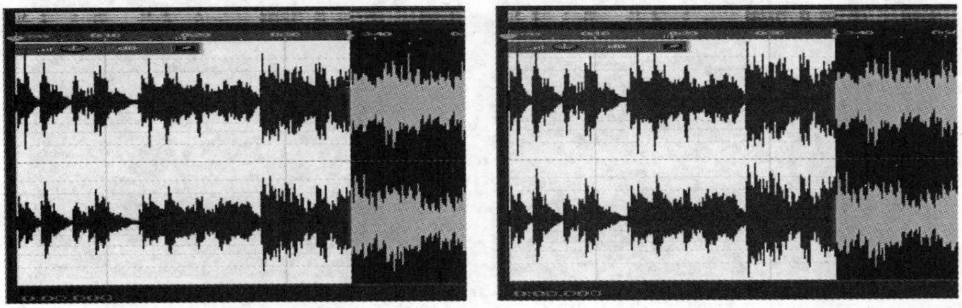

图 6－43　执行“标准化”命令前后声波波形对比

2.3.3 淡化包络

这里包括两种方式，一种是直接模糊操作滑动淡入、淡出。一种就是点击“菜单栏”中的命令进行选择执行操作。

(1)“淡入”“淡出”

顾名思义，淡入和淡出是在一段声音响起或结束时，有一个渐进渐出的过程。这种过渡的好处是，在以强音起音的音乐或者响音出现的一瞬间，不会造成对耳膜和心脏的冲击力过强，让耳膜和心脏承受过大的压力。

这种现象在现实生活中常常会出现，例如有的手机铃声突然响起的时候，由于铃声设置为最大音量，一旦来电，往往会给自己和周边的人吓一跳的感觉。但如果制作铃声初期，就考虑到了这一点，在编辑过程中采取了淡入淡出的效果处理后，那么当手机铃声响起，因为有了缓冲过渡的过程，再大的铃声也不会形成可怕的“吓人”效果了。当然，就是需要制造恐怖效果的特殊音效除外。

单轨界面，也就是波形编辑界面制作时，可以用鼠标左键直接操作，按住“淡入”“淡出”的左上角或右上角的控件直接拖动操作(见图6-44)。

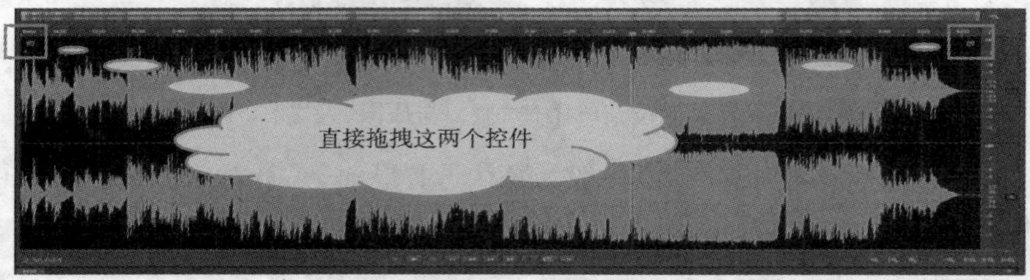

图6-44　操作前的原声波波形显示

过渡区就是从始点滑动控件至目标点的中间距离。过渡区越长，执行的淡化时间就越长，发音的时间就越延迟(见图6-45和图6-46)。

(2)淡化包络

执行“淡化包络”，有两种方式：一是通过菜单栏中的“收藏夹”，执行“Fade In”

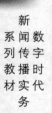

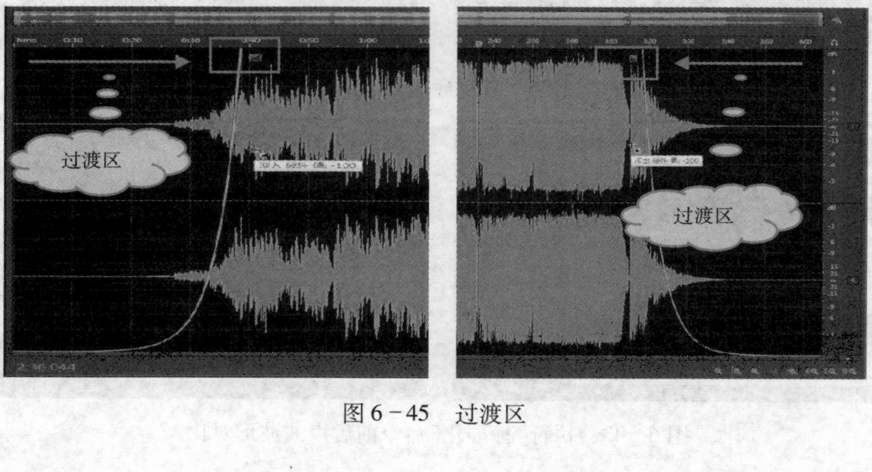

图6-45　过渡区

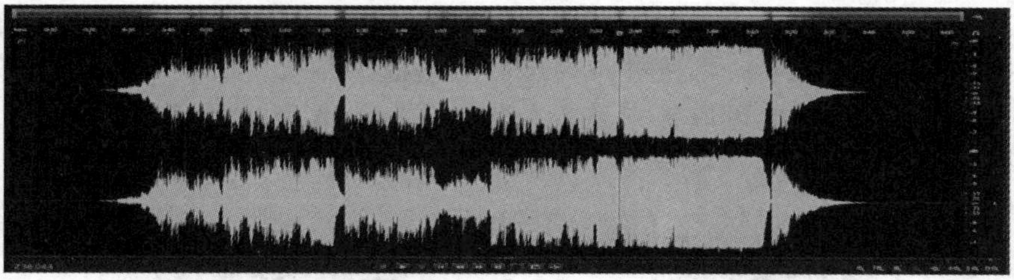

图 6－46　完成“淡入”“淡出”后的声轨波形显示

(淡入)“Fade out”(淡出)来完成;二是在菜单栏中的“效果”项,找到“振幅与压限”,点击“淡化包络(破坏性处理)”。

首先选定需要进行淡化的声波时间段,然后点击菜单栏中的“收藏夹”,执行命令(见图 6－47 和图 6－48)。

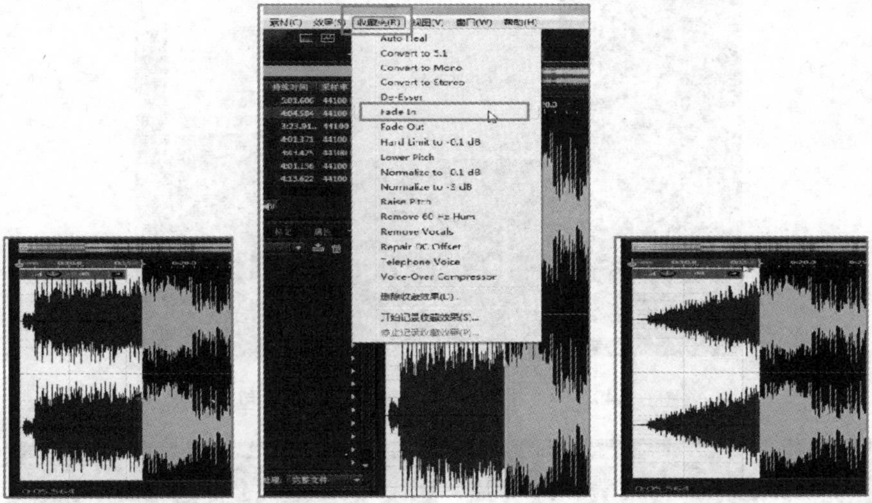

图 6－47　在收藏夹中执行淡入命令

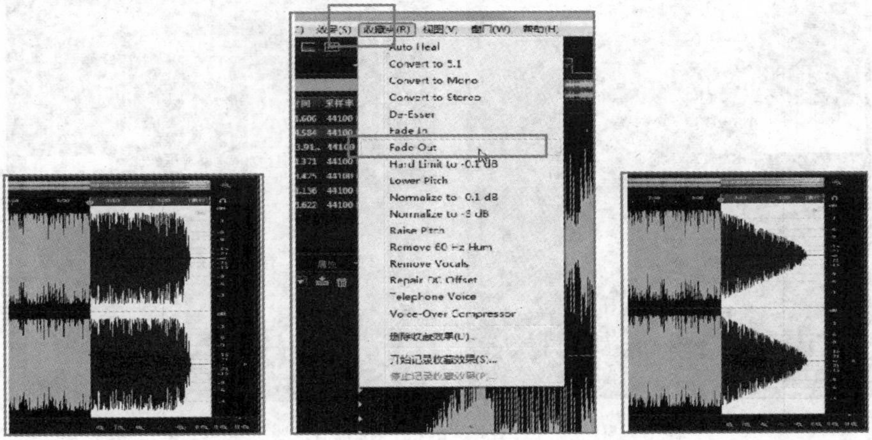

图 6－48　在收藏夹中执行淡出命令

在菜单栏“效果”下拉菜单中中,“振幅与压限”,选择“淡化包络(破坏性处理)”(见图6-49和图6-50),再通过对弹出的对话框,“预设”选择“Fade In”或“Fade Out”。可双声道编辑,也可以针对某一单声道进行渐入渐出的编辑处理(见图6-51)。

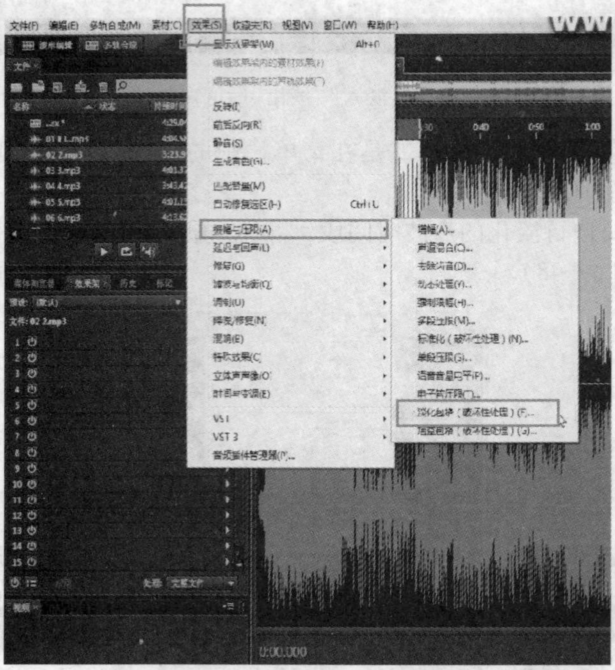

图6-49　从“效果”下拉菜单中选“淡化包络”

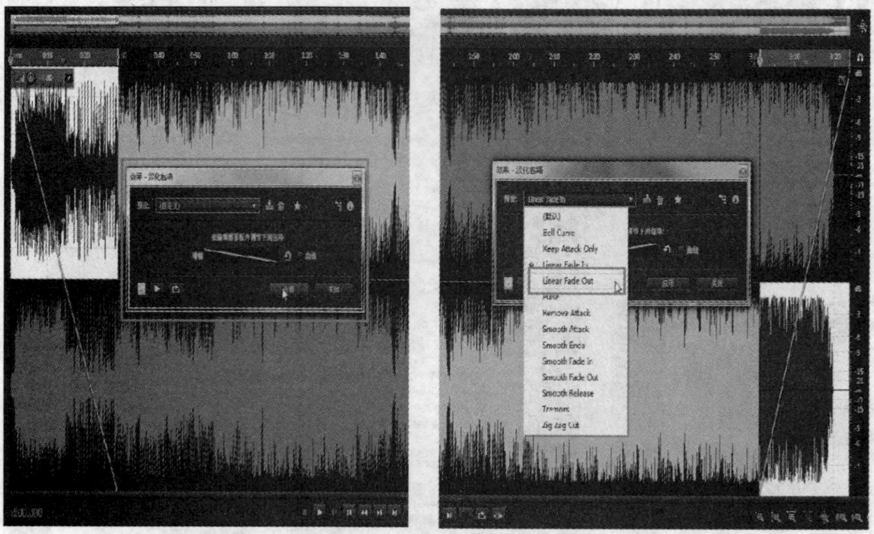

图6-50　从弹出的对话框中选淡出、淡入命令

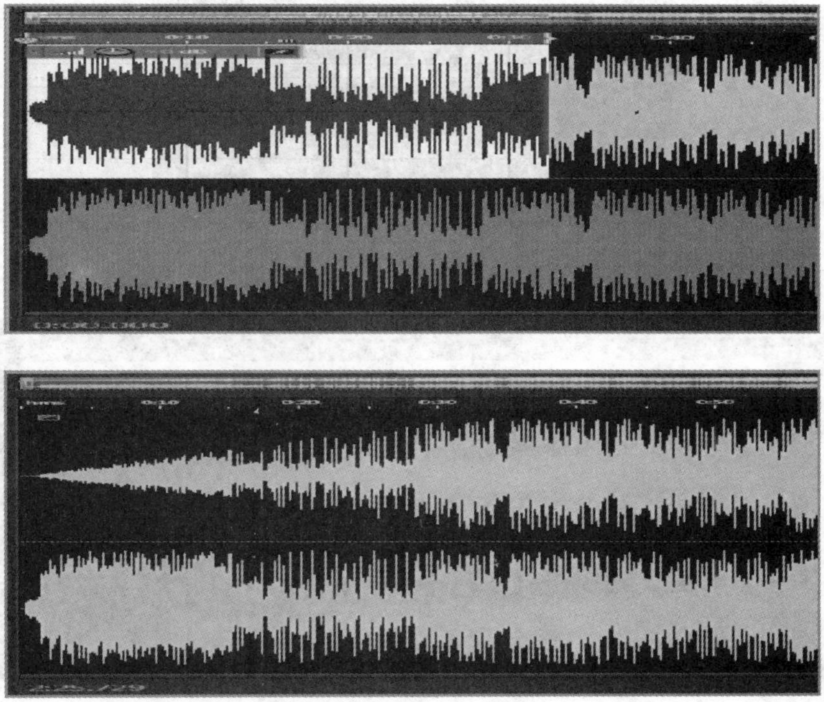

图 6－51　单声道包络处理前后的效果图对比

还可以针对全部声波波段进行编辑处理(见图 6－52 和图 6－54)。

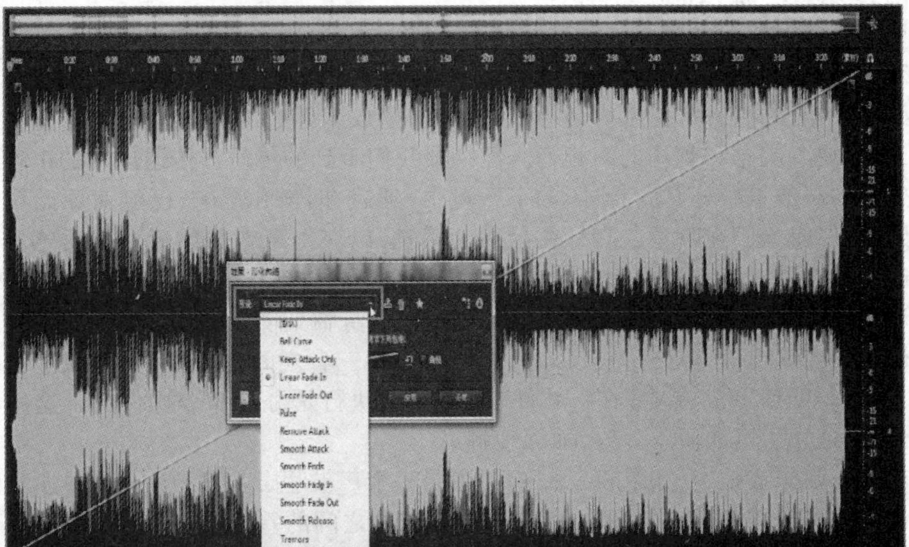

图 6－52　淡化包络的曲线选择项

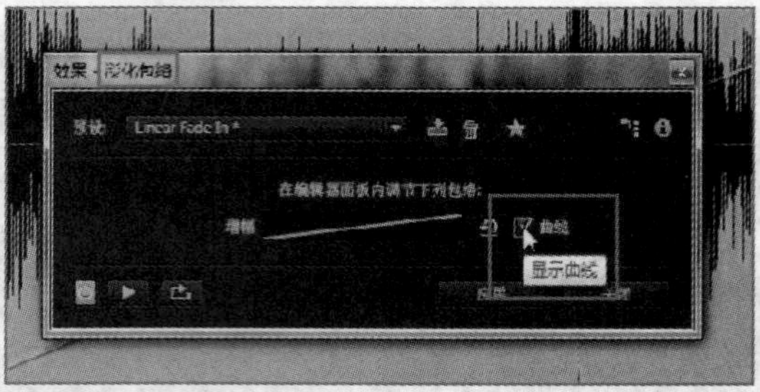

图 6－53　调整包络

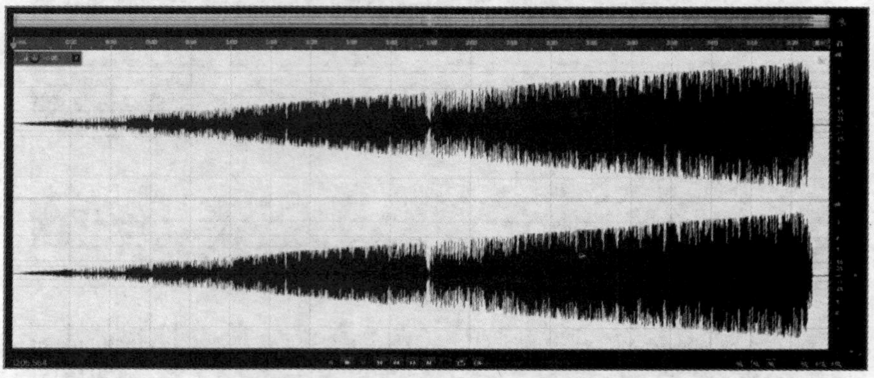

图 6－54　对全部声波波段进行编辑处理

2.3.4　延迟、回声与混响

在音频中加入延迟、回声和混响，实际上就是把环境音（实际作品需要和声音体会上的真实感受）加入正在编辑的声波中。

比如很多时候录音和演唱时是处在一个狭小的空间中，但播放出来的声音效果会有很宏大场景的感觉，这是为什么呢？

其实，所有的声音都是依靠话筒来拾音的，播放未经过编辑处理的声音就如同在耳边一样，缺少韵感和刺耳的高频音。但一般我们听到的传声器传递出来的声音就是经过处理的声波，这是因为在实际数字环境中，延迟、回声和混响，已经对原始声波进行了处理，使得人们在听觉上有种往后靠的感觉，以获得声音的悠远深邃质感。如何取得这样的效果？那就需要事先对声波进行设定不同的效果参数、不同的混响和不同的延迟时间，这样才会听起来有种身处各种空间的身临其境之感。

初学者在编辑处理这三种效果时，往往分不清三者之间的差别，觉得似乎都差不多。“延迟与回声”和“混响”在本软件“效果”中，执行是分开命令操作的。这里放在一起介绍，是为了更加便于区分，加深理解。

在实际制作音频中，如果将三种效果在同一个声波里分别操作一遍，并注意感受从声音质感和声音时间上的区别，就不难发现彼此之间的差异了。

（1）延迟

延迟是与原始声音信号相隔几毫秒的拷贝副本。

在菜单栏“效果”下拉菜单中，点击“延迟与回声”就可以看到“延迟”指令（见图 6－55）。

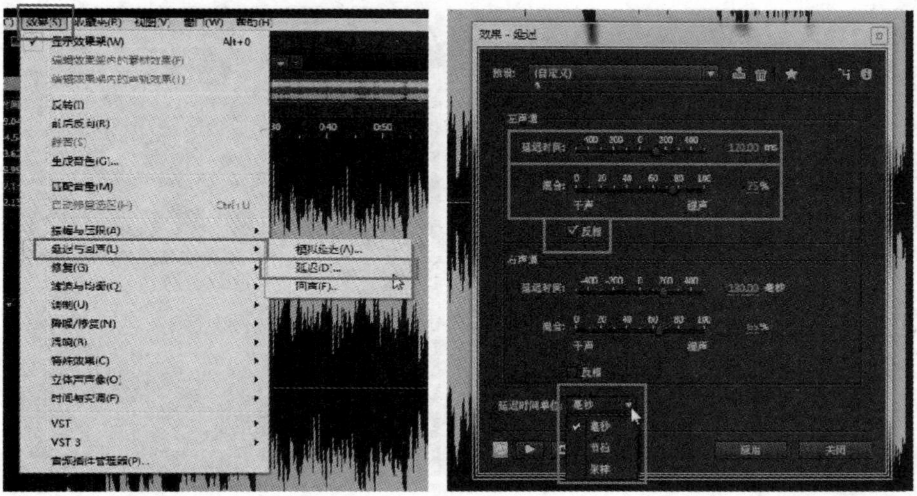

图 6－55　“效果”下拉菜单中显示“延迟”指令

“延迟时间”:是以延迟声产生的时间为参数值,数值为正数的为延迟效果,值数为负数时,被处理后的声音将是比原始声音提前若干毫秒出现,从而与另一个声道形成了延迟效果。

“混合”:是干湿数值比。该参数值控制着原始干声与处理后的湿声的比值。参数越大,原始干声越少,延迟声就越多

、“反相”:是将当前进行处理的音频波形剪辑进行返还,使用它可以得到一些特殊的效果。

“模拟延迟”效果器可以模拟老式的硬件延迟效果音。适用于特性失真和调整立体声扩散。

选择“模拟延迟”,弹出的对话框,有详细的效果设置项(见图 6－56 和图 6－57)。

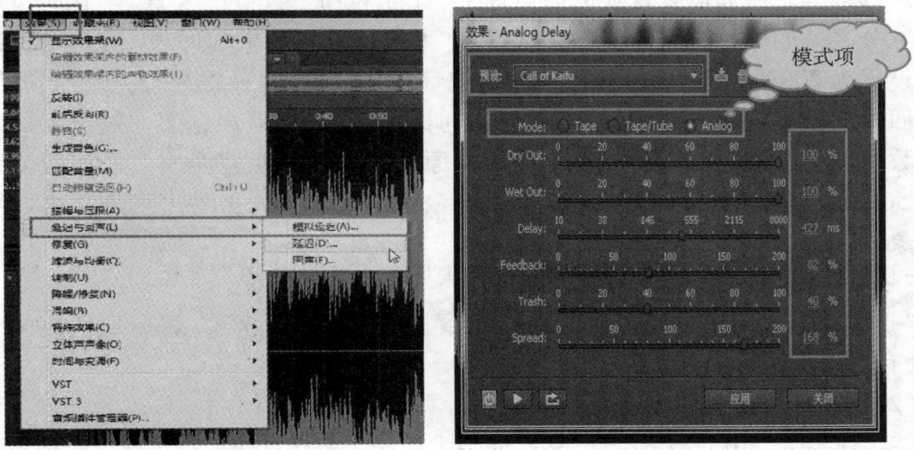

图 6－56　模拟延迟对话框

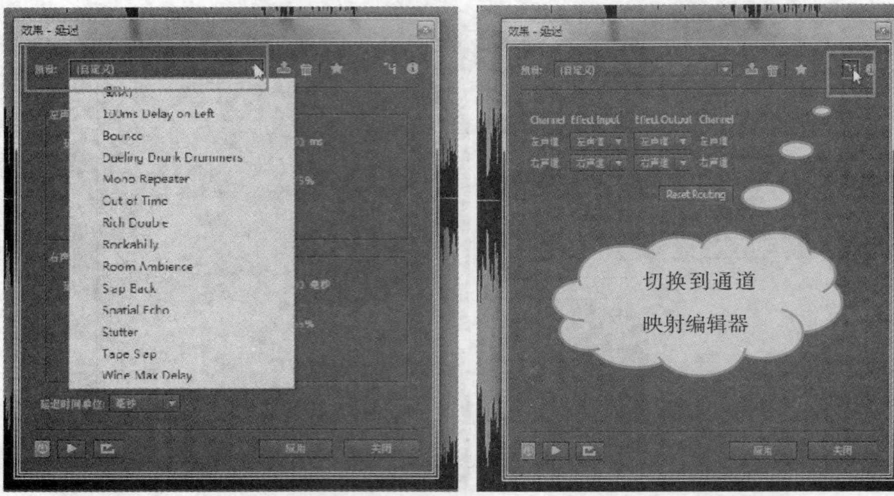

图 6－57　切换通道编辑

“预设”选择中可以直接点击已经设定好均衡和失真特性的数值选项，省略了设置，也可以设置保存新的数值作为参考值，便于操作。

“模式项”：是制定硬件仿真类型。有三个选择，分别是磁带、磁带/电子管、模拟器。

“干输出”：是未经过编辑处理的声波音量，即原始声波。

“湿输出”：是设置正在编辑处理的声波音量。

“延迟长度”：是以毫秒为单位的延迟时间长度设置。普遍设定延迟时间为 35 毫秒，感受最为舒适。如果需要创建更加细微感的效果，那就需要设置为更短的时间。软件默认最低毫秒值为“10”。

“回馈”：重新发送延迟的声波音频，创建重复回声，这是以百分比“%”设置延迟回声效果的。例如需要短促的回声效果，就将“回馈”数值设为 20%，这时可以出现将五分之一的原始声波音量发送延迟，产生很短时间效果的回声。反之，“回馈”数值设置为 200%，则会发送两倍原始声波音量，产生的效果就是较为快速、时间较长的回声。但这种设置一般较少使用，因为数值越大，延迟声越多。过于大的回馈延迟数量，会使其声音效果很混乱，从而将原始声波跌宕至完全失真。当数值设置超过 50% 时，延迟的声波就会覆盖一部分后面的声波时间，极易出现声音被“吞掉”的现象。

“松散”：是增加失真和提高低频，增加声波效果的饱和度。

“扩散”：是决定延迟信号的立体声宽度。“扩散”与“松散”百分比值数同时调制，会有更为立体的声音效果。

（2）回声

结合现实生活中的声音空间感受，体会大到深邃大峡谷和小到小小玻璃杯里的空间声音效果。“回声”与原始音频的间隔时间有较长的重复过程音，可以清晰地分辨出来原始信号和回声信号。

操作时，仍旧需要在菜单栏“效果”下拉菜单中选择“延迟与回声”，点击“回声”命令，弹出对话框进行进一步详细设置（见图6－58）。

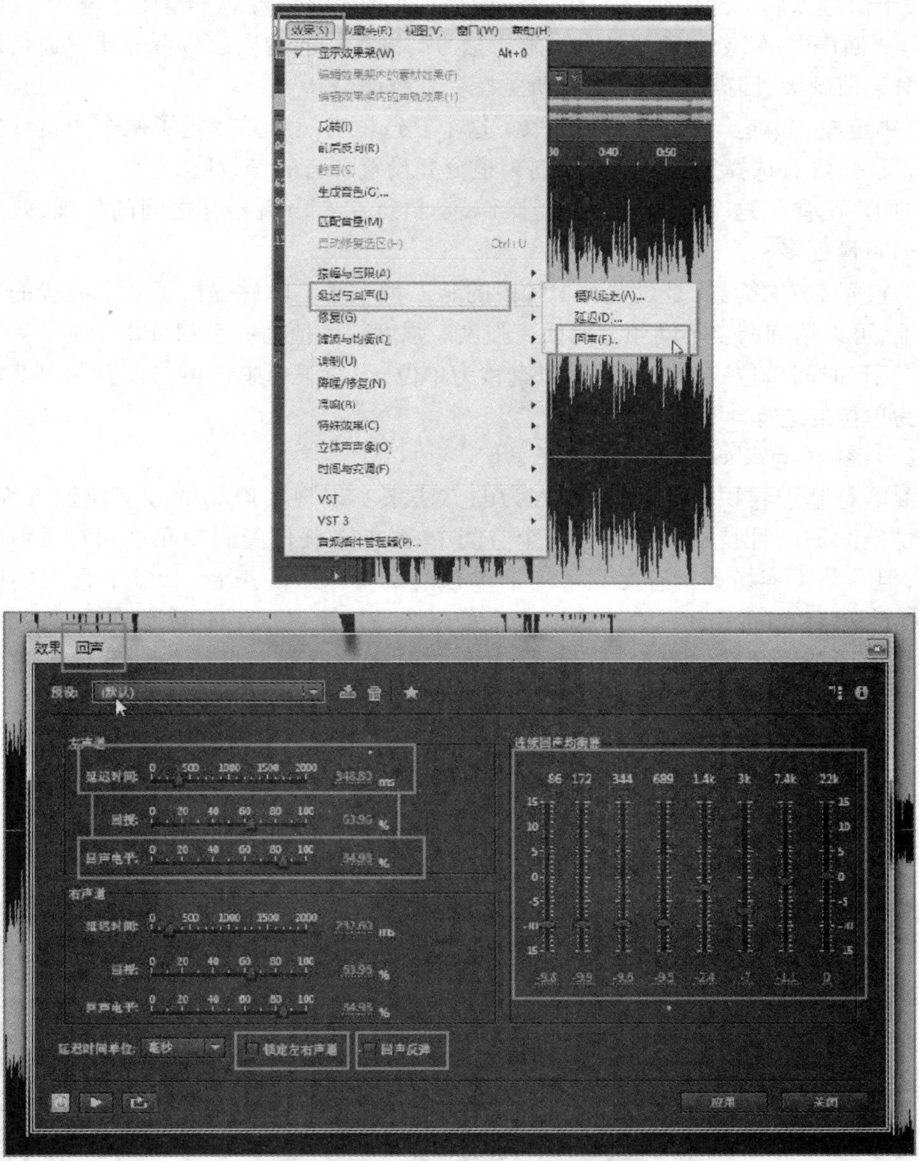

图6－58　回声对话框

“延迟时间”：每个回声之间的延迟时间设置，是以毫秒为单位。

“回授”：设置回声的衰减比例值。因为回声是不断重复又逐渐衰减过程，从音量强度上体现就是逐渐减小，所以“回授”设置的就是后面出现的回声强度必然要比前一个回声强度稍弱一些的比例值。这是以百分比(%)为单位,0%为无回声,100%为恒定回声强度,听觉上就是没有渐弱变化的回声。

“回声电平”的设置,决定了处理后的回声量。业界通常将未处理过的原始信号称为“干信号”,将已经产生回声量的声音信号叫作“湿信号”(同前“干输出”“湿输出”)。“回声电平”专业解释就是设置干信号与湿信号的输出信号百分比。通俗理解即百分比值越大,回声就越多,自然听觉感受就越明显。

“锁定左右声道”:顾名思义,选取了这个复选框自然就是锁定了两个声道设置的参数;反之,没有选择复选框就是左右声道分开设置各自的参数值。

“回声反弹”:这个复选框的选择操作,是执行左右声道相互之间的反弹,效果就是使回声量更多。

“连续回声均衡器”是设置每个频段的延迟量大小。软件提供了8个波段的回声均衡器,可以精细调整不同频率的回声强度。强度范围值为-15~15dB。

“延迟时间单位”:软件默认为以毫秒为单位,下拉菜单中还可以设置为以节拍和采样为单位的选择。

(3)混响(reverberation 简写为 reverb)

混响是基于卷积的处理,采用人为的方法来实现现实声场的数字模拟行为、模拟声学空间的一种技术效果。在一个空间中,声波被任何障碍物几乎同时反弹回耳朵里,但耳朵不容易分辨感受到某一个单独的反弹回来的声音,听觉上最大的感受就是一个具有空间感的环境效果。这就是声波在传播过程中不断地被反弹,收到的多种反弹音被混合在一起。混响就是声音的多次漫反射后形成的一系列华丽的音场效果。

在 Adobe Audition 中,可以使用混响效果模拟各种空间环境。

操作时,点击菜单栏“效果”下拉菜单中的“混响”,可以看到子下拉菜单里有“卷积混响”“完整混响”“混响”“室内混响”“环绕声混响”五个指令。

我们先来看看“混响”弹出的对话框(见图6-59)。

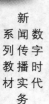

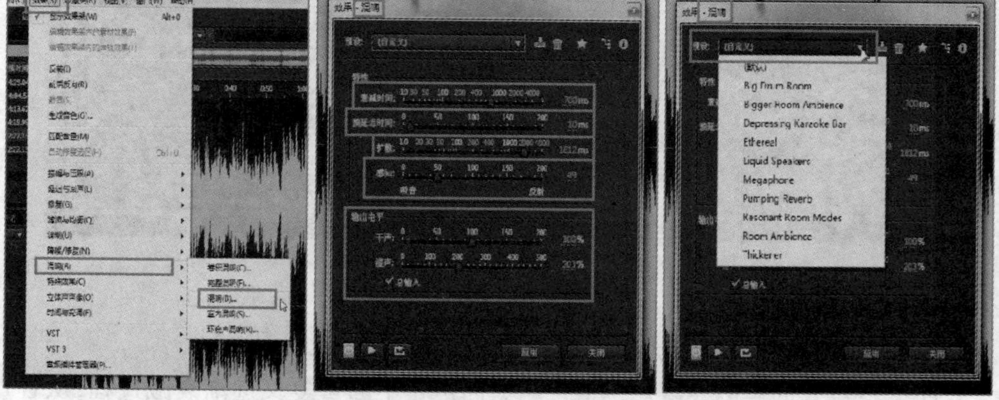

图6-59 混响对话框

"衰减时间":该参数值决定着混响声从产生到衰落至60dB之下所需要的时间,即设置混响音逐渐减少至无限(约96dB)所需的毫秒数。值数越大,所对应的混响空间越大,声音越悠远。如果需要设置为小空间感受的混响效果,则需要将衰减时间数值设定为低于400;如果需要中型空间的感受,就需要将衰减时间调至为400到800之间的数值为宜。高于800的衰减时间值,就是针对一个非常大的空间(例如音乐厅、大教堂)而设定的数值了。数值高于3000,就会营造出罗马竞技场的宏大空间效果。

如果要模拟兼有回声和混响的空间,请先设定回声效果,创建出空间大小,然后调整该声波混响值数,让声音效果更为自然。数值低于300毫秒的衰减时间可以为干声声波增加空间的感知度。

"预延迟时间":这是指直达声到人耳及早期反射声到人耳之间的时间间隔值。编辑操作时,是制定混响形成最大振幅所需要的毫秒数值。对于较短的衰减时间,预延迟时间需要调制为较小值。通常,设置成大约为10%衰减时间数值听觉感受最为真实。过大的预延迟时间值可以造成回声效果。但使用较长的预延迟时间以及较短的衰减时间可以营造出有趣的混响效果。

"扩散":滑块的移动决定着声波混响音的扩散情况。此效果设置是模拟自然吸音,随着混响音的衰减而减少高频振荡。较快的吸收时间可模拟装满了人、地毯和物品的空间效果。例如夜总会和剧场。如果设定为超过1000毫秒的较慢的扩散时间,就可以模拟出大厅中的空间效果,听觉感受中,高频反射会很频繁。总之,越大的扩散值听起来越自然,回声的效果越不明显。但过大的扩散值会严重失真,会生成一些怪异的声音。

"感知":直观我们可以看见两个方向提示,一个是"吸音",一个是"反射"。滑块移动至"吸音"则表示数值往小的方向走,也就表示声音在空间声场中吸音的能力增强;反之则表示空间声场的反射能力增强。其实"感知"就是调整更改空间内的反射特性的设置项。调整"感知"数值,就是调整空间声场声音的反射大小:值越低,创造的混响越平滑,且没有那么多清楚的回声;值越高,模拟的空间越大,在混响振幅中产生的变化越多,并通过随时间创造清楚的反射来增强空间感。

如果"感知"数值设定为100以及2000毫秒或更长的衰减时间,可营造出大峡谷的空间效果。

"干声":该参数控制着未经过混响处理的原始的声音混响量。播放声音时,数值越低的声音,听觉感受声音的混响量就越少。在大多数情况下,设置为90%效果为最好,如果需要增加一些感受较为微小的空间感,就可以设定较高的"干声"信号百分比;如果需要营造一些特殊的空间效果,就将"干声"信号百分比设定为较低值。

"湿声":这与"干声"是相对应的。"干声"是设置混响输入的百分比值,"湿声"是设置混响输出的百分比值。"湿声"的参数调整值,反映的就是经过混响处理过的声音混响量,"湿声"的值数越高,听觉上的混响感受就越强。如需要添加一些细微变化感受的空间感,就要将“湿声”百分比值设定为低于“干声”信号百分比值数。

“总输入”先合并立体声或环绕声波形的声道,再进行处理。选择此选项可使处理速度更快,但取消选择可实现更丰满的音质和更丰富效果的混响。

(4)“卷积混响”

“卷积混响”效果可重现各种空间。基于卷积的混响使用脉冲文件模拟声学空间,效果还原度感受非常真实。其操作见图6-60。

> 脉冲文件的源包括自己录制的环境空间的音频在网络上提供的脉冲集合。为获得最佳结果,脉冲文件应解压缩成与当前音频文件的采样率匹配的16或32位文件。脉冲长度不应超过30秒。对于声波编辑,可以尝试使用各种的源音频来制作生成一些独特的基于卷积的效果。

需要提示的是,由于卷积混响需要大量处理,在较慢的系统上预览时可能会听到咔嗒声或破爆音。在应用效果之后,这些失真会消失。

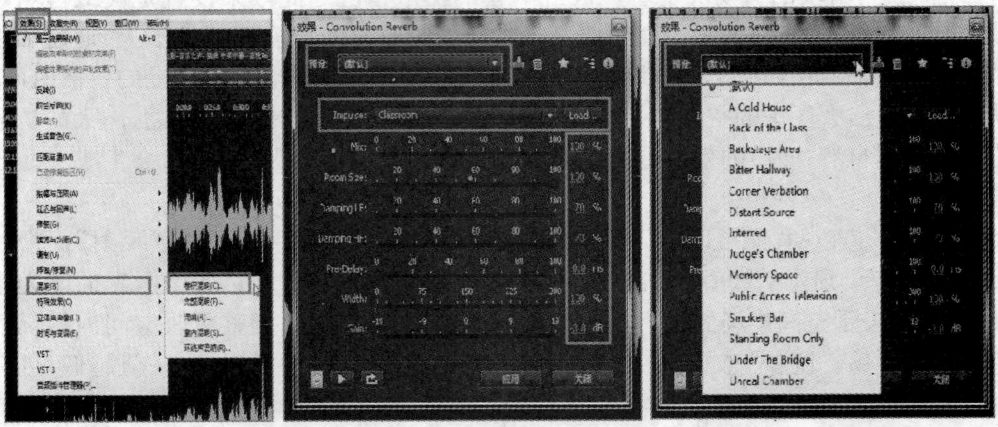

图6-60 “卷积混响”操作对话框

“脉冲”:指定模拟声学空间的文件。软件已设置好的一些数据模式选择,可单击“加载”以添加WAV或AIFF格式的自定义脉冲文件。

“混合”:控制原始声音与混响声音的比率。

“空间大小”:指定由脉冲文件定义的完整空间的百分比。百分比越大,混响时间越长。

“阻尼低频”:减少混响中的低频重低音分量,避免模糊并产生更清晰的声音。

“阻尼高频”:减少混响中的高频瞬时分量,避免刺耳声音并产生更温暖、更生动的声音。

阻尼(英语:damping)是指任何振动系统在振动中由于外界作用或系统本身固有的原因引起的振动幅度逐渐下降的特性,以及此一特性的量化表征。在电学中,是响应时间的意思。

“预延迟”:确定混响形成最大振幅所需的毫秒数。要产生最自然的声音,请指定0~10毫秒的短预延迟。要产生有趣的特殊效果,请指定50或更多毫秒的长预延迟。

“宽度”:控制立体声扩展。设置为0将生成单声道混响信号。

“增益”:在处理之后增强或减弱振幅。

(5)“完全混响”

完全混响是提供了一些特殊的选项便于设置调整(见图6-61)。例如“感知”(模拟空间不规则)、“左/右声道位置”(偏离中心放置音源)以及“空间大小和尺寸”(可以逼真地模拟并自定义空间)。要模拟墙表面和共振,可以在“音染”部分中使用三频段参数EQ来更改混响的频率吸收。“完全混响”效果基于卷积,从而可避免鸣响、金属声和其他声音失真。

更改混响设置时,此效果将创建临时的脉冲文件,模拟指定的声学环境。此文件的大小可能是几兆字节,需要几秒钟进行处理,因此操作者可能需要稍候才能听到预览。但是,结果将难以置信地真实且很容易修改。

需要说明的是,完全混响效果需要大量处理时,对于实时多轨应用,应对此效果进行预渲染或将其替换为“室内混响”。

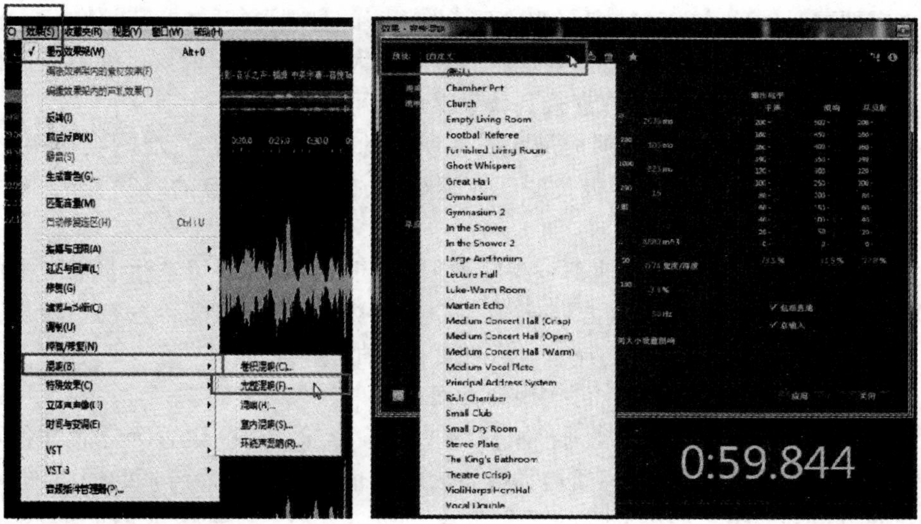

图6-61 “完全混响”操作对话框

在菜单栏“效果”下拉菜单“混响”子菜单里点击“完整混响”(见图6-62)。弹出的对话框中分为三个板块可以调整设置:预设、混响设置、输出电平。

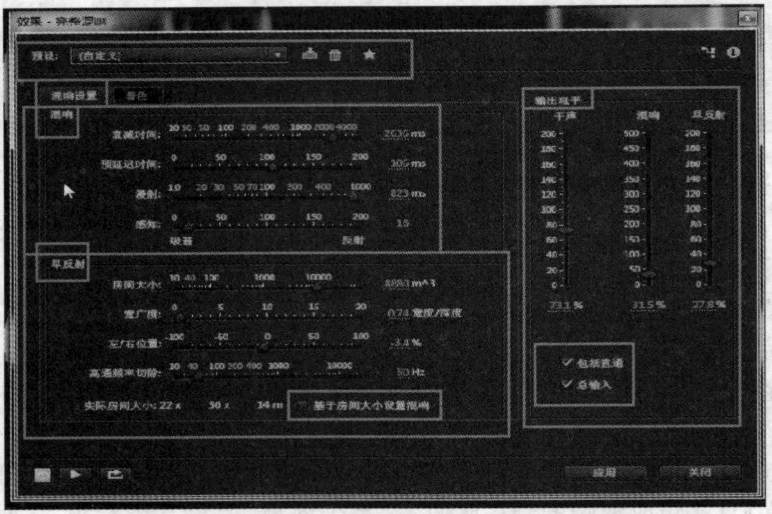

图 6-62 “完全混响”操作界面

“预设”依然是已有的一些模式选择，可依据自己的喜好与需要，运用、添加和删除。

“混响设置”中也分为三个板块：混响、早反射、基于房间大小设置混响。

首先来看看第一个板块：“混响”。

“衰减时间”：指定混响衰减 60dB 需要的毫秒数。但是，根据“着色”参数，某些频率可能需要更长时间才能衰减到 60dB，而其他频率的衰减可能快得多。值越大，混响尾音的时间就越长，但也需要更多处理。有效限制大约是 6000 毫秒(6 秒尾音)，但实际生成的拖尾要长得多，以允许衰减到背景噪声电平中。

“预延迟时间”：指定混响形成最大振幅所需的毫秒数。通常，混响会很快形成，然后以很慢的速率衰减。使用极长的预延迟(400 毫秒或更长)的时间，听到有趣的效果。

“漫射”：控制回声形成的速率。高漫射值(大于 900 毫秒)可产生非常平滑的混响，而没有很清晰的回声。较低的漫射值会产生较为清晰的回声，因为初始回声密度较轻，但密度会在混响拖出来的尾音的存在期内增加。

使用低漫射值和高漫射值，可实现弹性回声效果。

“感知”：模拟环境中的不规则(物体、墙壁、连通空间等)。设置为低感知值可产生平滑衰减的混响，且没有任何褶边。设置为较高值可产生更为清晰的回声，并且是来自不同方位的回声。如果混响过于平滑，会有听觉上的不自然感受。感知数值设定为最大 40 左右，可以模拟典型空间变化。

利用长混响拖音，使用低漫射值和稍低的“感知”值，可产生足球场或类似运动场的效果。

再来看看第二个部分板块：“早反射”。

“空间大小”:设置虚拟空间的体积,以立方米为单位测量。空间越大,混响时间越长。使用此控件可创建从仅仅几平方米到巨大体育场的虚拟空间。

“宽广度”:指定空间的宽度(从左到右)和深度(从前到后)之间的比率。将计算声音上适当的高度并在对话框的底部报告为“实际空间尺寸”。通常,宽度与深度的比率在0.25到4之间的空间可提供最佳声音混响。

“左/右位置”:此设置仅限立体声音频。可以让声音偏离中心放置早期反射。在“输出电平”部分中选中“包括直通”,以将原始信号放置在相同位置。对于稍微偏离中心5%~10%到左声道或右声道的歌手,可实现非常好的效果。

“高通切除”:防止低频(100Hz或更低)声音(如低音或鼓声)的损失。当使用小空间时,如果早期反射与原始信号混合,这些声音可能逐渐停止。指定一个频率,高于该频率的声音将保持。良好的设置通常在80Hz和150Hz之间。如果切断设置过高,可能无法获得空间大小的真实声像。

“根据空间大小设置混响”:此复选框是设置衰减和预延迟时间以匹配指定的空间大小,从而产生更有说服力的混响。声波编辑的需要,可以选择这个复选框后再微调衰减和预延迟时间。

第三板块是“输出电平”设置(见图6-63)。

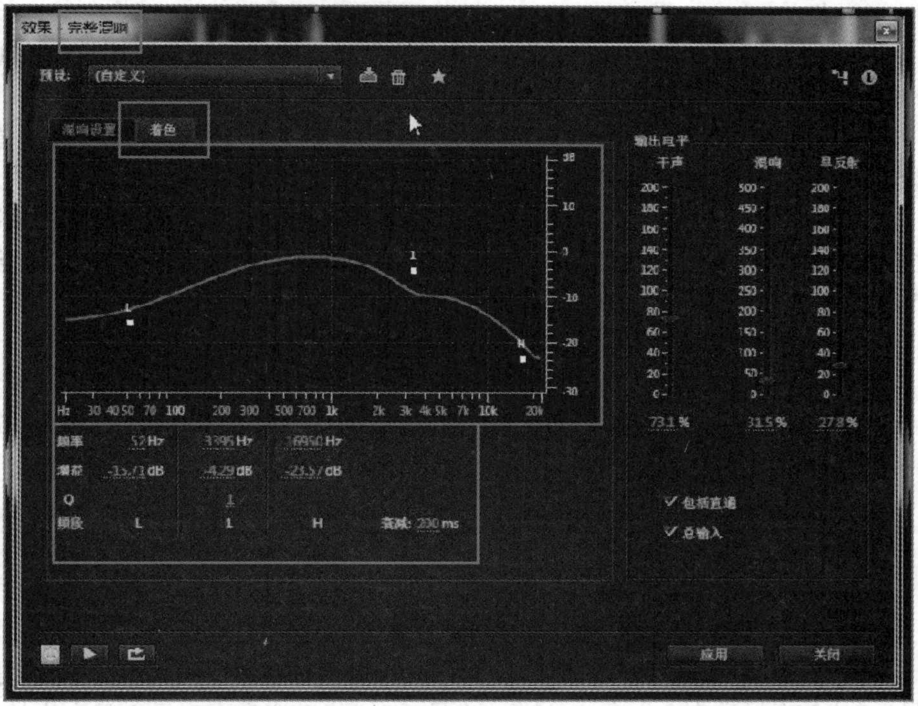

图6-63 输出电平设置

“干声”:这是控制混响包含的原始信号的电平数值。使用低电平可创建出远处声音的效果,使用高电平(接近100%)以及低电平的混响和反射可创造与音源的邻近感。

"混响":是调整控制混响声音密集层的电平。干声与混响声音之间的平衡可更改对距离的感知度。

"早反射":这个电平滑块的移动可以控制声波到达耳朵的前几个回声的电平,营造的是整体空间大小的感觉。过高的早反射值会导致声音失真,而过低的早反射值会失去表示空间大小的声音信号。一半音量的干信号是良好的起始点。

"包括直通"复选框,是对原始信号的左右声道进行轻微相移,以匹配早反射的位置(通过"早反射"选项卡上的"左/右位置"设置)。

"总输入":先合并立体声或环绕声波形的声道,再进行处理。选择此选项可使编辑进度加快,取消选择可实现更为丰富满意的混响效果。

"着色"板块中的数值设置,主要是以可见方式调整"着色"的选项,可视框中的线条可以直接拖动便于操作编辑。

"频率":指定下限和上限的转角频率或中间频段的中心频率。例如,要增加混响饱和度,可以将频率上限降低,同时减少其增益数值。

"增益":在不同频率范围中增强或减弱混响。

要轻微增强音频,可以微度提升关键声音元素自然频率周围的混响频率。例如,当处理编辑演唱者的声音时,就可以将频率从 200Hz 提升到 800Hz,以增强人声声波范围内的共振。

"Q":(Q:宽度与中心频率的比值)。此设置是设定中间频段的宽度。Q 值越高,影响的频率范围越窄;Q 值越低,影响的频率范围就越宽。

如果想听到感受到很清晰的声波共振,就需要调整 Q 值,使用 10 或更高的值;要提升或切断大范围频率,就要调整 Q 值为 2 或 3 来完成。

"衰减":指定在应用"着色"曲线之前混响衰减的毫秒数。不超过 700 的衰减值听觉感受效果较为舒适。要获得更有"着色"效果的混响,就需要将衰减值调至 100 到 250 之间。

(6)"室内混响"

与其他混响效果一样,"室内混响"效果可模拟声学空间。但是,相对于其他混响效果,它的速度更快,占用的处理器资源也更低,因为它不是基于卷积(见图 6－64 和图 6－65)。

对话框里分为两个部分。

一是"特性"。

"空间大小":空间大小数值的设置。

"衰减":调整混响衰减量(以毫秒为单位)。

"早反射":控制先到达耳朵的回声的百分比,提供对整体空间大小的感觉。过高的"早反射"值会导致声音失真,而过低的"早反射"值又会失去表示空间大小的声音信号。故设定为一半音量的原始信号数值为最佳。

"立体声宽度":控制立体声声道之间的扩展。0% 产生单声道混响信号;100% 产生最大立体声分离度。

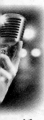

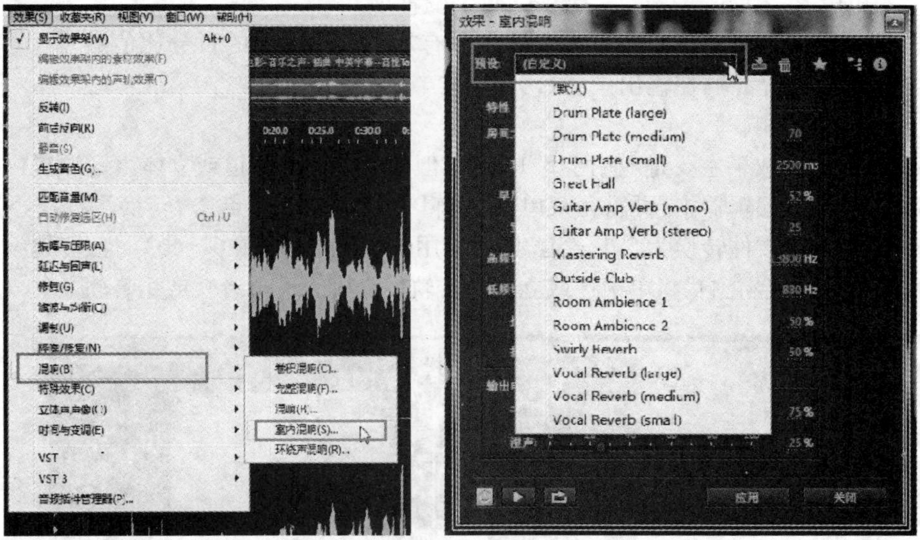

图 6－64 “室内混响”菜单

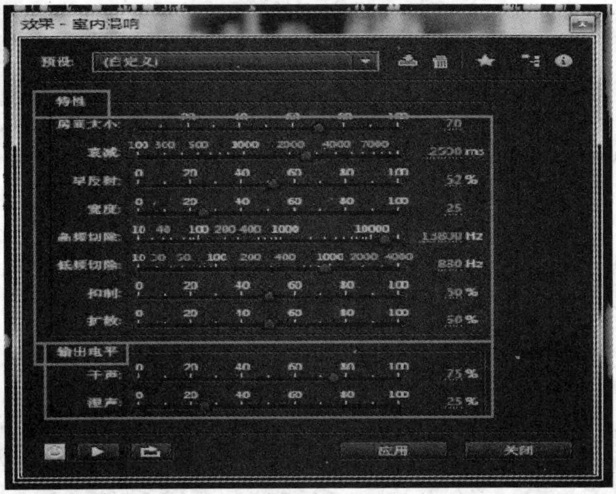

图 6－65 “室内混响”特性及输出电平设置

“高频切除”:这是指定可以进行混响的最高频率值。

“低频切除”:与“高频切除”相对应,是指定可以进行混响的最低频率值。

“抑制”:调整随时间应用于高频混响信号的衰减量。较高百分比值可制造出更高的抑制量,营造听觉中的饱和混响音调。

“扩散”:模拟混响信号在地毯和挂帘等软织物表面上反射时的吸收音。设置的数值越低,创造的回声就越多;设置的数值越高,产生的混响就感觉越平滑,且回声越少。

二是“输出电平”。

"输出电平"中有"干声"与"湿声"两个设置项。

"干声":设置未编辑的源声波音频在含有效果的输出中的百分比值数。

"湿声":设置混响在输出中的百分比。

(7)"环绕混响"

环绕混响的效果主要是应用于5.1音源,但也可以为单声道或立体声音源提供环绕声环境。在波形编辑器中,可以在菜单栏"编辑"下拉菜单中,点击"转换采样类型",将单声道或立体声文件转换为5.1声道,然后应用环绕混响(见图6-66)。在多轨编辑器中,可以使用"环绕混响"将单声道或立体声音轨发送到5.1总音轨或主音轨。

图6-66　在编辑下拉菜单中选择"环绕混响"

对话框的"输入"选项里可以看到对"中心"和"LFE"的设置(见图6-67)。此效果设定始终是输入100%的左、右和后环绕声道。

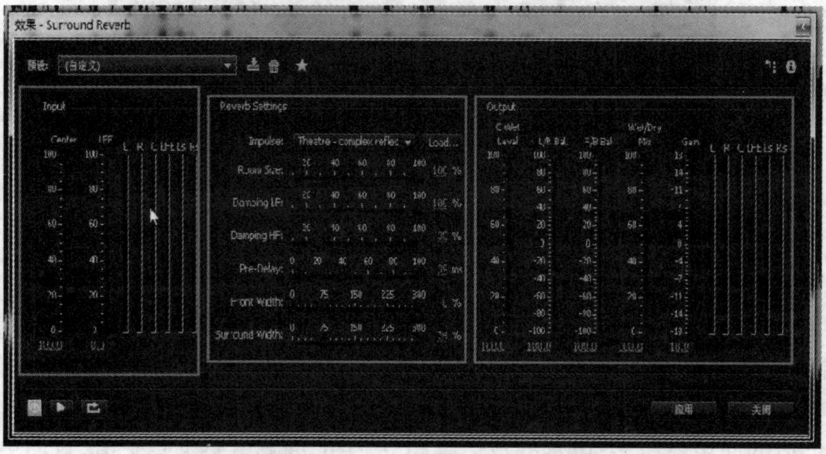

图6-67　在对话框"输入"选项设置"中心"和"LFE"

“中心”是确定编辑处理后的声波信号中所包含的中置声道的百分比值，并对此进行调整设置。

“LFE”：“LFE”本身是不混响的。此设定是确定用于触发其他声道混响的低频增强声道的百分比值。

“混响设置”板块里的“脉冲”，软件已设置好的模拟空间的数值选项。可依据自己的喜好与需要，在这些模拟声学空间的文件中增加或者删减。单击“加载”以添加WAV或AIFF格式的自定义6声道脉冲文件。

“空间大小”：指定由脉冲文件定义的完整空间的百分比。百分比越大，混响时间越长。

“阻尼低频”：减少混响中的低频重低音分量，避免模糊并产生更清晰的声音。

“阻尼高频”：减少混响中的高频瞬时分量，避免刺耳声音并产生更温暖、更生动的声音。

“预延迟”：确定混响形成最大振幅所需的毫秒数。要编辑营造最自然的声音，就要指定0~10毫秒的短预延迟时间。如果需要编辑营造出一些特殊效果音，就需要设定为50或更多毫秒的长预延迟时间。

“前宽度”：控制前三个声道之间的立体声扩展。宽度值设置为0将生成单声道混响信号。

“环绕宽度”：控制后环绕声道（Ls和Rs）之间的立体声扩展。

“输出”部分，设定了对声波的信号增益效果。

“C湿信号电平”：控制添加到中置声道的混响量。因为此声道通常包含对话，所以，需要将混响的数值设定为更低。

“L/R平衡”：控制前后扬声器的左右平衡。设置为100仅对左声道输出混响，设置为-100仅对右声道输出混响。

“F/B平衡”：控制左右扬声器的前后平衡。设置为100仅对前声道输出混响，设置为-100仅对后声道输出混响。

“湿/干混合”：控制原始声音与混响声音的比率。设置为100将仅输出混响。

“增益”：是声波在编辑处理之后增强或减弱振幅的调整选择项。

在多轨操作界面，即“多轨合成”界面中，执行“混响”命令与“波形编辑”基本相同（见图6-68）。因此，操作者可以在多轨编辑器中快速有效地进行实时更改，无须对音轨预渲染效果。

2.3.5　滤波与均衡

“滤波与均衡”即滤波器和均衡器。

顾名思义，“滤波器”就是对声波过滤的机器，是一种狭义局限描述为对运动起伏的声波随着时间取值的过程。一句话总结就是在计算机数字化处理环境中对声波的持续时间信号转换为离散时间信号的过程。其实，通俗地理解，“滤波器”的功能就是一个闸口，闸口内的一部分频率的声波信号能够顺利通行，但有一部分频率的声波信号就被阻挡在闸口之外，实质上就是一个选频电路。

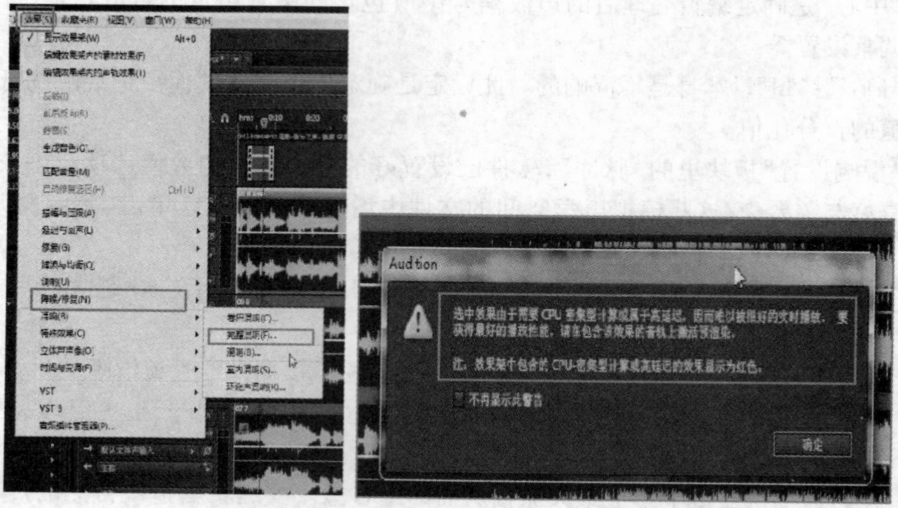

图 6－68　多轨合成界面

滤波器中，把能通过的声音信号频率范围叫作通频带或者通带。反之，没有能通过的声波频率信号会受到很大的衰减或者完全被抑制，被称为阻带。通频带和阻带之间的分界频率称为截止频率。理想滤波器在通频带内的电压增益为常数，在阻带内的电压增益为零。实际滤波器的通频带和阻带之间存在一定的频率范围的过滤带。

（1）“FFT 滤波”

“FFT 滤波器”代表“快速傅立叶变换”，是一种用于快速分析频率和振幅的算法。

点击菜单栏“效果”下拉菜单中的“滤波与均衡”，在子菜单中选中“FFT 滤波”命令并执行（见图 6－69 和图 6－70）。

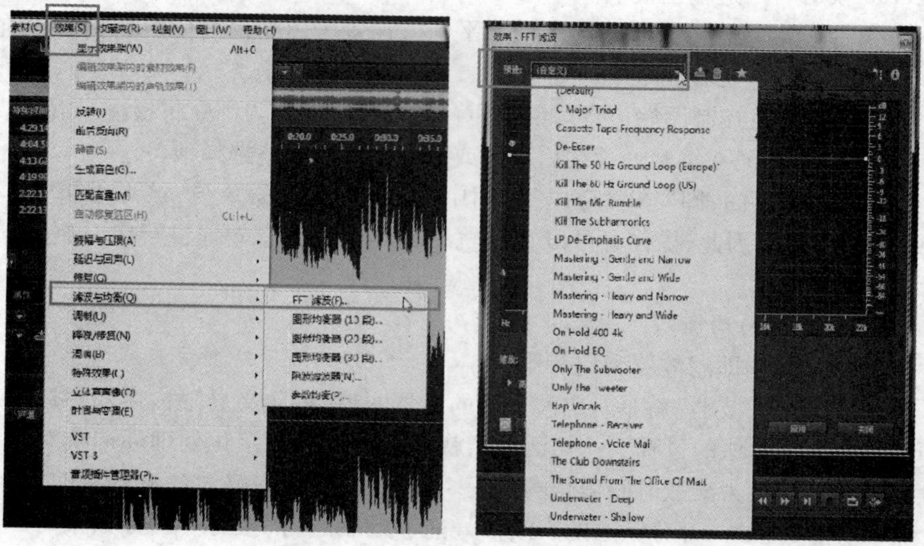

图 6－69　在“均衡与滤波”项中选“FFT 滤波”命令

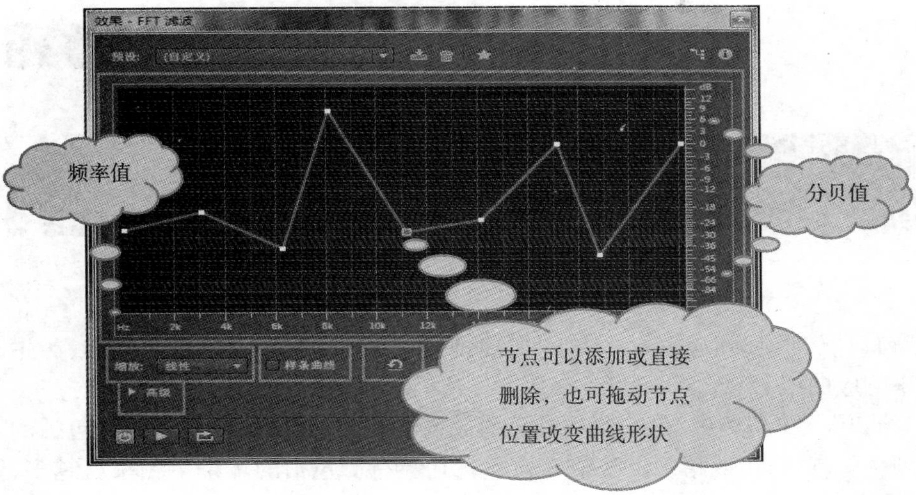

图 6－70　FFT 滤波界面

“预设”中,下拉菜单中的列表是软件已经设置好的效果参数,操作者可以根据需要和喜好直接选取使用,也可以删除和添加常用效果数值。

此效果可以产生宽高或低通滤波器(用于保持高频或低频)、窄带通滤波器(用于模拟电话铃声)或陷波滤波器(用于消除小的精确频段)。

“缩放”:设置纵坐标的刻度单位。默认为“对数”选项,可选有“线性”选项。如果是需要对低频进行微调控制设置时,就选择“对数”选项,因为对数比例可以更加真实地模拟出人耳听觉感受度。要是对于具有平均频率间隔的详细高频作业,复选框中选取“线性”。

“样条曲线”:这个复选框是用来设置曲线类型。选取“样条曲线”,就表示在控制点之间创建更平滑的曲线过渡,不是更突变的线性过渡。未选取则代表曲线有直角和拐点的(见图 6－71)。

图 6－71 右方的图标为“重设”。是将曲线图形恢复为默认状态,移除滤波。

图 6－71　缩放操作

“高级”选项,单击三角形以访问下列设置(见图 6－72):

“FFT 大小”:指定“快速傅立叶变换”的大小,确定频率和时间精度之间的权衡。对于陡峭的精确频率滤波器,需要选取较高的数值。要减少带打击节奏的音频中的瞬时扭曲,就选择较低数值。1024 到 8192 之间的参数适用于大多数声波素材。总之,“FFT”数值越高,精确度越高,反之则越低。

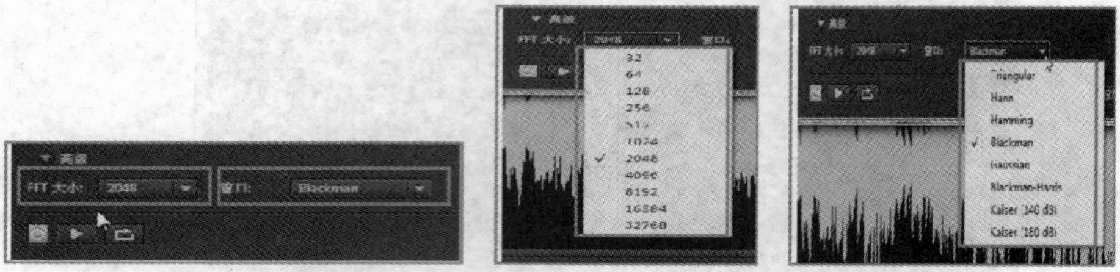

图 6－72　高级选项

“窗口”(加窗函数):确定的是“快速傅立叶变换”形状,每个选项都会产生不同的频率响应曲线。

“窗口”下拉菜单中,是按照从最窄到最宽的顺序列出的。功能越窄,包括的环绕声或频率就越少,不能精确反映中心频率;功能越宽,包括的环绕声频率就越多,能更精确地反映中心频率。“Hamming”(汉明函数)和“Blackman”(布拉克曼函数)选项能提供卓越的总体效果。

(2)“陷波滤波器”

在“效果”下拉菜单“滤波与均衡”中,点击“陷波滤波器”,弹出“效果-陷波滤波器”对话框(见图 6－73)。

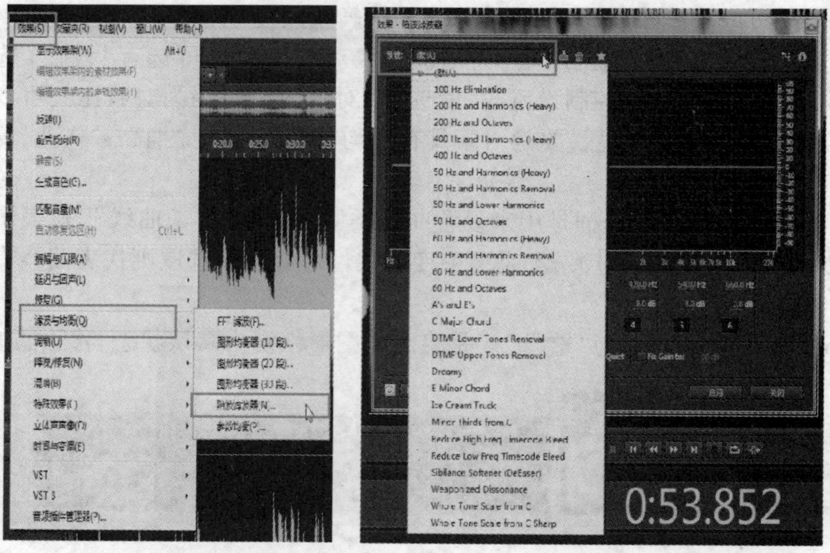

图 6－73　在“效果”下拉菜单中选“陷波滤波器”对话框

首先选项是“预设”,列出了软件自带的设置参数列表以供选择(见图 6－74)。

“陷波滤波器”效果可以为正在编辑的声波添加最多 6 个不同频率的陷波器(见图 6－75)。分别可以设定为 6 个不同衰减值。操作此效果,可以删除非常窄的频段,比如 60Hz 的杂音,同时还能将所有周围的频率保持原状。

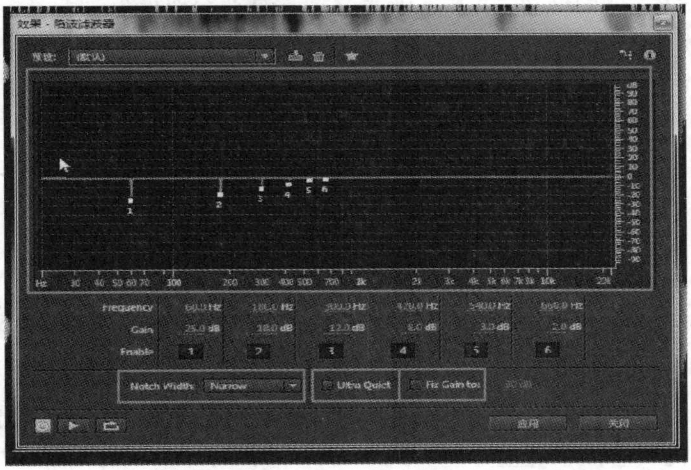

图 6－74　陷波滤波器界面

“频率”：指定每个陷波的中心频率。

“增益”：指定每个陷波的振幅。

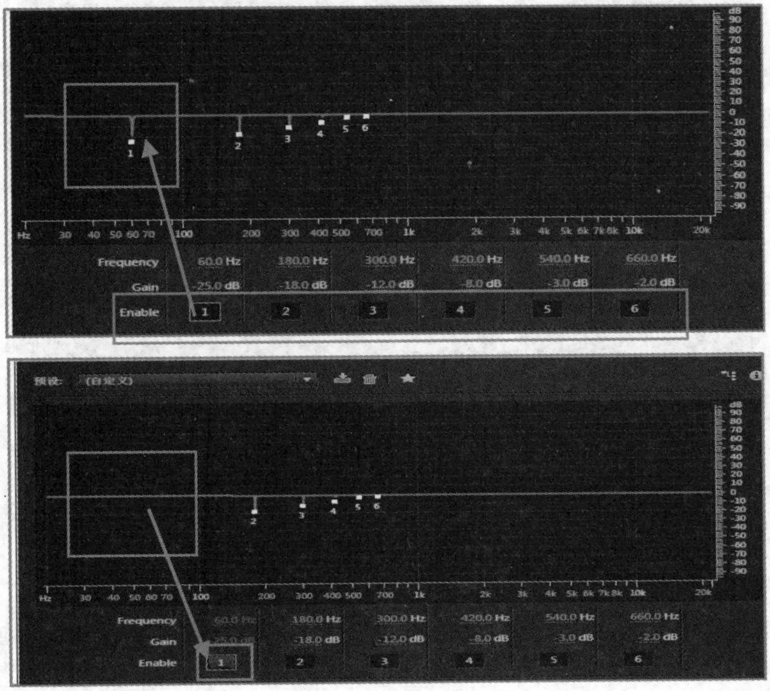

图 6－75　为编辑的声波添加不同的频率

“启用”：针对每一个陷波频率值，设置直接使用和不使用启动键。

“陷波宽度”：确定所有陷波的频率范围。三个选项的范围从“窄”（针对二阶滤波器，可删除一些相邻频率）到“超窄”（非常具体地针对六阶滤波器）（见图 6－76）。

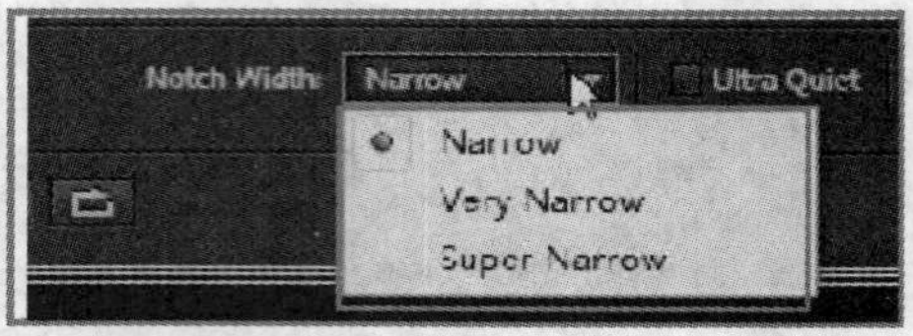

图 6－76　设置陷波宽度

通常对于“窄”设置使用不超过 30dB 的衰减，对于“非常窄”设置为 60dB，而对于“超窄”则设置为 90dB。较大的衰减可能会删除范围广泛的邻近频率。

“超静音”：几乎可消除噪声和失真，但需要多次编辑处理才能实现（见图 6－77）。这里需要说明的是，人耳是无法借用一般传声器听到勾选此复选框后出来的效果，只有通过高端耳机和监控系统上才能听到。

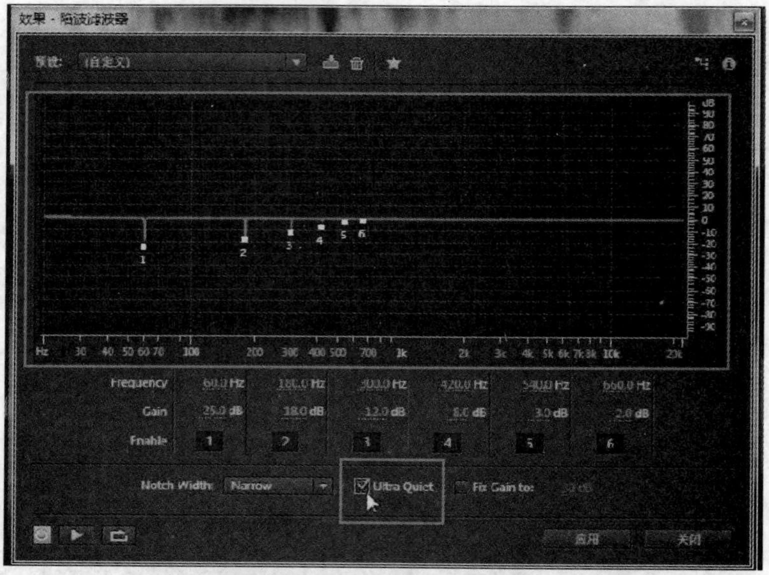

图 6－77　设置超静音

“修正增益”：此复选框是确定衰减固定陷波，即是具有同样的陷波衰减还是单独的衰减级别（见图 6－78）。

（3）“图形均衡器”

软件自带了 3 种图形均衡器，分别为“10 段图形均衡器”“20 段图形均衡器”“30 段图形均衡器”。“图形均衡器”的效果是可以增强或者消减特定频段并直观生成的 EQ 曲线。“图形均衡器”可以预设频段进行快速简洁的均衡操作（见图 6－79）。

如何简易地隔开这 3 个频段呢？可以依据间隔时间来区分。如一个八度音阶，这是 10 个频段。二分之一八度音阶为 20 个频段。三分之一八度音阶就是 30 个频段（见图 6－80）。

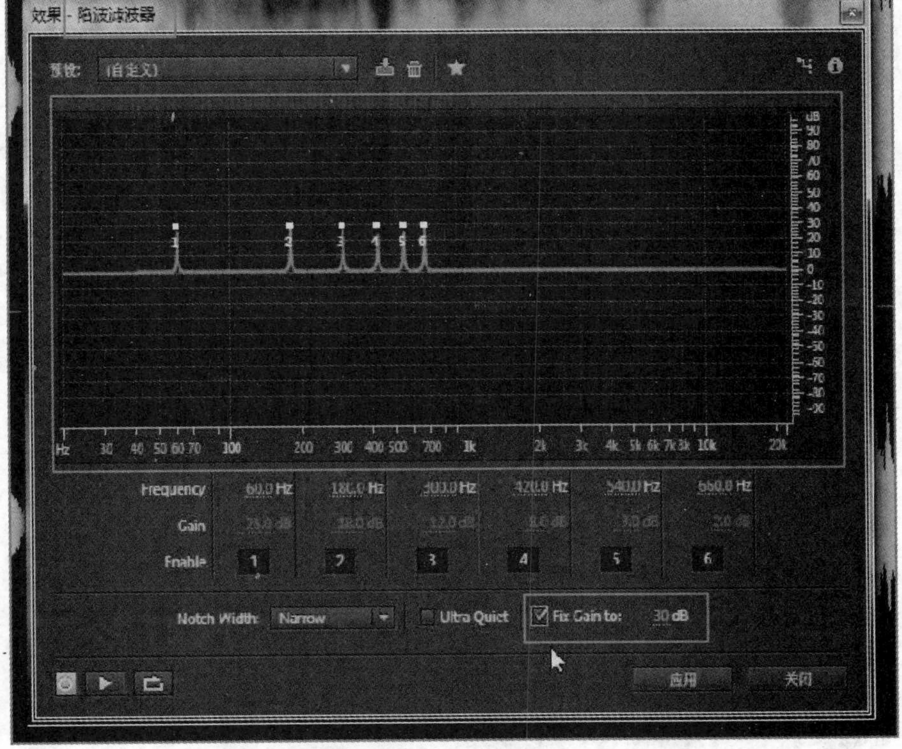

图 6－78　“修正增益”选项

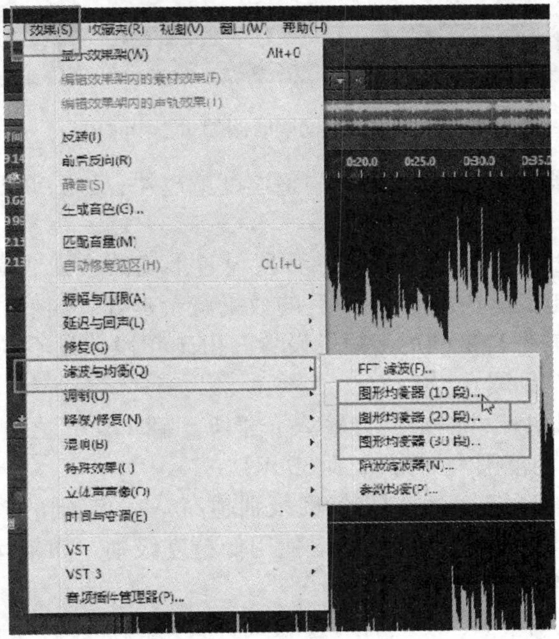

图 6－79　从“效果”下拉菜单中选择“图形均衡器”复选框

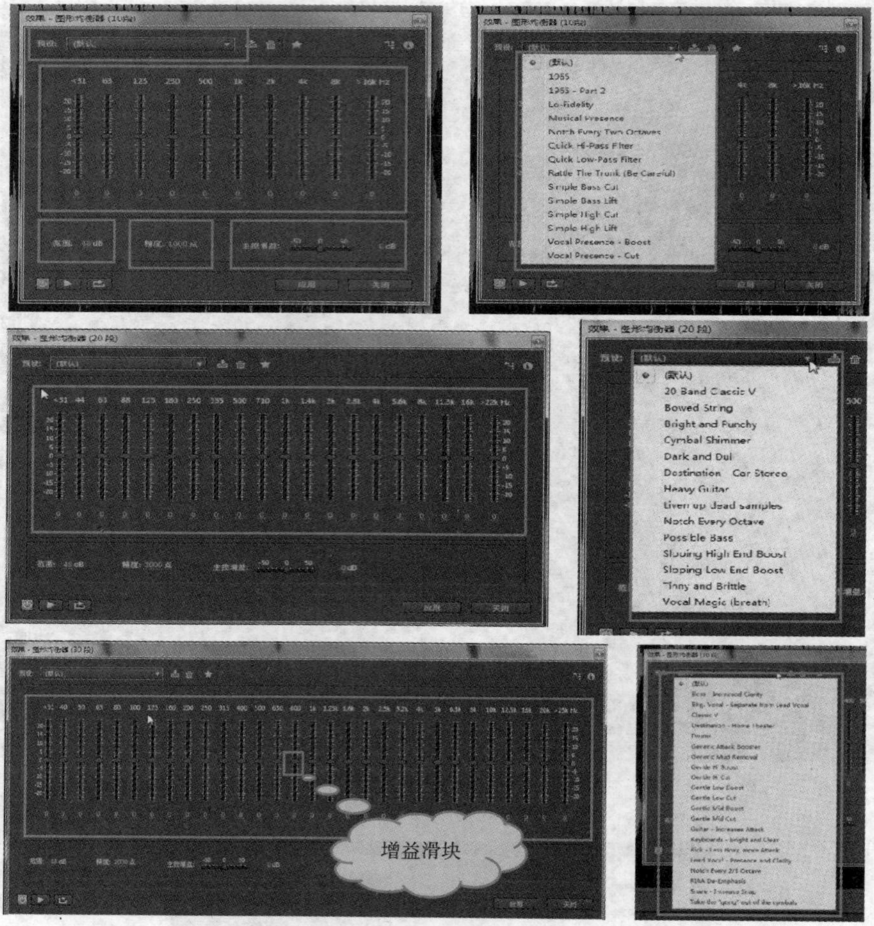

图 6－80　依据间隔时间编辑三个频段

但是图形均衡器的频段越少，编辑调整速度就越快；反之，频段越多，速度虽慢精度越高。

界面中的“增益滑块”是为了选定的频段设置准确的增强或减弱值，是以分贝为测量单位的。频段越多滑块越多，均衡后的效果就会越好。当然，最快速的方式就是可以选择“预设”中软件自带的均衡频段设置。由于频段数量不同，“预设”中的列表里，效果也各有不同（见图 6－81）。

“范围”：定义滑块控件的范围。输入介于 1.5 到 120dB 之间的任意值（相比之下，标准硬件均衡器的范围大约为 12 到 30dB）。

“精度”：设置均衡的精度级别。精度级别越高，在低范围的频率响应越好，但需要更多处理时间。如果仅均衡高频，可以使用低精度级别。如果均衡极低频率，请将“精度”设置为位于 500 到 5000 点之间。

“主控增益”：在调整 EQ 设置后对过软或过大声的整体音量进行补偿。默认值 0dB 表示没有主增益调整。

图 6－81　设置范围、精度和主控增益

(4)“参数均衡”

由于“图形均衡器”是 FIR(有限脉冲响应)滤波器。与“参数均衡器”之类的 IIR(无限脉冲响应)滤波器相比,FIR 滤波器能更好地保持相位精度,但频率精度略微降低。所以,尽管“图形均衡器”具备多达 30 个频段的选择,但还是数量有限,无法实现频率值的自由设定。于是“参数均衡器”就起到了很好的弥补作用(见图 6－82 和图 6－83)。

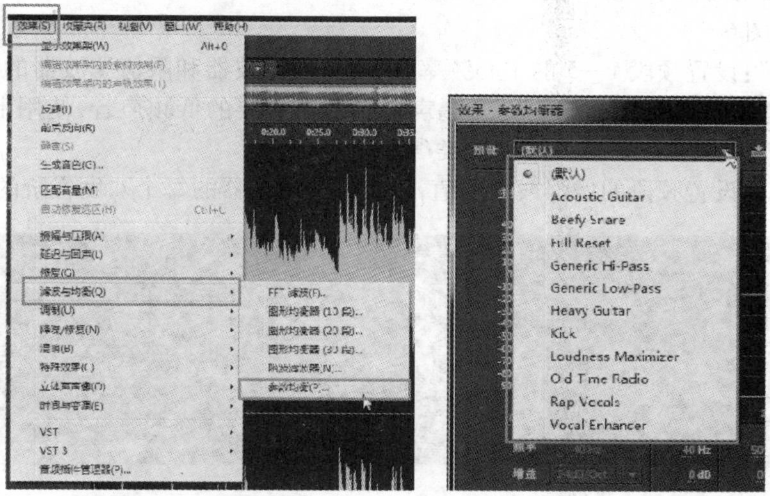

图 6－82　从“效果”下拉菜单中选“参数均衡器”

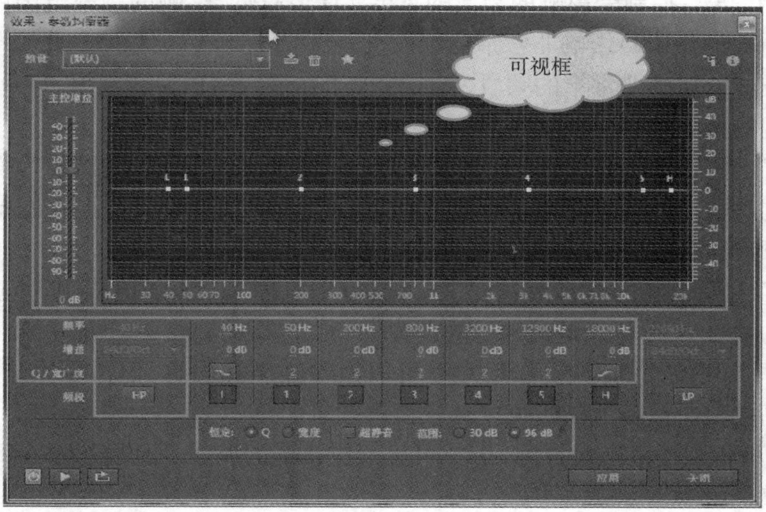

图 6－83　参数均衡界面

可视框内：沿水平标尺（x 轴）显示频率，沿垂直标尺（y 轴）显示振幅。图形中的频率范围从最低到最高为对数形式（用八度音阶均匀隔开）。

“参数均衡器”效果提供了对音调均衡的最大控制。与提供固定数量的频率和 Q 频段宽度的“图形均衡器”不同，“参数均衡器”提供对频率、Q 和增益设置的完全控制。例如，编辑声波时可以同时降低一个小范围的以 1000Hz 为中心的频率、提升以 80Hz 为中心的宽低频率限制，并插入 60Hz 陷波滤波器。

“参数均衡器”使用二阶 IIR（无限脉冲响应）滤波器，速度非常快，并且可提供非常准确的频率分辨率，可以精确地增强 40 至 45Hz 范围内的频率。

“主控增益”：在调整 EQ 设置后对过大或过软的整体音量进行补偿。

在参数均衡器中识别带通和限值滤波器：A. 高通和低通滤波器 B. 上限率和下限滤波器（见图 6－84）。

“频率”：设置频段 1—5 的中心频率，以及带通滤波器和限值滤波器的转角频率。使用下限滤波器减少低端隆隆声、嗡嗡声或其他不想要的低频声音，使用上限滤波器减少嘶嘶声、放大器噪声以及诸如此类声音。

“增益”：设置频段的增强或减弱值，以及低通滤波器的每个八度音阶的斜率。

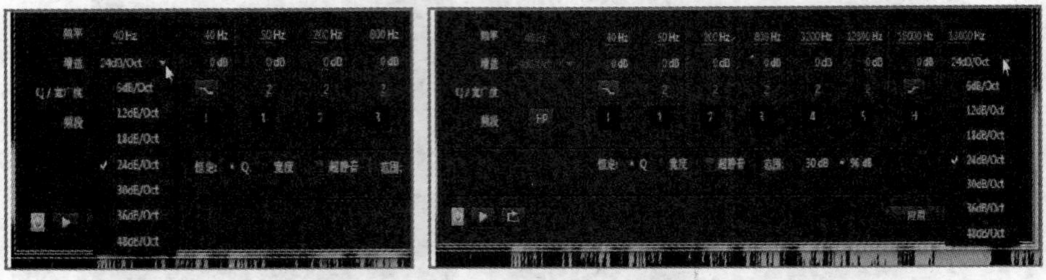

图 6－84　在参数均衡器中设置带通和限值滤波器

“Q/宽广度”：控制受影响的频段的宽度。Q 值越低，影响的频率范围越大。非常高的 Q 值（接近于 100）影响非常窄的频段，适合用于去除特定频率（如 60Hz 嗡嗡声）的陷波滤波器。增强非常窄的频段，音频倾向于在该频率振铃或共振。1～10 的 Q 值最适合常规均衡。

“频段”：最多可启用五个中间频段，以及高通、低通和限值滤波器，为操作者提供非常精确的均衡曲线控制。单击频段按钮可激活上述相应设置。要在图形上直观调整启用的频段，可直接拖动相关的控制点。

“恒定”的两个复选框，分别是：“Q”和“恒定宽度”。以 Q 值或绝对宽度值（Hz）描述频段的宽度。恒定 Q 是最常见的设置。

复选框“超静音”的勾选，作用几乎可以消除噪声和失真，但需要操作更多处理，并且只有高端监听设备才能听见此选项设置效果。

“范围”：将图形范围设置为 30dB 可进行更精确的调整，而设置为 96dB 可进行更极端的调整（见图 6－85）。

对话框内的曲线就是参量均衡的曲线，附着在上面的白点就是调节点，最多有 7

个。其中两个为搁架点，是固定的非隐藏。调整曲线数值，可以直接使用鼠标操作，用左键上下或者左右拖动白色的调节点，来改变频率和增益的数值大小，也可通过调节响应参数值来改变调整。

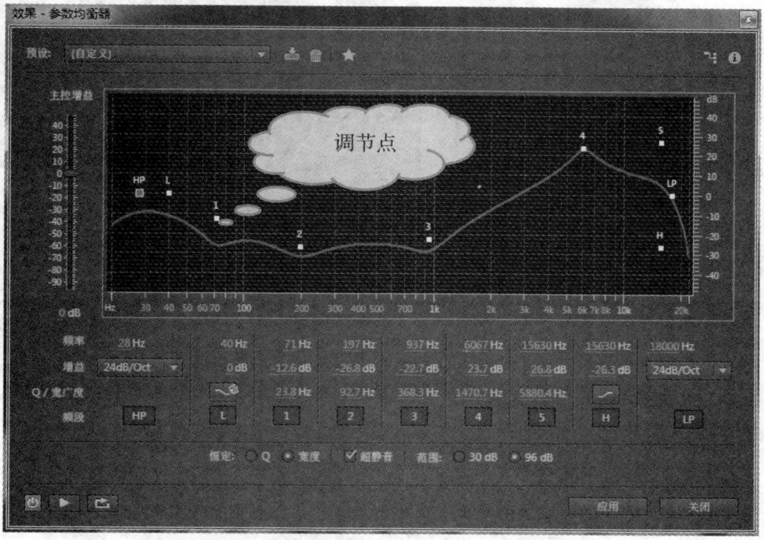

图 6－85　参量均衡曲线及调节点

2.3.6　降噪/修复

“降噪”效果器是仅限于波形编辑界面操作，并且是具有一定破坏力的效果处理功能。

在录音时，往往会由于环境和硬件本身的因素，给录制的声波裹夹了一些不需要的噪声，使得声音信号没有那么纯粹那么干净。“降噪效果器”可以在一定程度上削减一些噪声成分，但仅仅依靠软件的这项处理技术是无法彻底消除噪声的。如果需要高品质效果的音效，必须首先在开始录音的时候就对环境有一定的要求，在设备上例如拾音器等器件的使用，也多采用质量高的产品，从而保障录音时的品质要求。

从菜单栏“设备”下拉菜单中，选取“降噪/修复”，依据需要完成指令（见图 6－86）。

先捕捉当前声波的噪声样本，也就是从选定的范围提取仅指示背景噪声的噪声配置文件。软件将搜集有关背景噪声的统计信息，便于编辑时可以从波形的其余部分中将其去除。如图 6－87 所示，如果选定范围过短，“采集噪声样本”将被禁用。请减小“FFT 大小”或选择更长的噪声范围。如果找不到更长的范围，请复制并粘贴当前选定范围，以创建一个长范围。操作步骤是在菜单栏“编辑”下拉菜单中选“删除”命令删除粘贴的噪声。

“采集噪声样本”：点击后就会出现噪声波形。“保存”是将噪声样本另存为 .fft 文件，其中包含有关样本类型、FFT（快速傅立叶变换）大小和三组 FFT 系数（一组表示找到的最低噪声量，一组表示最高量，一组表示平均值）的信息。“加载噪声样本”是打开任何之前用软件保存的 FFT 格式的噪声样本。但是，只能将噪声样本应用到相

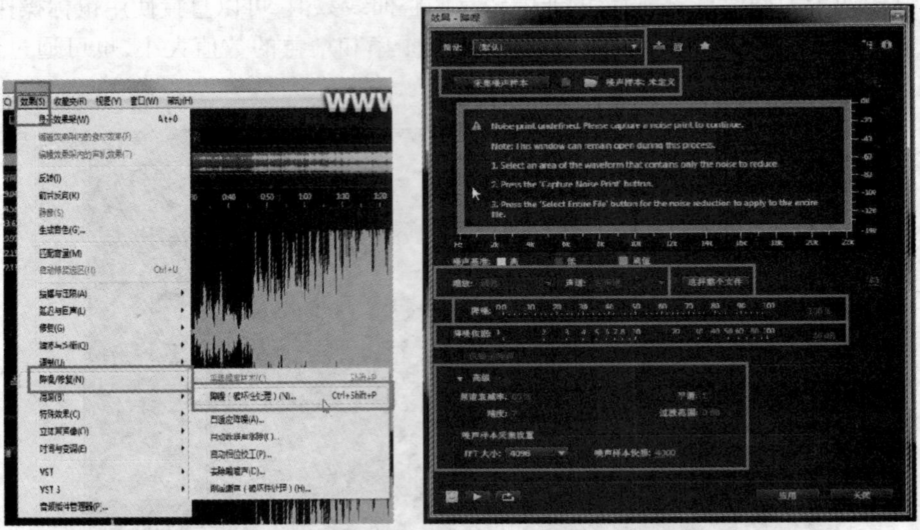

图 6－86　从“效果”下拉菜单中选“降噪修复”命令

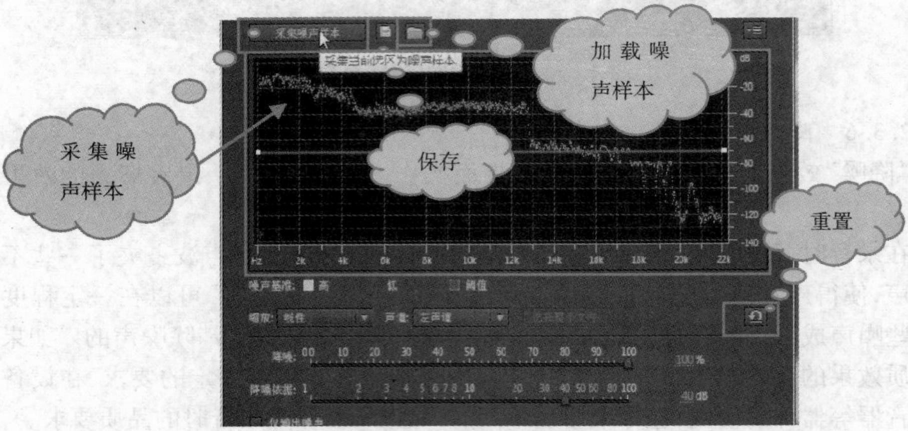

图 6－87　采集噪声样本

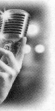

同的采样类型。例如不能将 22kHz 单声道配置文件应用到 44kHz 立体声采样声波中。值得一提的是，由于噪声样本非常特定，一种类型的噪声样本并不适用于其他类型。但是，如果定期删除相似噪声，保存的配置文件可以大大提高效率。

如果单击“重置”按钮，使控制曲线变平，降噪量将完全基于噪声样本（见图 6－88）。

“图形框”：沿 x 轴（水平）描述频率，沿 y 轴（垂直）描述降噪量。中间的控制曲线设置不同频率范围内的降噪量。如仅需在高频中降噪，就将控制曲线向图形右下方调整。

这里需要更好地将注意力集中在噪声基准上，可以直接点击菜单按钮，然后取消

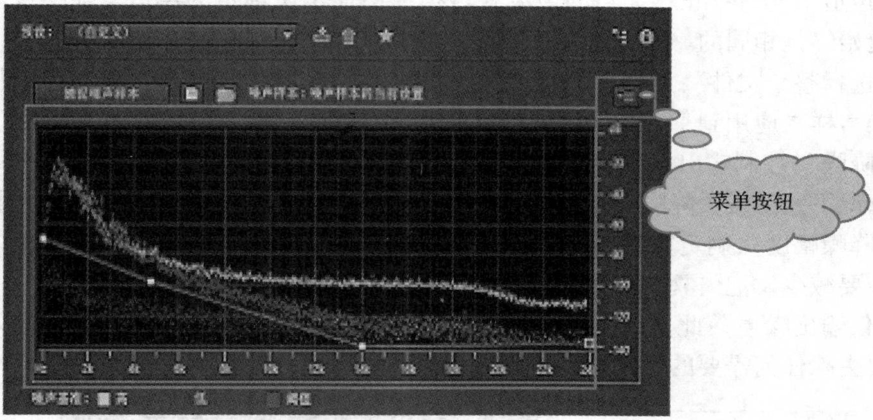

图 6－88　设置频率范围不同的降噪量

选中“显示控制曲线”和“在曲线图上显示工具提示”(见图 6－89)。

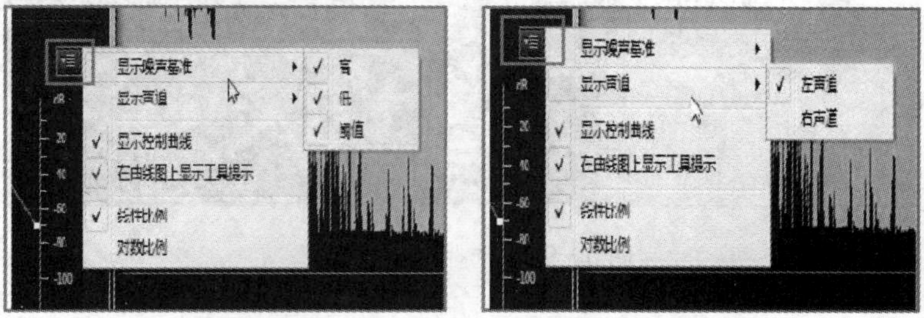

图 6－89　选择“显示噪声基准”

“噪声基准”:“高”表示在每个频率检测到的噪声的最高振幅;“低”表示最低振幅。“阈值”表示特定振幅,低于该振幅将进行降噪。

其实,噪声基准的三个元素可以在图表中重叠。想要更好地分辨,就需要点击“菜单按钮”,然后从“显示噪声基准”菜单中选择相关选项(见图 6－90)。

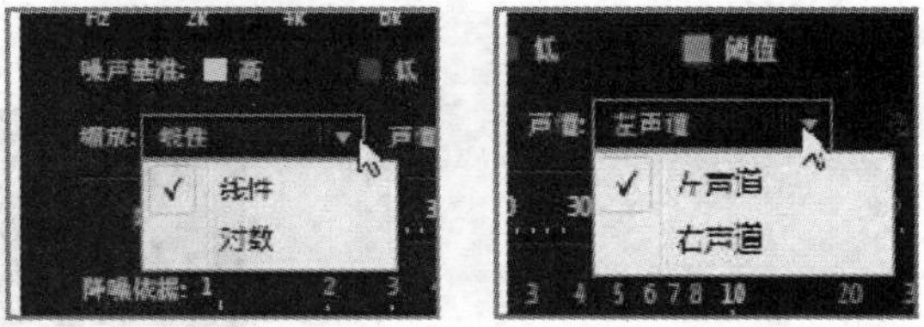

图 6－90　从噪声基准中选择相关选项

“缩放”:确定如何沿水平 x 轴排列频率。

如果要对低频进行微调控制,就选择“对数”。选择对数比例的好处就是,可以更加真实地模拟出人耳听到的声音感受。如果是具有平均频率间隔的详细高频操作,那么就点击选取“线性”选项。

“声道”:是选择正在编辑的声波在可视框中显示所选定的声道。降噪量对于所有声道始终是相同的。

“选择整个文件”:点击后,被选择的声波会立刻出现颜色反转,告知已经将此捕捉的噪声样本应用到了整个文件中(见图 6-91 和图 6-92)。

“降噪”:控制输出信号中的降噪百分比。在预览音频时微调此设置,以在最小失真的情况下获得最大降噪。过高的降噪操作,有时会导致声音听起来被镶边或异相。

“降噪幅度”:确定检测到的噪声的降低幅度。介于 6 到 30dB 之间的数值效果为最佳。要减少发泡失真的话,就要输入较低数值。

“仅输出噪声”:此复选框仅仅是用来预览噪声声波的。便于确定设定的效果是否需要去除任何需要的音频。

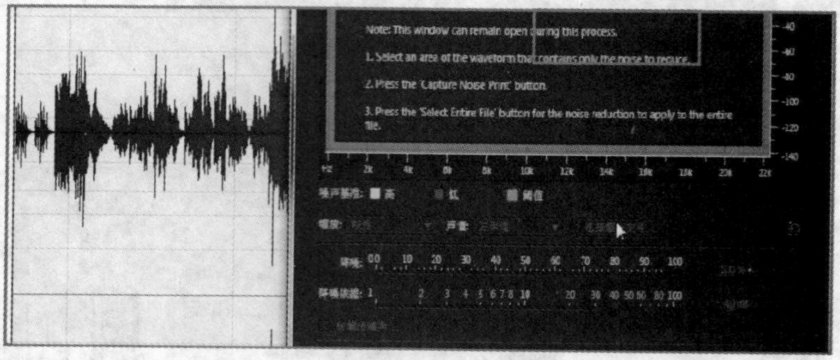

图 6-91　选择“整个文件”

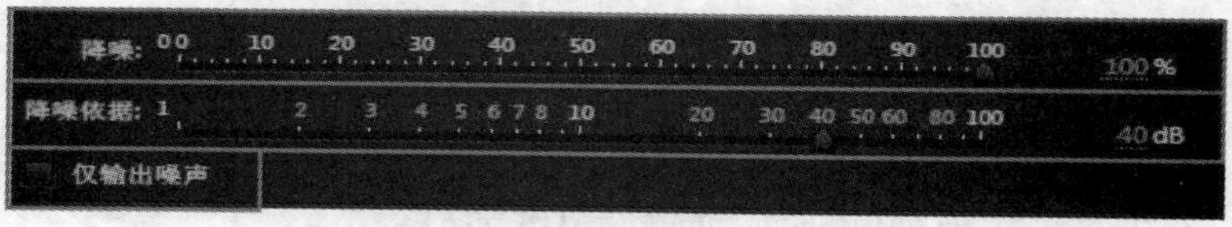

图 6-92　选择降噪和降噪幅度

在“高级”:选项中,有“频谱衰减率”、“平滑”、“精度”和“过渡范围”四个设置项(见图 6-93)。

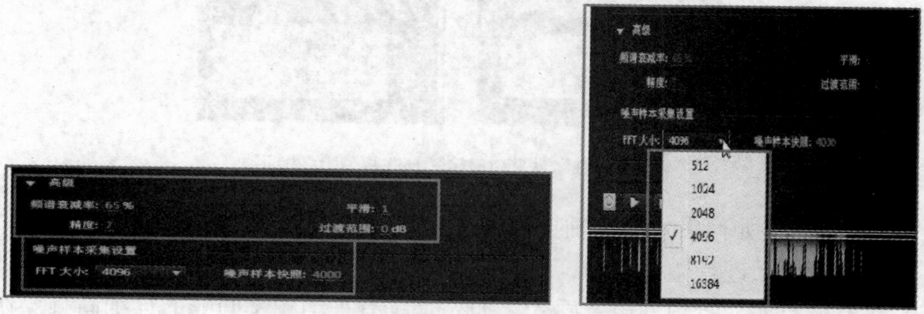

图 6-93　高级选项

“频谱衰减率”:这是指定当声波音频低于噪声基准时处理的频率的百分比。微调百分比数值,可以实现更大程度的降噪而降低失真的效果。一般 40% ~75% 的值数为最好。低于这些值,极易造成声音失真;过高时,又会保留那些过度的噪声。

“平滑”:评析每个频段内噪声信号的变化。分析后变化非常大的频段,例如白噪又,将以不同于恒定频段(60Hz 嗡嗡声)的方式进行平滑。通常,提高平滑量(最高为 2 左右)可减少发泡背景失真,但代价是增加整体背景宽频噪声。

“精度”:控制振幅变化。数值设定为 5 ~ 10 效果最好,奇数适合于对称处理。数值等于或小于 3 时,将在大型块中执行快速傅立叶变换,在这些块之间可能会出现音量下降或峰值。数值超过 10,就不会产生任何明显的品质变化,但会增加处理时间。

“过渡范围”:确定噪声和所需音频之间的振幅范围。数值为零的振幅范围,会将锐利的噪声门应用到每个频段。高于阈值的音频将保留,低于阈值的音频将截断为静音。也可以指定一个范围,处于该范围内的音频将根据输入电平消隐至静音。例如,如果过渡范围宽度为 10dB,频段的噪声电平为 60dB,则 60dB 的音频保持不变,62dB 的音频略微减少,70dB 的音频完全去除。

“FFT 大小”:确定分析的单个频段的数量。此选项会引起最激烈的品质变化。每个频段的噪声都会单独处理,因此频段越多,用于去除噪声的频率细节越精细。最好的设置范围值是 4096 个采样点到 8192 个采样点。

快速傅立叶变换的大小决定了频率精度与时间精度之间的权衡。较高数值的 FFT 可能导致哗哗声或回响失真,但可以非常精确地去除噪声频率;较低数值的 FFT 可获得更好的时间响应,但频率分辨率可能较低,而产生空的或镶边的声音。

“噪声样本快照”:确定捕捉的配置文件中包含的噪声快照数量。其中的数值为 4000 最适合生成准确数据。

非常小的值对不同的降噪级别的影响很大。快照较多时,100 数值的降噪级别可剪掉更多噪声,但也会剪掉更多原始声音信号。然而,当快照较多时,低降噪级别也会剪掉更多噪声,但可能保留住预期声音信号。

(1)“自适应降噪”

自适应降噪可以快速地去除变化的宽频噪音、背景音(见图 6-94)。例如乱哄哄的闹市区、呼呼的风声等。由于此效果具有编辑效果实时显现的作用,可以将其与“效果组”中的其他效果合并,并在“多轨编辑器”中应用。相反,标准“降噪”效果只能作为脱机处理在“波形编辑器”中使用。但是,在去除恒定噪声(如嘶嘶声或嗡嗡声)时,这种处理会显现最佳作用效果(见图 6-95)。如果使用此效果,并在大量处理时,电脑系统性能较低时,请一定要减小“FFT 大小”并关闭“高品质模式”。

“降噪依据”:确定降噪的级别。介于 6 到 30dB 之间的值效果很好。

“噪声量”:表示包含噪声的原始音频的百分比。

“微调噪声基准”:将噪声基准手动调整到自动计算的噪声基准之上或之下。

“信号阈值”:将所需音频的阈值手动调整到自动计算的阈值之上或之下。

“频谱衰减率”:确定噪声处理下降 60 分贝的速度。微调该设置可实现更大程度

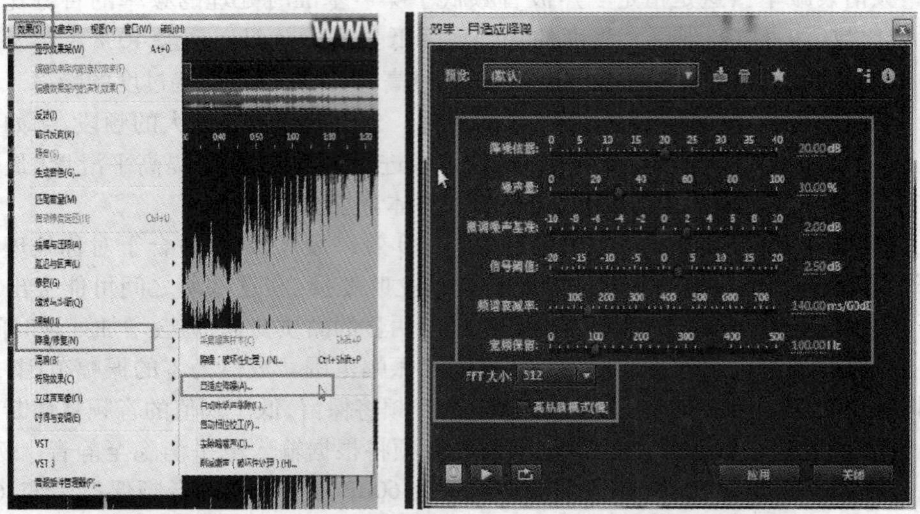

图 6-94　从“效果”下拉菜单中选“自适应降噪”命令

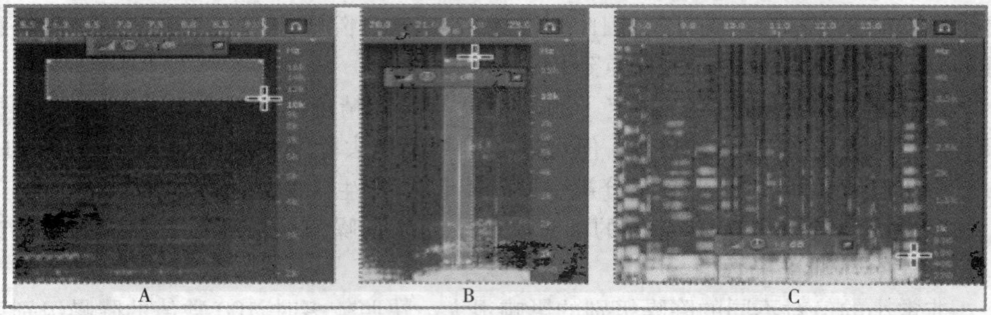

图 6-95　嘶声、噼啪声和隆隆声的频谱显示图

的降噪而降低减少失真。

“宽频保留”:保留介于指定的频段与找到的失真之间的所需音频。例如,设置为100Hz 可确保不会删除高于 100Hz 或低于找到的失真的任何音频;更低设置可去除更多噪声,但可能引入可听见的处理效果。

“FFT 大小”:确定分析的单个频段的数量。选择高设置可提高频率分辨率;选择低值设置可提高时间分辨率。高值设置适用于持续时间长的失真(如吱吱声或电线嗡嗡声),而低值设置更适合处理瞬时失真(如咔嗒声或爆音)。

(2)“自动咔嗒声移除”

如果想要快速去除黑胶唱片中的裂纹音、噼啪声和静电噪音,就可以使用“自动咔嗒声移除”效果,此效果能够校正较大区域的音频声音,或者单个的咔嗒声、爆破音。此效果可以应用多次扫描并自动修复多次(见图 6-96)。

“阈值”:确定噪声灵敏度。设置的值数越低,可检测到的咔嗒声和爆破音就越多,但很可能将希望保留的声音也包含在内。数值范围为 1 到 100,默认值为 30。

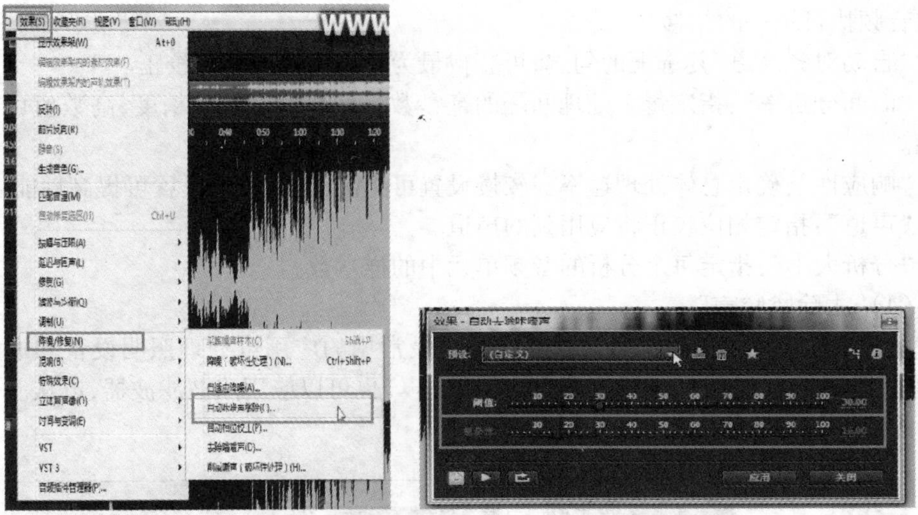

图 6－96　从“效果”下拉菜单中选取“自动咔嗒声移除”

“复杂性”：表示噪声的复杂程度。设置数值越高，应用的处理越多，但很可能就降低了声音的音质。设置数值范围为 1 到 100；默认值为 16。

（3）“自动相位校正”

此效果可处理未对准的磁头中的方位角误差、放置错误的麦克风的立体声模糊以及许多其他相位相关问题（见图 6－97）。

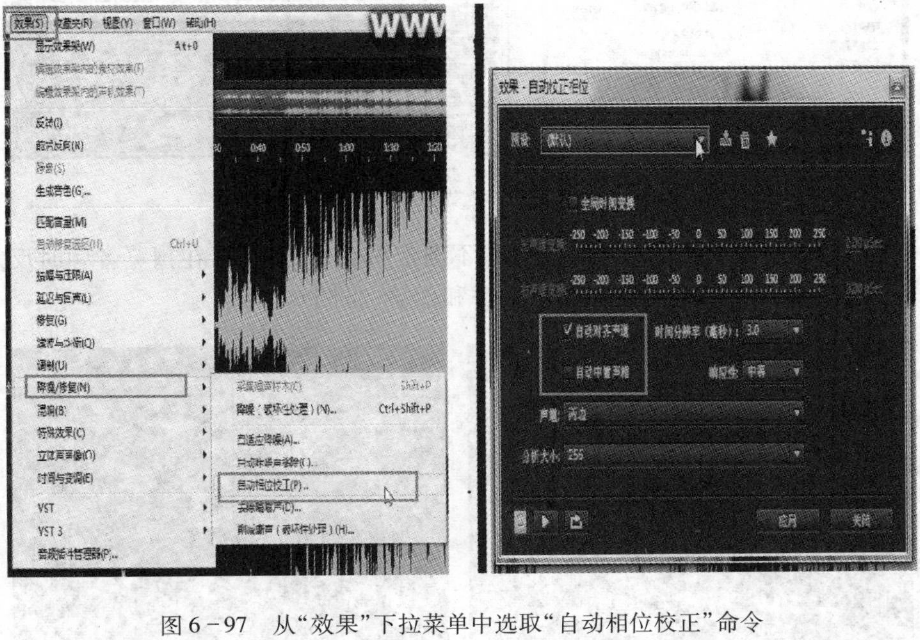

图 6－97　从“效果”下拉菜单中选取“自动相位校正”命令

“全局时间变换”：激活“左声道变换”和“右声道变换”滑块，可让操作者对所有选定音频执行统一的相移。

“自动对齐声道”复选框的勾选,可获得最为精确有效的相位校正。

“时间分辨率”:指定每个处理间隔的毫秒数。低数值可提高精度,高数值可提高性能。

“响应性”:确定总体处理速率。较慢设置可提高精度,较快设置可提高性能。

“声道”:指定相位校正将应用到的声道。

“分析大小”:指定每个分析的音频单元中的样本数。

(4)“去除嗡嗡声”

此效果的应用可去除窄频段及其谐波。最常见的应用可处理照明设备和电子设备的电线嗡嗡声(见图6－98)。但“去除嗡嗡声”也可以应用陷波滤波器,以从源音频中去除过度的谐振频率。

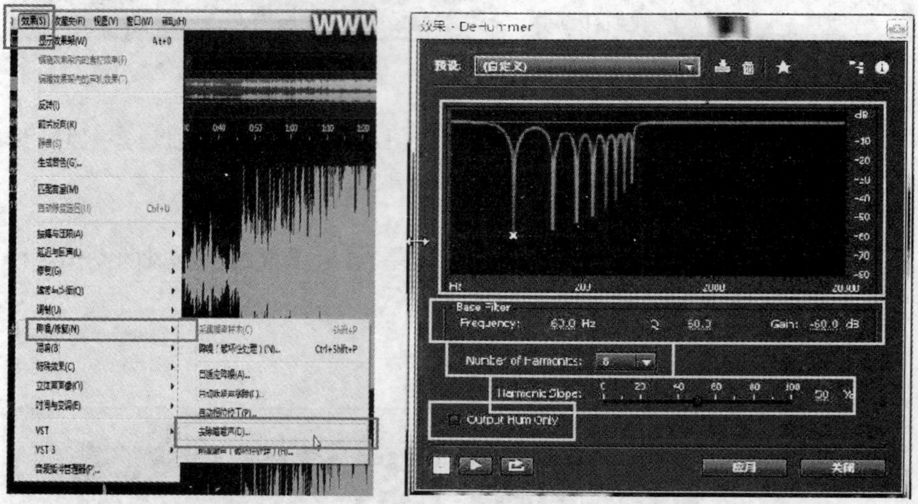

图6－98　从“效果”下拉菜单中选取“去除嗡嗡声”

“频率”:设置嗡嗡声的根频率。如果不确定精确的频率,请在预览音频时反复拖动此设置。此操作可以直观地调整根频率和增益(见图6－99)。

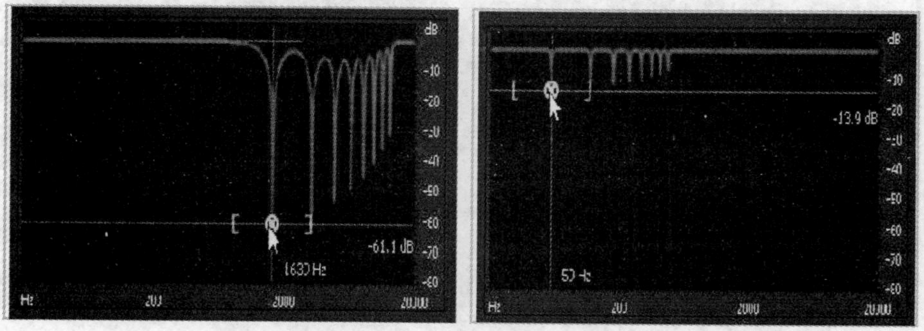

图6－99　设置嗡嗡声的根频率

“Q”:设置上面的根频率和谐波的宽度。值数越高,影响的频率范围越窄;值数越低,影响的频率范围越宽。

“增益”:确定嗡嗡声减弱量。

“谐波量”:指定要影响的谐波频率数量。

“谐波频率”:更改谐波频率的减弱比。

“仅输出嗡嗡声”:此复选框可以实时预览去除的嗡嗡声,以确定是否包含任何需要的音频。

(5)“消除嘶声”

“消除嘶声”效果可减少录音带、黑胶唱片或麦克风前置放大器等音源中的嘶嘶声(见图6-100和图6-101)。如果某个频率范围在称为噪声门的振幅阈值以下,那么“消除嘶声”效果可以大幅降低该频率范围的振幅。高于阈值的频率范围内的音频保持不变。如果音频有一致的背景嘶声,则可以完全去除该嘶声。

通常为快速降低嘶声,并非总需要完整的噪声基准图。在许多情况下,只需将图形重置到平均级别,然后操作“噪声基准”滑块即可。

“噪音基准”:微调噪声基准,直到获得适当的降低嘶声级别和品质。

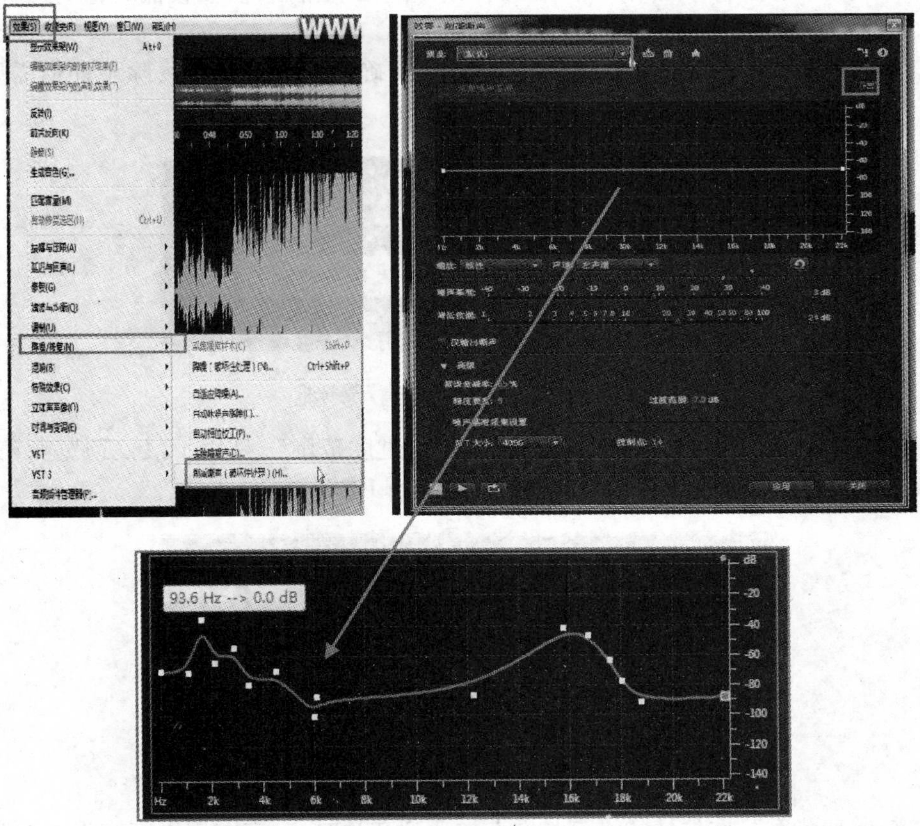

图6-100　从“效果”下拉菜单中选取“消除嘶声”命令

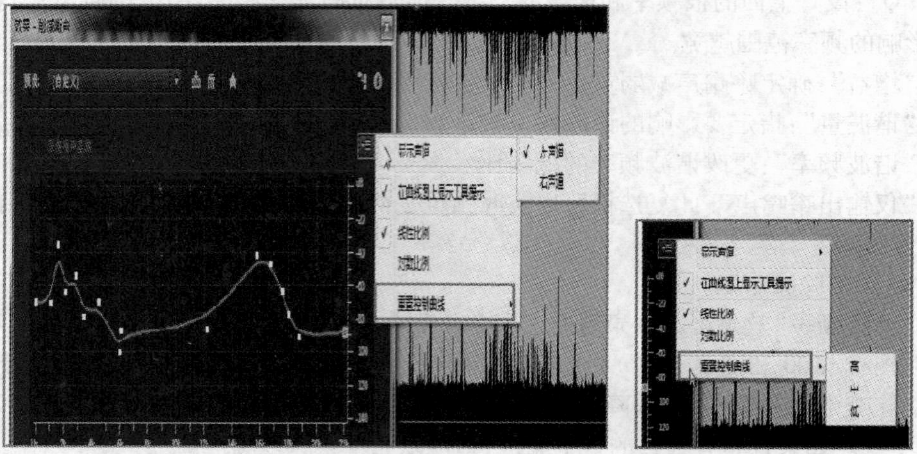

图 6－101　削除嘶声状态图

“降低依据”:为低于噪声基准的音频设置降低嘶声级别。数值较高时,尤其是高于 20dB 时,可显著地降低嘶声,但剩余音频可能出现扭曲;值数较低时,不会删除很多噪声,原始音频信号保持相对无干扰状态。

“仅输出嘶声”复选框是仅仅提供预览嘶声,确定此效果是否去除了任何需要的声音音频(见图 6－102)。

图 6－102　“仅输出噪声”复选框

“高级”选项有“频谱衰减率”“精度要素”“过度范围”,是用于仅仅预览嘶声,以确定此效果是否去除了任何需要的音频(见图 6－103)。

图 6－103　高级选项

“频谱衰减率”:在估计的噪声基准上方遇到音频时,确定在周围频率中应跟随多少音频。使用低值时,应跟随较少音频,降低嘶声效果将剪掉更多接近于保持不变的频率的音频。40% 到 75% 的数值效果最好。

“精度要素”:确定降低嘶声的时间精度。典型数值的范围为 7 到 14。较低数值可能导致在音频的大声部分之前和之后出现几秒嘶声,较高数值通常产生更好的结果和更慢的处理速度。超过 20 的数值通常不会进一步提高品质。

“过渡范围”:在降低嘶声过程中产生缓慢过渡,而不是突变。5 到 10 的数值通常可获得良好效果。如果数值过高,在处理之后可能保留一些嘶声;如果数值过低,可能会听到背景音失真。

“FFT 大小”:指定“快速傅立叶变换”的大小,以确定频率精度与时间精度之间的权衡。通常,大小介于 2048 到 8192 之间效果最好。

较低的 FFT 大小(2048 及更低)可获得更好的时间响应,但频率分辨率可能较低,而产生空的或镶边的声音;较高的 FFT 大小(8192 及更高)可能导致哔哔声、混响和拉长的背景音调,但会产生非常精确的频率分辨率。

“控制点”:指定当单击“捕捉噪声基准”时添加到图中的点数。

2.3.7 立体声声像

“立体声声像”效果可保持或删除左右声道共有的频率,即中置声场的声音。通常使用这种方法录制语音、低音和前奏。因此,使用此效果来提高人声、低音或架子鼓中的低音大鼓音量,或者去除其中任何一项以创建卡拉 OK 混音效果。

(1)提取中置声道

提取中置声道见图 6-104。

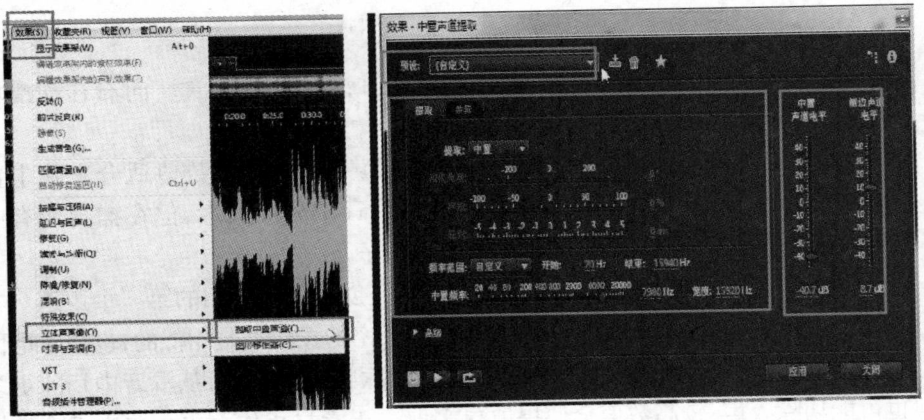

图 6-104 从“效果”下拉菜单中选“提取中置声道”命令

弹出的对话框中有两大选择项“提取”和“差异”(见图 6-105)。

“提取”:是限制对达到特定属性的音频的提取。在其下拉菜单中,有中置、左、右或环绕声道的音频选择。或选择“自定义”并为想要提取或删除的音频指定精确的相位度、平移百分比和延迟时间。“环绕”选项可提取在左右声道之间完全异相的音频。

“频率范围”:操作者设置想要提取或删除的范围。预定义的范围包括男声、女声、低音和全频谱。选择“自定义”可定义频率范围。

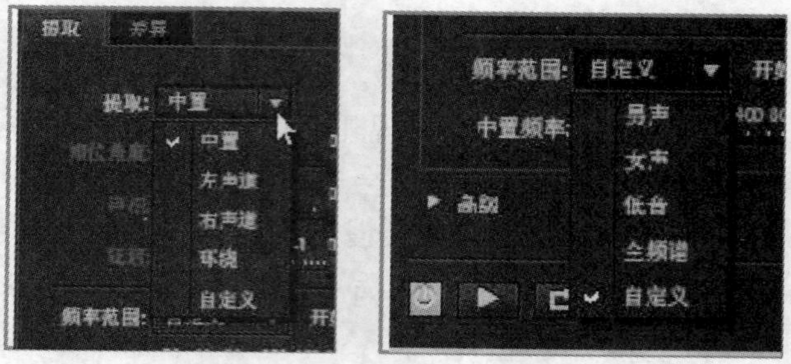

图 6－105 “提取”和“差异”对话框

“差异”选项包括可帮助识别中置声道的设置(见图 6－106)。

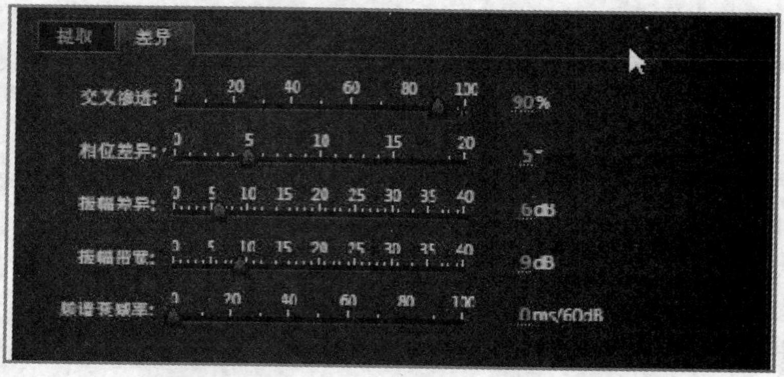

图 6－106 “差异”选项状态

“交叉渗透”:向左移动滑块可提高音频渗透并减少声音失真。向右移动滑块可进一步从混音中分离中置声道素材。

“相位差异”:通常,较高数值更适合提取中置声道,而较低数值适合去除中置声道。较低数值允许更多渗透,可能无法有效地从混音中分离人声,但在捕捉所有中置素材方面可能更有效。通常 2 到 7 的范围效果很好。

“振幅差异”和“振幅带宽”:合为左右声道,并且创建完全异相的第三个声道。本软件使用这第三个声道去除相似的频率。如果每个频率的振幅都是相似的,也会考虑两个声道共有的同相音频。较低数值的“振幅差异”和“振幅带宽”值可从混音中切除更多素材,但也可能切除人声;较高数值会使提取更多取决于素材相位而更少取决于声道振幅 0.5 到 10 之间的“振幅差异”设置,以及 1 到 20 之间的“振幅带宽”设置,效果很好。

“频谱衰减率”:保持为 0 可实现较快处理。设置在 80% 到 98% 之间可平滑背景扭曲。

“中置声道电平”和“侧边声道电平”:是指定选定声音信号中想要提取或删除的量值。向上移动滑块可包括其他声音信号(见图 6－107)。在“高级”选项中,分为“FFT 大小”和“叠加”两个设置选择项(见图 6－108)。

“FFT 大小”:指定快速傅立叶变换大小,低设置可提高处理速度,高设置可提高

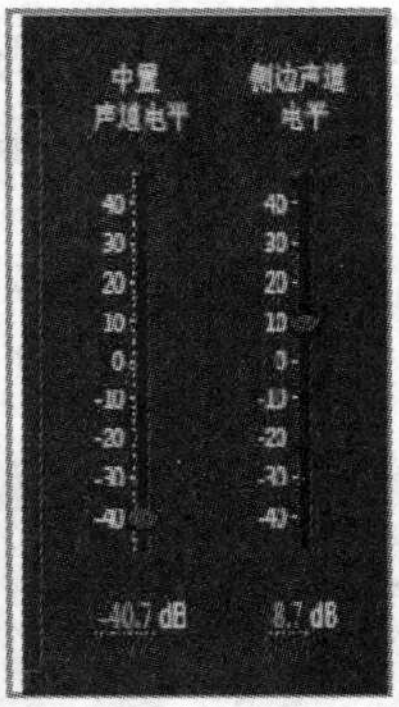

图 6－107　中置声道和侧边声道电平

图 6－108　高级选项

品质。通常，介于 4096 到 8192 之间的设置效果最好。

“叠加”：定义叠加的 FFT 窗口数。较高数值可产生更平滑的结果或类似和声的效果，但需要更长的处理时间。较低数值可产生发泡声音背景噪声。3 到 9 的数值效果很好。

“窗口宽度”：指定每个 FFT 窗口的百分比。30% 到 100% 的数值效果很好。

(2)图形移相器

“图形移相器”：此效果能够通过直接点击操作移动和添加的动作，从而得到增加或者调整波形相位的结果(见图 6－109)。

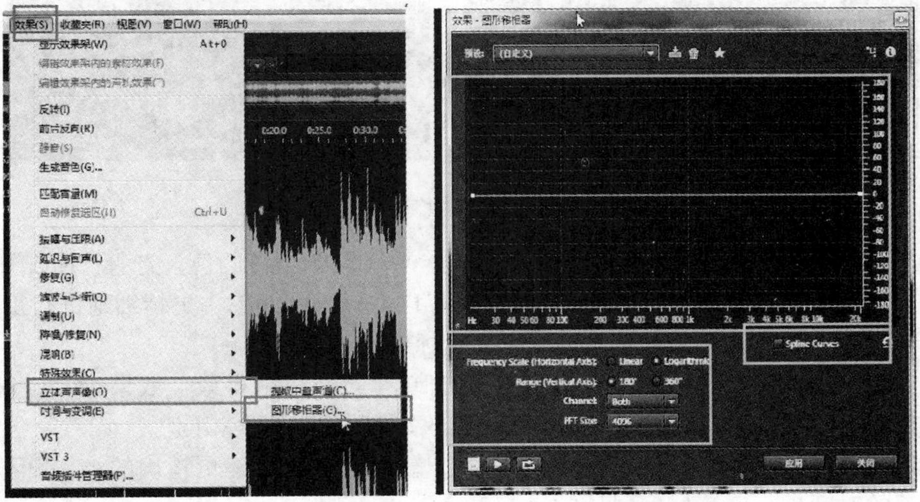

图 6－109　从“效果”下拉菜单中选“图形移相器”命令

水平标尺（x 轴）衡量频率，而垂直标尺（y 轴）显示要移位的相位度数，其中“0”为无相位移。可以通过创建在一个声道的高端变得更为极端的之字形模式，来创建模拟的立体声（见图 6－110）。

“相位移动”可视框：在可视框内，使用鼠标右键点击每个节点，可以直接访问“编辑点”对话框，以实现精确的数值控制（见图 6－111）。

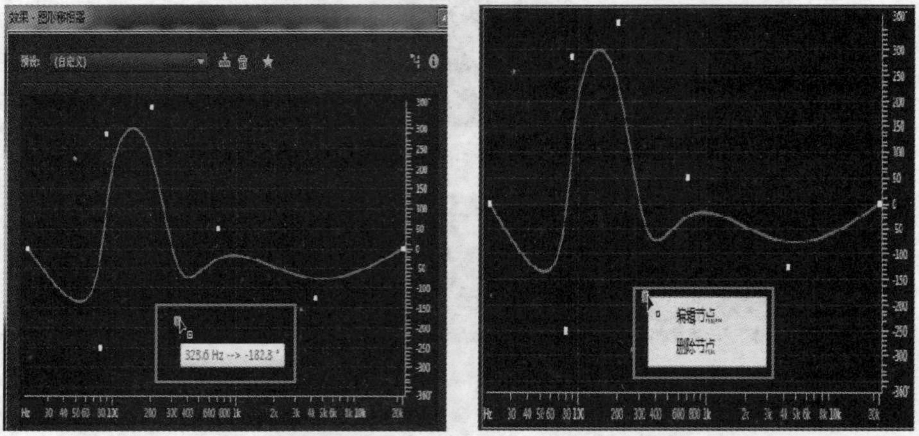

图 6－110　调整波形相位

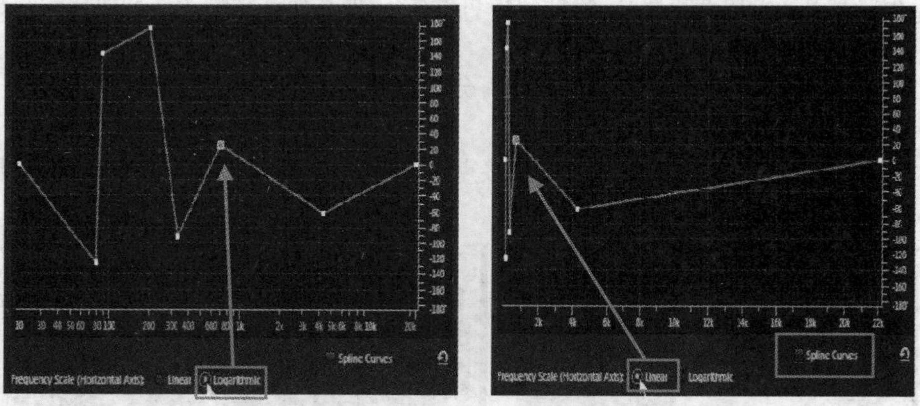

图 6－111　“相位移动”可视框

“频率比例”：设置线性或对数标尺上的水平标尺（x 轴）的值。选择“对数”以在较低的频率中更精细地进行工作，选择“线性”以在较高的频率中更精细地进行工作。

“范围”：在 360°或 180°标尺上设置垂直标尺（y 轴）的值。

“声道”：指定要应用相位移的声道。处理单个声道以获得最佳效果；如果将相同的相位移应用到两个立体声声道，则所产生的文件听起来完全相同。

“FFT 大小”：指定“快速傅氏变换”数值。较高数值可创建更精确的结果，但是需要更长的时间进行运算处理（见图 6－112）。

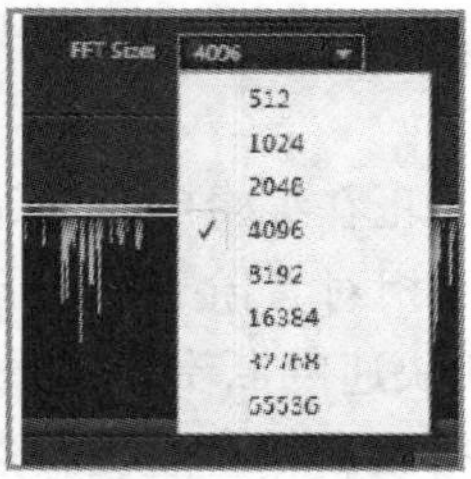

图 6－112　设置“FFT”大小

2.3.8　时间与变调

(1)时间与变调

“时间与变调”效果器可以伸缩声音和调节声音的音调高低,此效果组中,除了“自动音高修正”,其他编辑只适用于“波形编辑”界面(见图 6－113)。

众所周知,在音乐中,音高和音调是最为重要的元素,音准是一个作品最为关键的标准点,但是在录制音乐或者歌曲时,难免会出现这样或那样的状况,导致声音的音高和音调出现了偏差。在问题状况不是很严重,重新录制不允许的前提下,“音高修正”成了音频编辑软件中必不可少的重要补救功能。

本软件的音高修正可以通过自动修正和手动修正两种命令来进行编辑操作。

“自动音高修正”:此效果在“波形编辑”和“多轨合成”编辑界面中均可操作使用。在“多轨合成”中,随着声波时间的推移,可以使用关键帧和外部操纵面使其参数实现自动化操作。

图 6－113　从“效果”下拉菜单中选“自动音高修正”命令

“标尺”:指定最适合素材的音阶类型:“大调”、“小调”或“半音”。大和弦或小和弦将音符校正为乐曲的指定音调。无论音调如何,和声都会校正为最接近的音符。

“Key”:即音调。是设置所校正素材的预期音调。只有将“音阶”设置为“大调”

或“小调”时，此选项才可用。因为“半音”音阶包括所有 12 个音调，而且并不是特定于音调的。

“标尺”与“Key”的组合确定了正在编辑的声波调号。

“Attack”：起奏，是控制本软件相对音阶音调校正音调的速度。更快的设置通常最适合持续时间较短的音符，例如快速的断奏音群演奏。然而，极快的起奏可实现自动品质。较慢的设置会对较长的持续音符产生更自然的发声校正，如演唱者保持音符和添加颤音的声带。由于声波音源素材在整个演奏过程中可能发生更改，因此可以通过单独校正短乐句来获得最佳效果（见图 6－114）。

> 断奏音，英文 Staccato 或者 stacc，相对于连奏 Legato。简单的解释就是使音符断开来演绎。由于打断了连续的节奏，乱了韵律，故这种音单听会令人有一种急促颠簸的感触。

“敏感度”：定义超出后不会校正音符的阈值。“敏感度”以分为单位来衡量，每个半音有 100 分。如“敏感度”值为 50 分表示音符必须在目标音阶音调的 50 分（半音的一半）内，才会自动对其进行校正。

“参考声道”：选择音调变化最清晰的源声道。效果只会分析您所选择的声道，但是会将音调校正同等应用到所有声道。

“FFT 大小”：设置效果所处理的每个数据的“快速傅氏变换”大小。通常，使用较小的值来校正较高的频率。对于人声，2048 或 4096 设置听起来最自然。对于简短的断奏音符或打击乐音频，尝试使用 1024 设置。

“校准”：指定源音频的调整标准。在西方音乐中，标准是 A4（440 赫兹）。然而，源音频可能是使用不同的标准进行录制的，因此操作者可以指定从 410 到 470 赫兹的 A4 值。

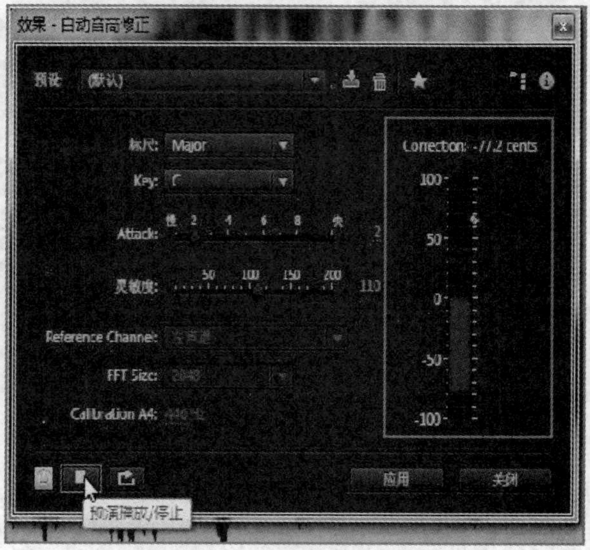

图 6－114　校正通道显示图

“校正通道”:当操作者预览音频时,显示平调和尖调的校正量。

(2)手动音高修正

手动修正音高时,需要注意不是仅仅校正音高就完成了任务,还要进行修正部分的前后衔接。因为在修正音高的同时,对一些尾音中的颤音部分也一起修正,让声音听起来感觉较为“死板”。所以矫正音高后一定要对每个衔接点再进行渲染处理,使得被编辑过的声音和没有进行音高修正的声音之间,听起来很自然。需要尽量做到没有被人工处理过的感觉。

提示一句:任何进行过调整修正过的音高,都不可能达到百分百的准确度。但“手动音高修正”比起“自动音高修正”,经验丰富的编辑专业人员,做出来的效果会更加自然一些,感觉上也会更加不显痕迹。

“手动音调校正”效果是可以通过“频谱音调显示”直观地调整音调。“频谱音调显示”会将基础音调显示为亮蓝色的线,并以由黄色到红色的色调显示泛音。校正后的音调显示为亮绿色的线(见图6-115)。

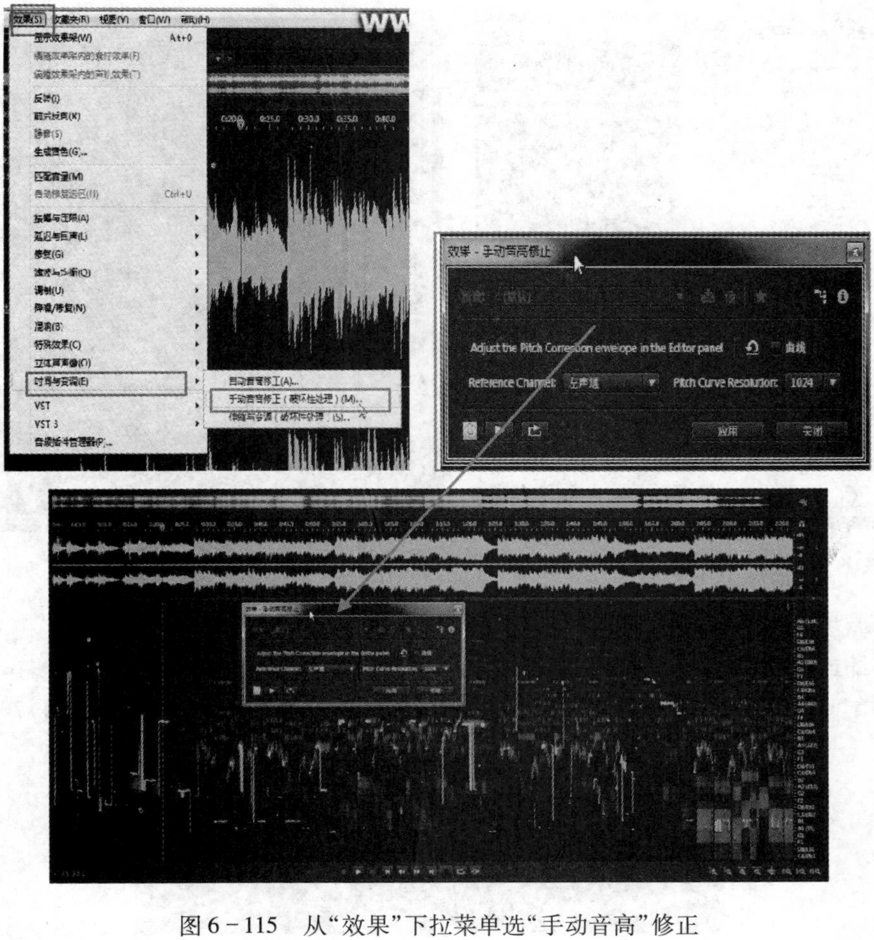

图6-115　从“效果”下拉菜单选“手动音高”修正

“参考声道”:选择音调变化最清晰的源声道。效果只会分析操作者所选择的声道,但是会将音调校正同等应用到所有声道。

“样条曲线”:在使用包络关键帧随着时间的推移而应用不同的音调校正时,创建更平稳的过渡。

“音调曲线分辨率”:设置效果所处理的每个数据的“快速傅氏变换”大小数值。通常,使用较小的数值来校正较高的频率。对于声音,2048 或 4096 这样的设置听起来最为自然,而 1024(1K)这样的设置会产生机械性的声音效果。

(3)伸缩与变调

使用“伸缩与变调”效果器可以更改声音的音频信号、声波节奏或者是信号与节奏两者的音调。正如使用此效果编辑声波,将一首歌改变声调但无须变动其节奏,或者使用其减慢语音段落而无须更改音调一个意思。需要注意的是,此效果编辑时,需要脱机处理。点击打开“伸缩与变调”时,就无法编辑波形、调整选择项或移动当前的时间指示器(见图 6-116)。

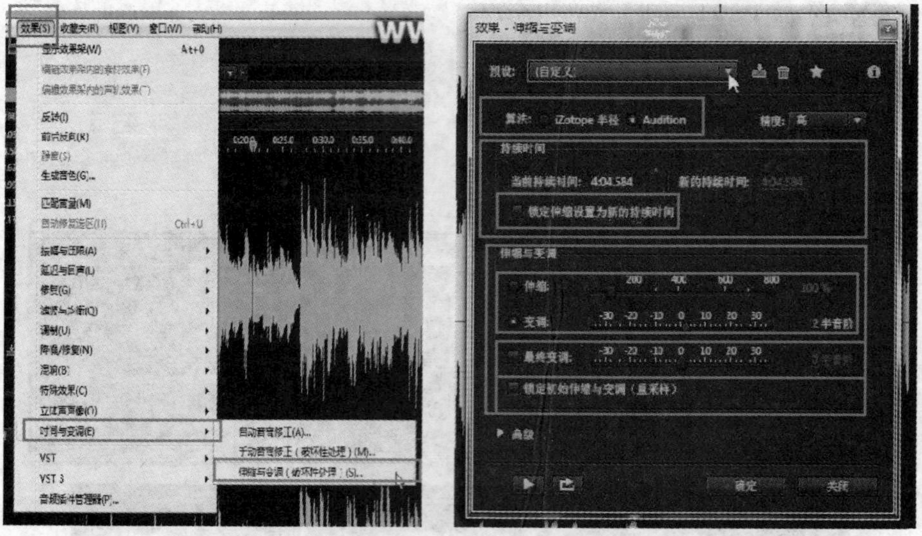

图 6-116　从“效果”下拉菜单中选“伸缩与变调”命令

“算法”:选择“IZotope 半径”可同时伸缩音频和变调,或者选择“Audition”可随时间更改伸缩或变调设置。“IZotope 半径”算法需要较长处理时间,但引入的人为噪声较少。

“精度”:设置越高,获得的品质越好,但需要的处理时间越长(见图 6-117)。

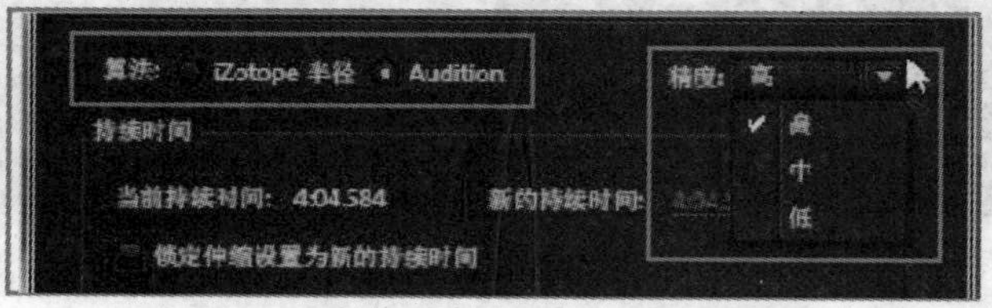

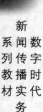

图 6-117　算法与精度设置

“新的持续时间”:指示在时间拉伸后音频的时间长度。可以直接调整“新的持续时间”值,或者通过更改“拉伸”百分比间接进行调整。

“将伸缩设置锁定为新的持续时间”:此复选框的作用是覆盖自定义或预设拉伸设置,而不是根据持续时间调整计算这些设置(见图 6－118)。

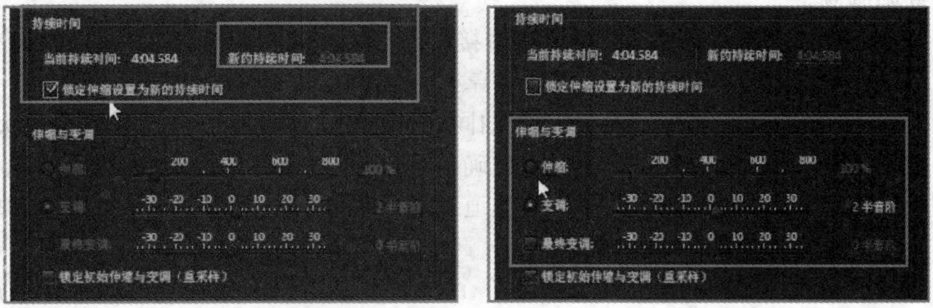

图 6－118　设置新的持续时间

“伸缩”:相对于现有音频缩短或延长处理的音频。例如,要将音频缩短为其当前持续时间的一半,请将伸缩数值指定为 50% 。

“变调”:往上调动或向下调动音频的音调。每个半音阶等于键盘上的一个半音。

“最终变调”:(Audition 算法)随时间更改初始“伸缩”或“变调”设置,以最后一个选定的音频采样达到最终设置。

“锁定伸缩与变调”:(IZotope 算法)拉伸音频以反映变调,或者反向操作。

“锁定初始伸缩与变调”:(Audition 算法)拉伸音频以反映变调,或者反向操作。最终拉伸或变调设置不受影响。

“高级”:选项中,(IZotope 半径算法)的界面有以下几个调整项:“独奏乐器或人声”“保持语音特性”“共振变换”“音调”(见图 6－119)。

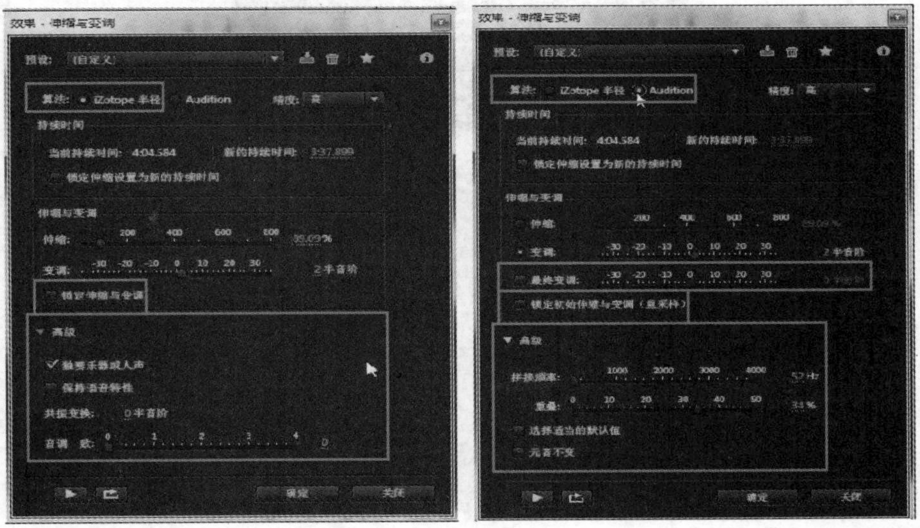

图 6－119　设置“高级”选项

“共振变换”:确定共振如何调整以适应变调。设置为默认值零时,共振与变调一起调整,从而保持音色和真实性。大于零的数值将产生更高的音色(例如,使男声听起来像女声),小于零的数值则相反。

“音调”:保持独奏乐器或人声的音色。较高的值可减少相位调整失真,但会引入更多音调调制。

“高级”:(Audition 算法)界面,有“拼接频率”与“重叠”两个调整项,还有两个复选框,分别是“选择适当的默认值”和“元音不变”。

“拼接频率”:确定当保留音高或节拍同时伸缩波形时,每个音频数据块的大小。该值越高,伸缩的音频随时间的放置越准确。不过,随着速率的提高,人为噪声也更明显;声音可能会变得很细弱或者像是从隧道里发出来的。使用较高的精度设置和较低的拼接频率可能会增加断续声或回声。

“重叠”:确定每个音频数据块与上一个和下一个块的重叠程度。如果伸缩产生了和声效果,降低“重叠”百分比,但不要低至产生断断续续的声音。重叠可以高达400%,但应在拥有相当高速的增长(200%或更高)时再使用此值。

“选择适当的默认值”:为“拼接频率”和“重叠”应用合适的默认值。此选项适用于保留音高或节拍。

“元音不变”:在伸缩的人声中保留元音的声音。

练习操作

1. 依照本节中混音知识,收集几首自己喜爱的歌曲伴奏,编辑制作出一张自己的翻唱专辑。
2. 依照下图给出的条件,使用软件自己作曲,完成一首歌。

Do • 256.00Hz
Re • 287.35Hz
Mi • 322.54Hz
Fa • 341.72Hz
Sol • 383.57Hz
La • 430.54Hz
Si • 483.26Hz
Do • 512.00Hz

第七章　多轨合成编辑界面制作

第一节　多轨合成编辑技术

“多轨合成”界面是一个非常实用的编辑操作界面，可以将不同的音频块放在一个界面中同时进行试听，实时地得到视觉和听觉上的同步效果。直到整个多轨合成效果达到满意度，便可将整个界面中的所有音频块混缩生成一个单独的音频文件，保存或输出。

1.1　音频块控制

“移动音频块”：在工具栏中，使用“移动工具”，通过操作鼠标左键，点击需要改变位置的“音频块”，按住平移和拖移的方式，直接将这块“音频块”拖拽到想要摆放的位置。可左右平移，也可上下跨轨道移动（见图 7－1）。

1.2　插入、导入素材

“插入”和“导入”，根据字面不难理解，两者的差别在于：“导入”往往在编辑工作开始时操作，“插入”是编辑工作进行中对素材的引进和加入。两个操作有一定的时间先后顺序差异。

在多轨合成界面中，不同轨道都可以加入所需的不同素材。依据编辑工作进行的时间顺序，分别对素材进行“插入”或“导入”操作。“插入”和“导入”的可以是各种效果的声音波形文件，也可以加入静音波形文件，还包括视频文件素材。

1.2.1　插入

（1）插入素材

还是在菜单栏“编辑”下拉菜单中点击“插入”，立即会弹出子菜单点击“到多轨项目中”，依据编辑需要，可选择“新建多轨合成”或正在编辑的某一项目中。

这个选择也可以使用鼠标右键的快捷菜单，在点击弹出的下拉菜单中选“插入”

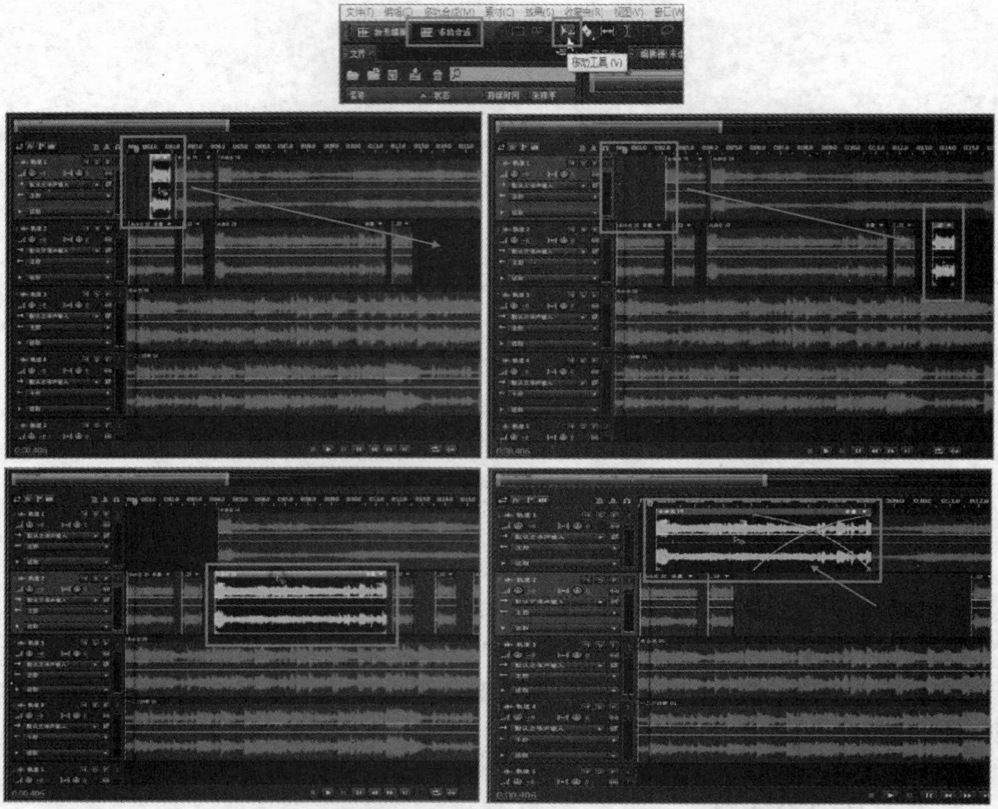

图 7－1　音频块控制

操作命令(见图 7－2)。

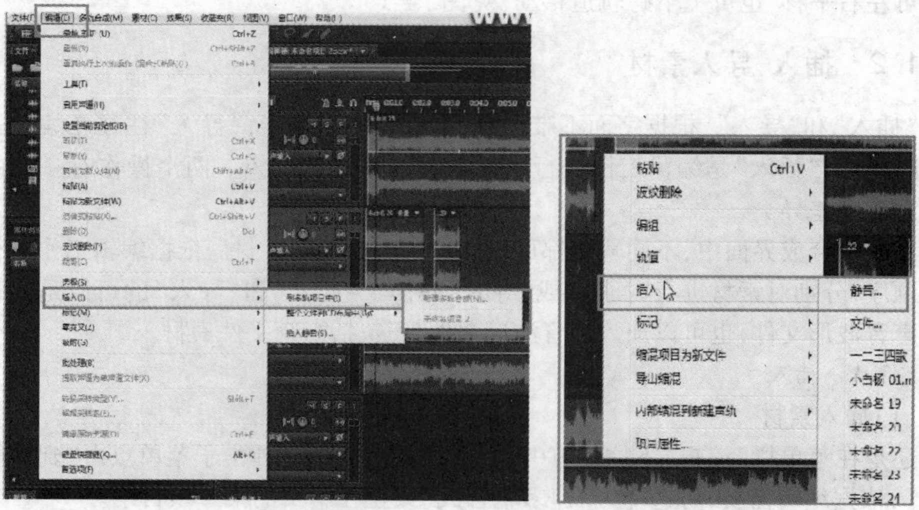

图 7－2　从“编辑”下拉菜单中选“到”多轨项目中命令

(2)插入静音

图7－3是音轨进行了插入静音操作的前后直观变化。

插入静音，可以是对全部音轨的同步操作，就像图7－3所示。当然，也可以针对所有音轨中的某一个音轨进行插入静音操作。

图7－3　插入静音选项及界面

1.2.2　导入

在菜单栏的“文件”下拉菜单中点击“导入”(见图7－4)。

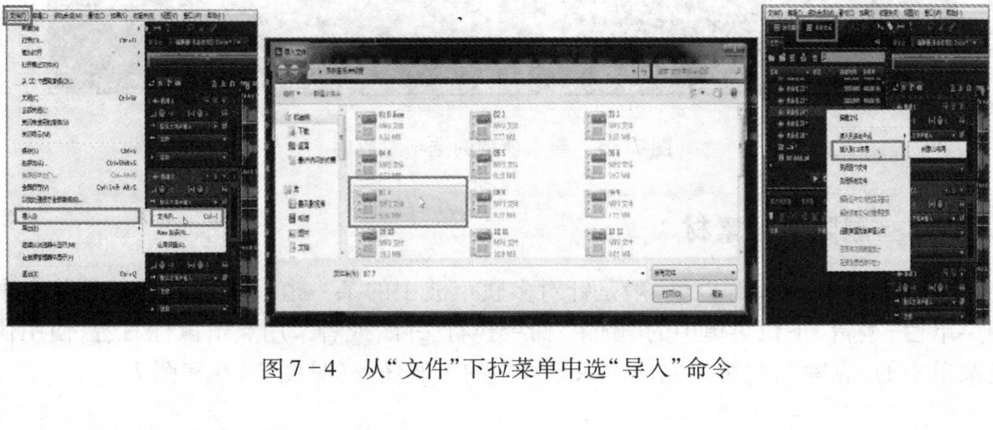

图7－4　从“文件”下拉菜单中选“导入”命令

导入视频，前面有过讲解，这里就不赘述，直接看图（见图 7－5）。

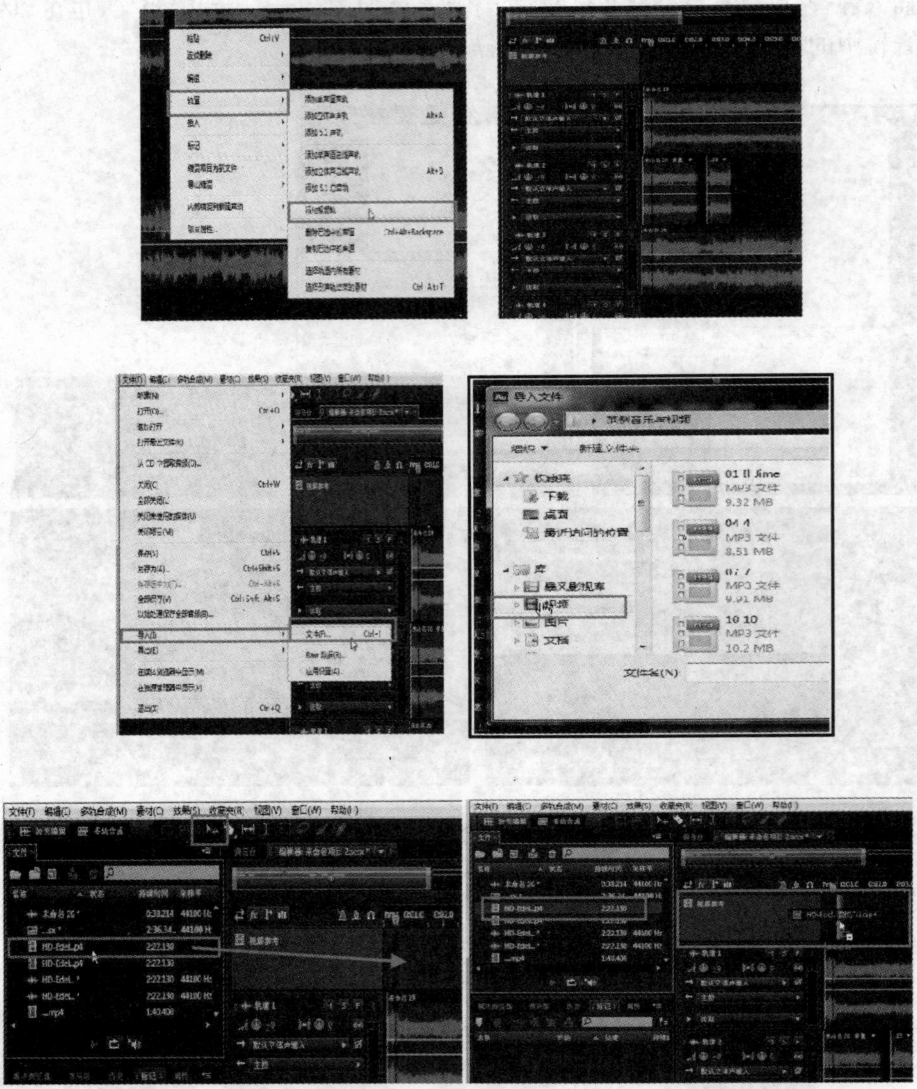

图 7－5　导入视频的选项及界面

1.3　删除音频素材

多轨音频删除，操作时，一般是针对多轨声波中的某一道音轨声波进行删除。采用菜单栏“编辑”下拉菜单中的“删除”命令执行去除，或者采用点击鼠标右键，使用快捷菜单中的“删除”，也可以完成去除被选中的声波任务（见图 7－6 和图 7－7）。

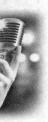

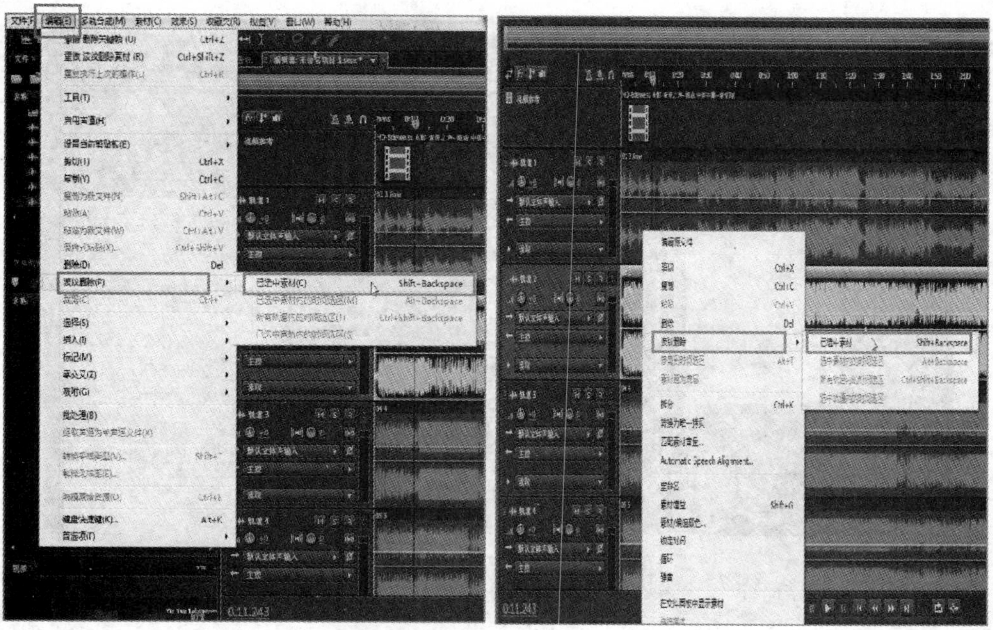

图 7-6　从编辑下拉菜单中选“删除”命令

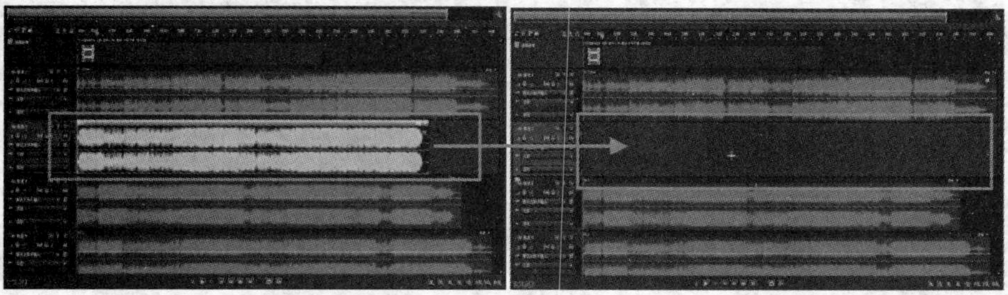

图 7-7　声波删除前后对比

1.4　锁定时间

锁定时间，其实就是锁定音频块。在多轨编辑中，由于显示界面有限，为了避免出现将已经编辑好的音轨声波删除，或不想编辑的轨道中的声波进行了错误操作，就需要对某一个或者多个音轨进行锁定处理，这样就可以减少不必要的误操作，从而节省编辑时间。

首先在操作界面选择好需要锁定的声波音轨。操作方法分两种：一种是菜单栏中“素材”下拉菜单中的“锁定时间”，另一种是鼠标右键的快捷菜单选择（见图 7-8 和图 7-9）。

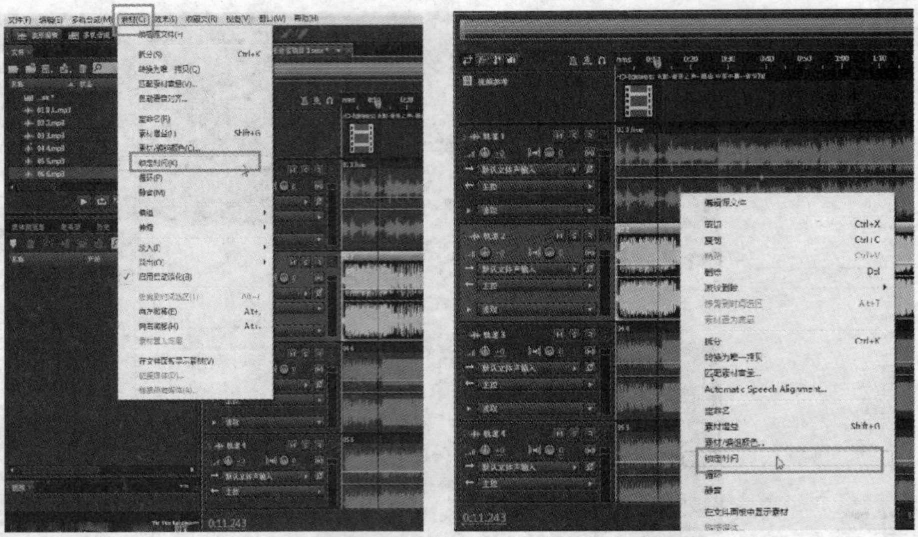

图 7－8　从“素材”下拉菜单中选“锁定时间”命令

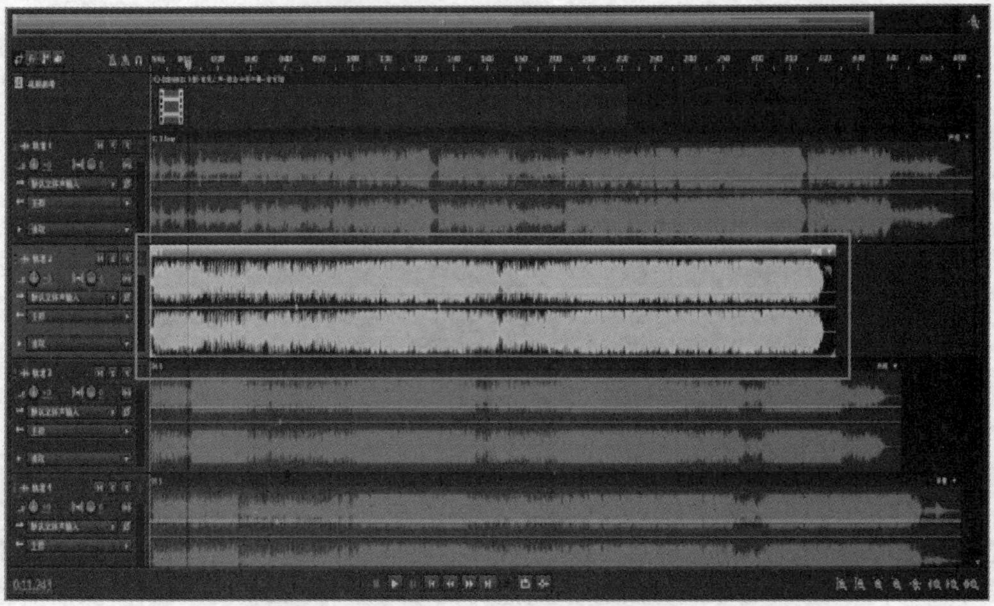

图 7－9　锁定时间界面

因为锁定的是时间，所以声轨不可以前后移动改变时间点。已经锁定的音轨，是可以上下挪动的。这里需要强调的是，挪动的音轨声波与被覆盖的声波，相互是叠加关系，点击播放时，同一个时间点两轨声波会同时发音（见图 7－10）。

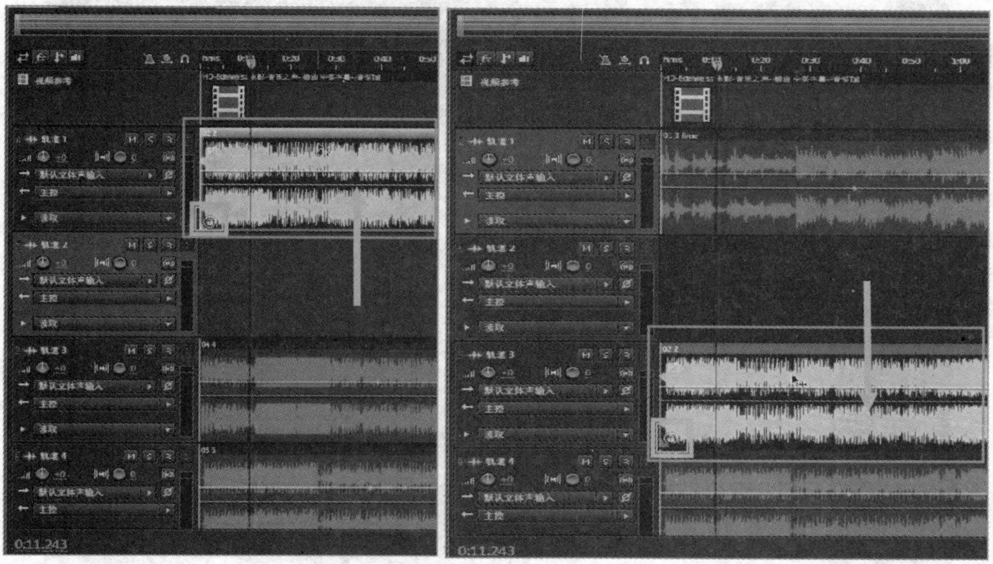

图 7－10　两轨声波同时发声状态

声轨时间锁定，可以锁定某一个单独的声轨，也可以多个声轨和多个时间点锁定（见图 7－11）。

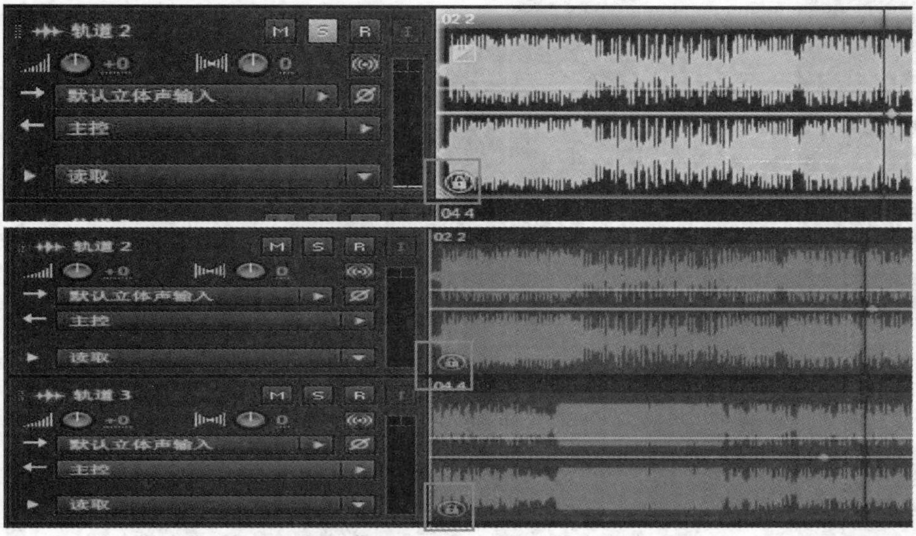

图 7－11　多个声轨多个时间点锁定

1.5　淡入淡出

多轨合成界面“淡入”“淡出”。首先选定一个需要执行“淡入”“淡出”的声轨（见图 7－12 至图 7－14）。

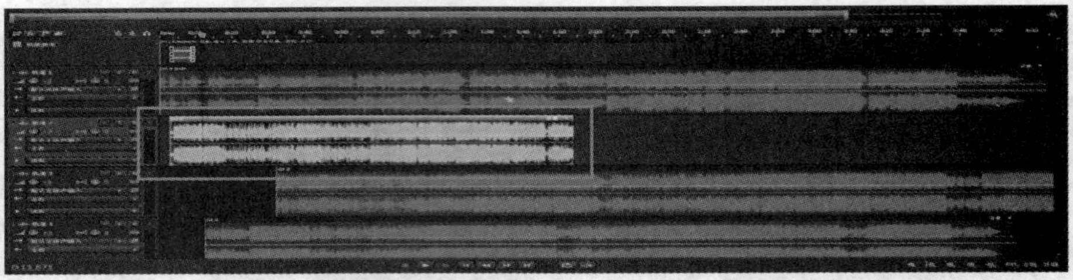

图 7－12　选定声轨

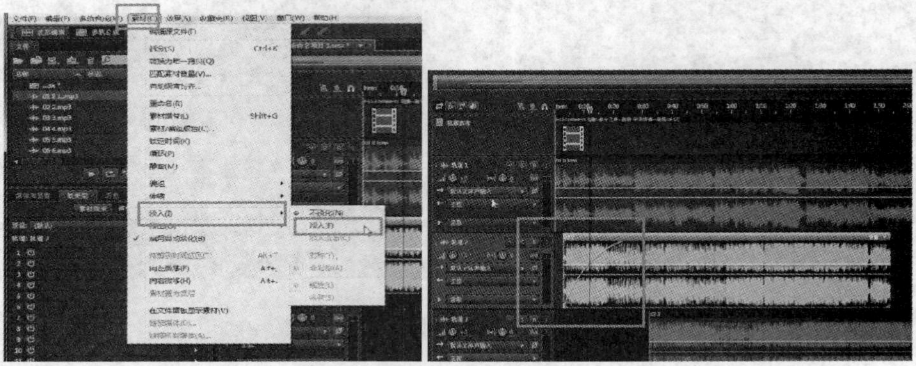

图 7－13　淡入操作

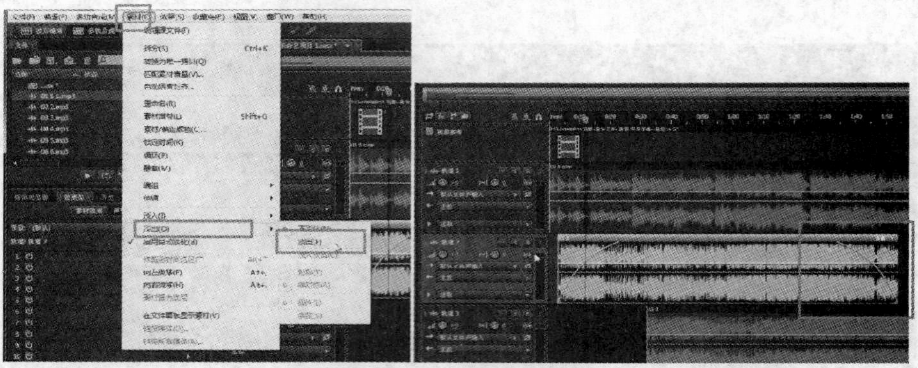

图 7－14　淡出操作

淡化类型有：线性、对数和余弦三种（见图 7－15）。

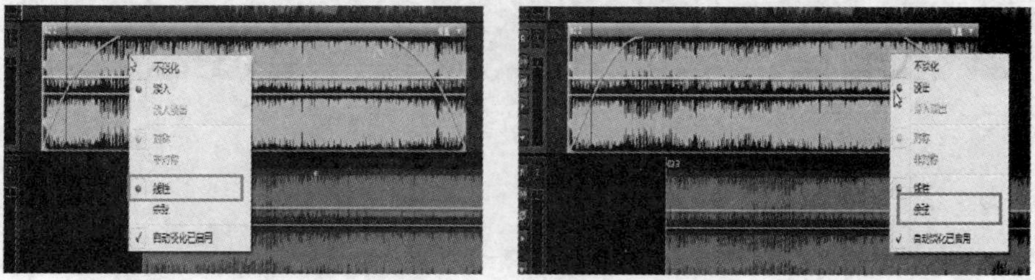

图 7－15　淡化的类型

在波形的左上角或右上角，向内拖动“淡入”或“淡出”控制柄，然后执行以下任一操作：

对于线性淡化，鼠标操作，执行完全水平拖动。

对于对数淡化，使用鼠标左键点击上下拖动。

对于余弦（S 曲线）淡化，按住键盘上的 Ctrl 键或者 Command（Mac OS）键执行。

要在默认情况下创建余弦淡化，并按住上面的键以创建线性或对数淡化，需要更改“常规”首选项中的“默认淡化”设置。

1.6 改变波形振幅

此效果的调节可以实时看到，边调节边听，一直打到满意结果为止（见图 7－16）。

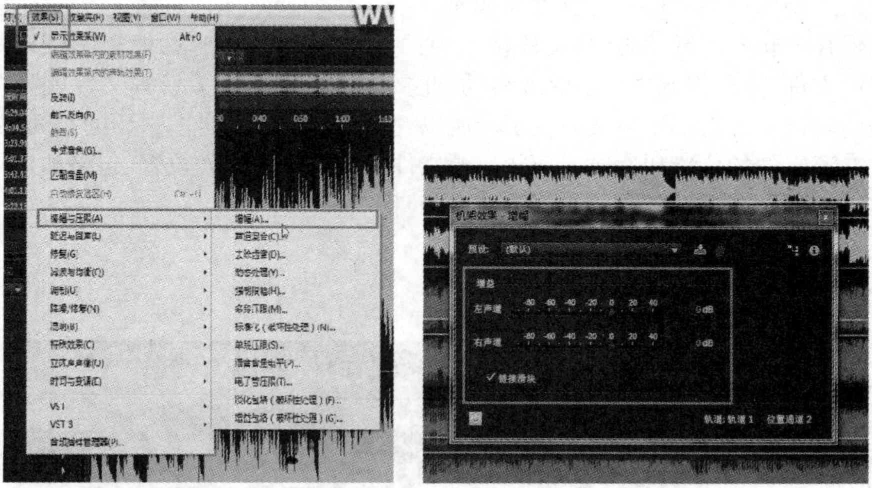

图 7－16 改变波形振幅操作

把“增益”效果设置为最高和较低的数值，分别观察和听一听两者之间的差别（见图 7－17）。

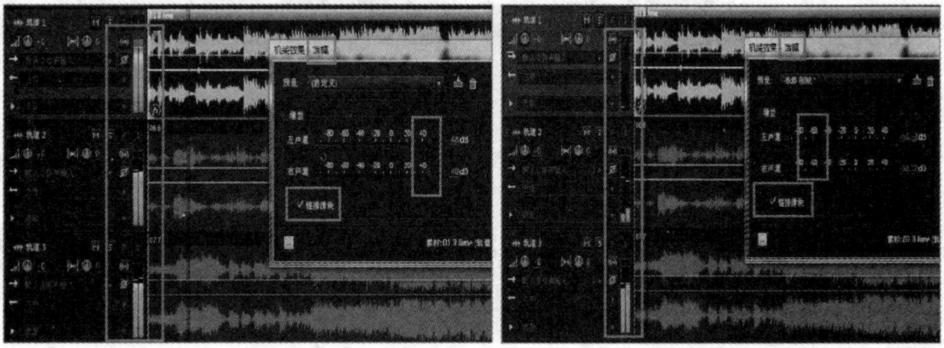

图 7－17 增益效果差别

1.7 保存与导出音频文件

保存与导出，多轨合成界面操作，又被称为混缩。

混缩，看似是软件通过操作多种效果器完成的一项技术工序，其实，混缩的结果是输出了一个独一无二的完美音频作品。混缩不同于其他效果器的运用，或者创造各种声音音效，它是一个将各种加工编辑完成的声波完整呈现的最后一道关卡。这里需要不断地复听，不断地感受声波中的信息是否正确，以及表达的情感是否到位。确定无误才可以执行命令。

1.7.1 “保存”与“另存为”

菜单栏“文件”下拉菜单中，点击“保存”直接存在设置好的文件夹中。“另存为”则需要对一些保存项进行一些设置和选择。

在保存多轨合成音频时，其文件格式为：“sesx”工程格式。这种文件格式不是实际的音频文件，一旦将源文件删除或移动，此文件格式中的相关音频文件就只剩下原先所在的轨道位置而不见声波波纹了。所以，多轨工程格式文件，占用的空间很小，只有不改变源文件的位置和性质，打开时，源文件中所包含的文件位置、包络和效果信息都能够完好地保存并被再次导入到软件中(见图7-18)。

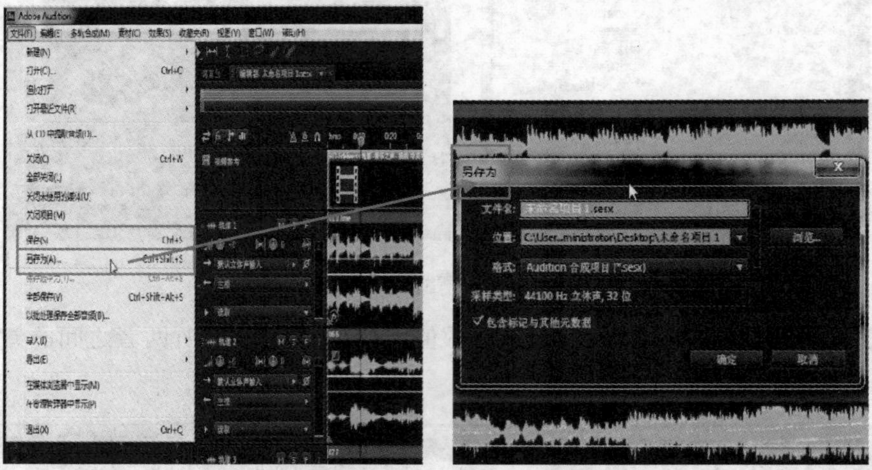

图7-18　保存与另存为操作

1.7.2 “导出”

在完成多轨合成中的所有信息编辑后，就可以采用软件提供的几种常见的文件格式，导出部分或者全部的多轨混缩文件。

首先了解“导出”下拉菜单里“多轨缩混”，点击子菜单中的“整个项目”(见图7-19)。

在弹出的对话框中，“格式”的选择有很多，这也直接决定了保存下来的文件大小和还原度的高低(见图7-20)。

在“采样类型”选择框中，对预保存的文件采样率和位深度进行手动设定。不进行调整和选择修改的话，软件自动默认为“与源相同”(见图7-21)。

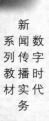

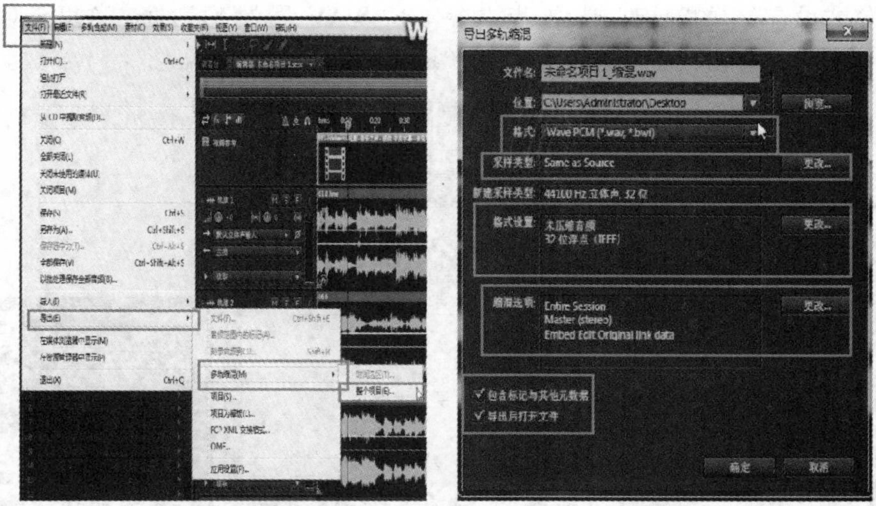

图 7－19　导出操作

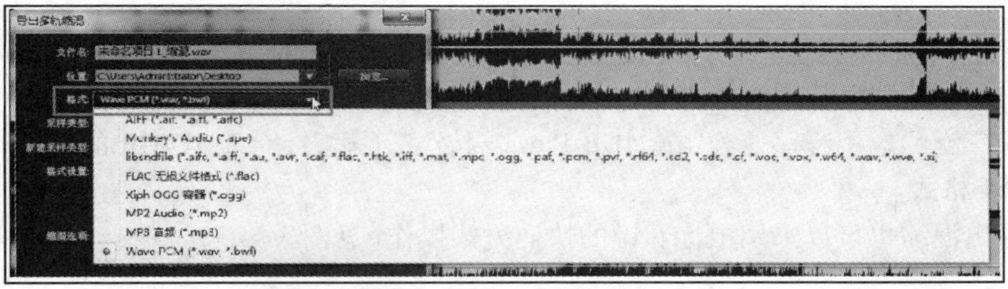

图 7－20　格式的选择

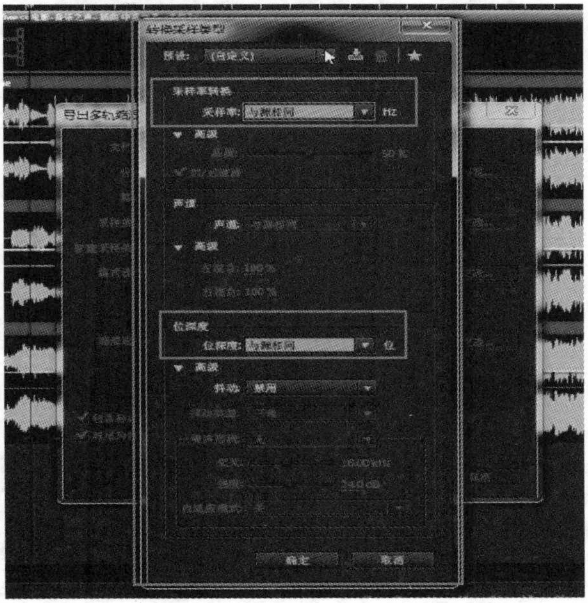

图 7－21　转换采样类型

“格式设置”中的“更改”选项，点击会弹出“WAV 设置”对话框。这里会对“采样类型”与“4GB 增强支持”进行进一步的设定调整(见图 7－22)。

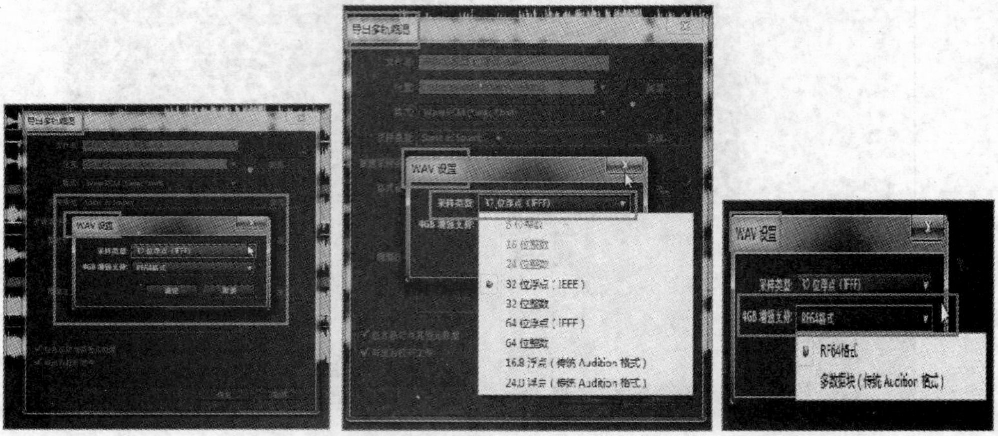

图 7－22　WAV 设置

“4GB 增强支持”:这是使用了反映当前“欧洲广播联盟”标准的 RF64 格式或 Audition 的较早版本所支持的“多重数据块”格式存储大于 4GB 的文件。为了确保与范围广泛的应用程序兼容，在“4GB Plus 支持”选项里，针对大于 4GB 的文件时需选择 RF64 格式。

导出混缩也可以采用鼠标右键的快捷方式操作(见图 7－23)。

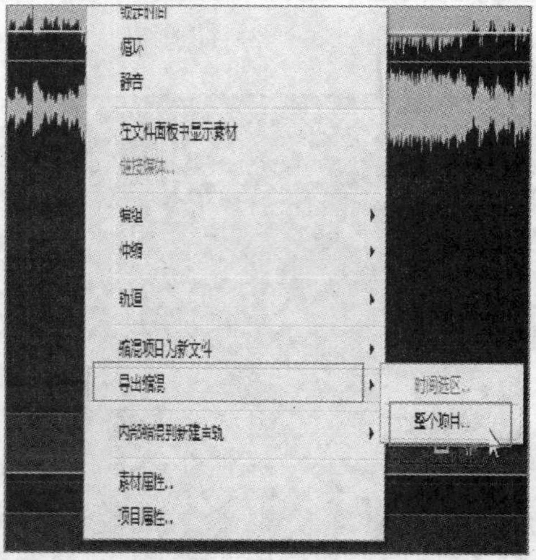

图 7－23　导出混缩

还可以把将要混缩的所有文件导出到“波形编辑”界面中，成为一个新的文件。同时将原先所有的设置都并存在多轨合成界面中的所有文件(见图 7－24)。

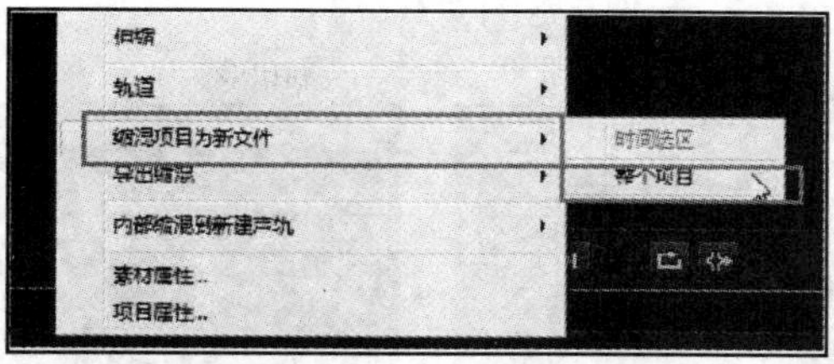

图 7－24　混缩项目为新文件

这一步的操作，也可以通过菜单栏“多轨合成”下拉菜单中点击命令并执行（见图 7－25）。

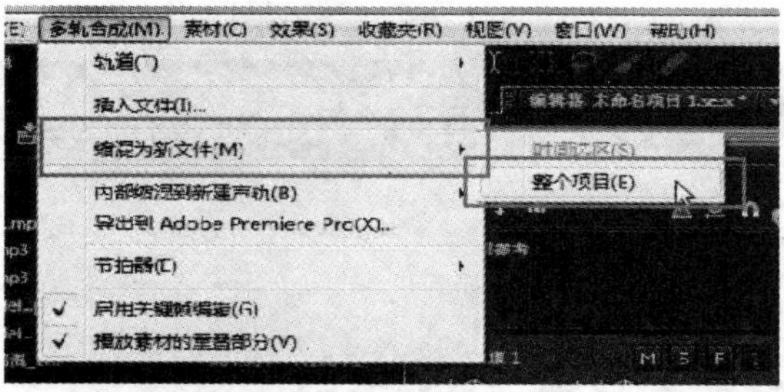

图 7－25　从菜单栏中选“混缩为新文件”

在“导出”中点击“项目”，弹出对话框。这里所导出的文件格式只有“sesx”工程格式（见图 7－26）。

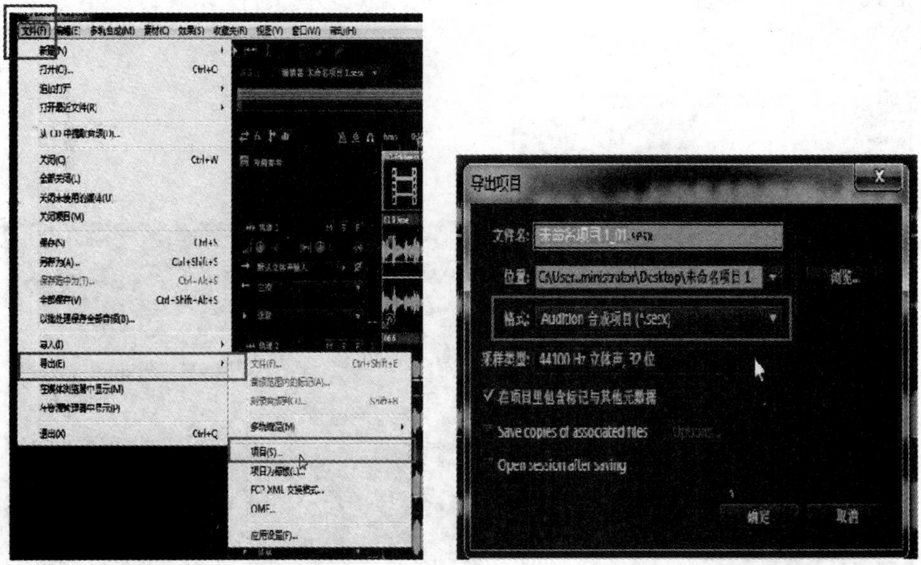

图 7－26　从菜单栏中选“导出项目”命令

如果需要保存为其他格式，就需要打开“Savecopies of associated files”（保存相关的文件副本），点击“Options”选项（见图 7－27）。

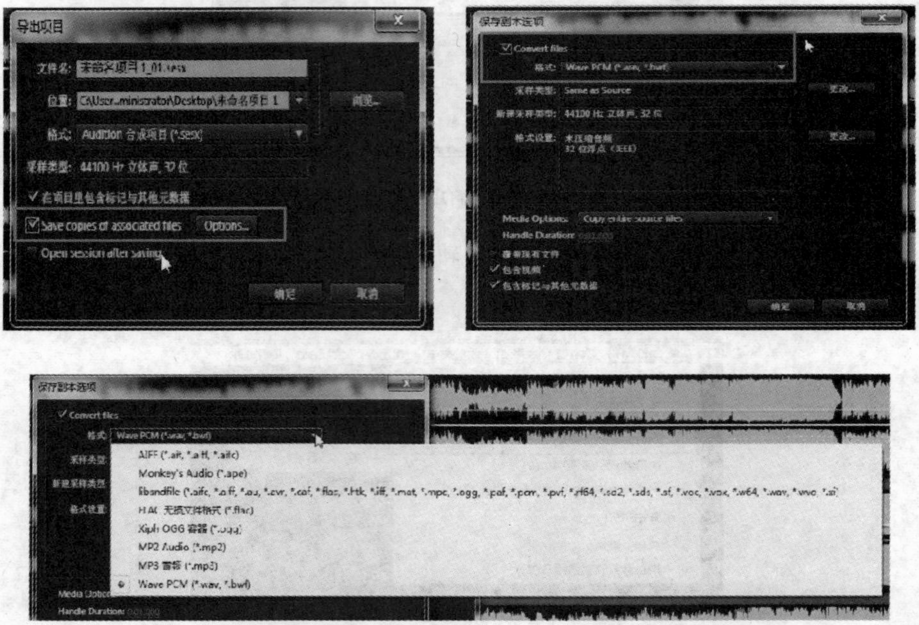

图 7－27　选择保存副本选项

导出为“FCP XML 交换格式”全称为 Final Cut Pro Interchange 格式。Final Cut Pro 交换格式基于人工可读的 XML 文件，可以脱机编辑这些文件，以修订文本参考、混音设置等等（见图 7－28）。

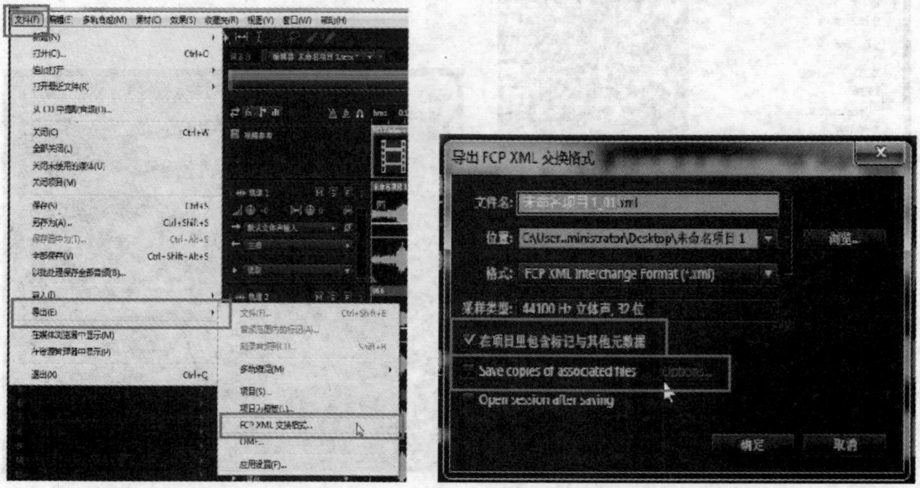

图 7－28　导出 FCPXML 交换格式

指定文件名和位置，要包括来自“元数据”面板的音频标记和信息，勾选复选框“在项目里包含标记和其他元数据”。要结合会话和源文件，以便轻松地传输到其他系统，勾选“保存关联文件的副本”。如果要更改导出的源文件的格式和采样类型，就勾选并点击“选项”。

“OMF”是公开媒体框架(Open Media Framework)的缩略语，是指一种要求数字化音频视频工作站把关于同一音段的所有重要资料制成同类格式便于其他系统阅读的文本交换协议。它类似于标准的 MIDI 文件，但是要比 MIDI 文件复杂得多。

AuditionCS6 中的“OMF”是将完整的混音传送到工作流中，可以应用到其他应用程序当中的文件格式。OMF 最初是为 Avid Pro 工具创建的，但现在它是许多音频混合应用程序的常见多轨交换格式。

选择“导出”下拉菜单中的“OMF”并点击，会弹出“OMF”导出对话框(见图 7－29)。

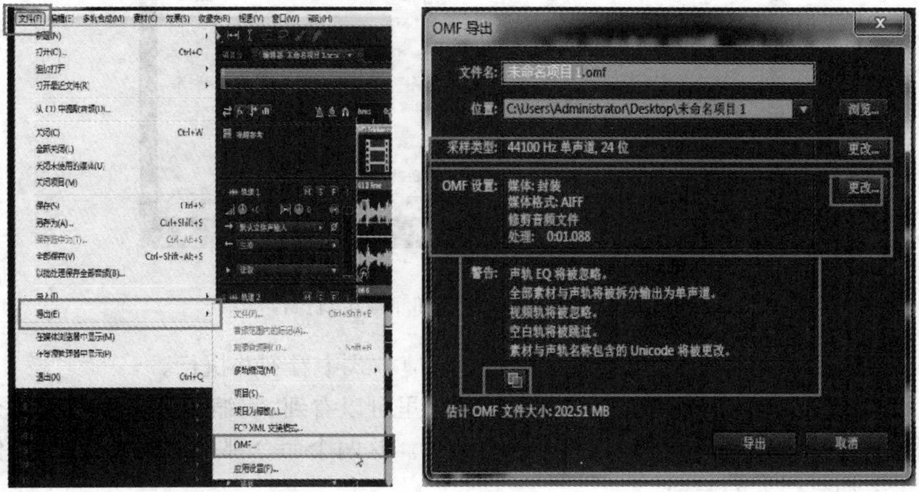

图 7－29　OMF 导出操作

“采样类型”：单击“更改”，可以打开“转换采样类型”对话框进行选择。

“OMF 设置”：单击“更改”，弹出对话框(见图 7－30)。

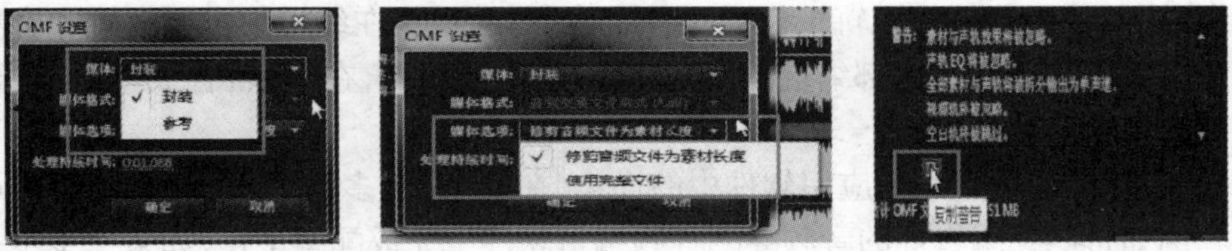

图 7－30　OMF 设置

“媒体”：封装的媒体会将音频剪辑存储在 OMF 文件本身内，以便更易于进行组织。引用的媒体会将音频剪辑存储在与 OMF 文件相同的文件夹中，可以在必要时进行脱机编辑。这里必须强调：封装的 OMF 文件大小仅限于 2GB 内。

“媒体选项”：确定是否修整剪辑源文件为“编辑器”面板中的剪辑长度，或确定剪辑原文件是否可反映整个原始文件。

“过渡持续时间”：对于修剪的剪辑，指定持续时间以包括超出的剪辑边缘。包括其他音频可向淡化和编辑提供更多的灵活性。

“警告”部分指出将排除或更改的会话的元素。要将此信息复制到剪贴板，直接单击“复制警告”按钮即可。

在“多轨合成”界面，菜单栏“多轨合成”下拉菜单中，可以直接添加、复制和删除正在编辑中的声轨（见图 7－31）。

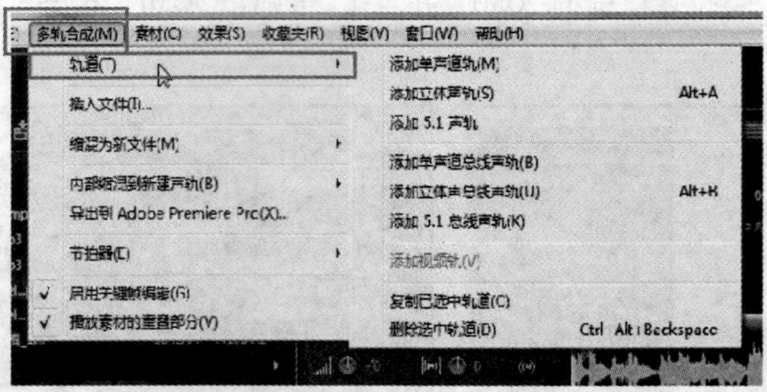

图 7－31　添加、复制和删除声轨操作

轨道的添加删除，也可以通过鼠标右键快捷方式中看到并执行。

在本软件中，菜单栏“多轨合成”下拉菜单里可以看到“混缩为新文件”到“整个项目”和“内部缩混到新建声轨”这两个执行命令。这两个命令都是混缩为新文件，但是混缩结果却有很大的差别。

“混缩为新文件”：是将“多轨合成”界面里正在编辑的多个声轨和音频块的内容，全部整合在一起，通过“混缩为新文件”的命令执行，并在“波形编辑”界面里创建一个新的单独声轨。此命令设置的好处是，实现了在“波形编辑”和“多轨合成”两个界面中切换进行快速编辑。

而“内部缩混到新建声轨”是将“多轨合成”界面里正在编辑的多个声轨和音频块的内容全部整合，通过“内部缩混到新建声轨”的命令执行，在“多轨合成”界面中创建一个新的单独声轨（见图 7－32）。

导出音频，应用到别的应用软件中的操作，在菜单栏“多轨合成”下拉菜单中可以找到。例如将已经编辑好的音频导到视频编辑软件中完成配音工作，如果一步步打开再一个个导入会非常烦琐。“导出到 Adobe Premiere Pro”中，一步就直接完成了导出导入动作（见图 7－33）。

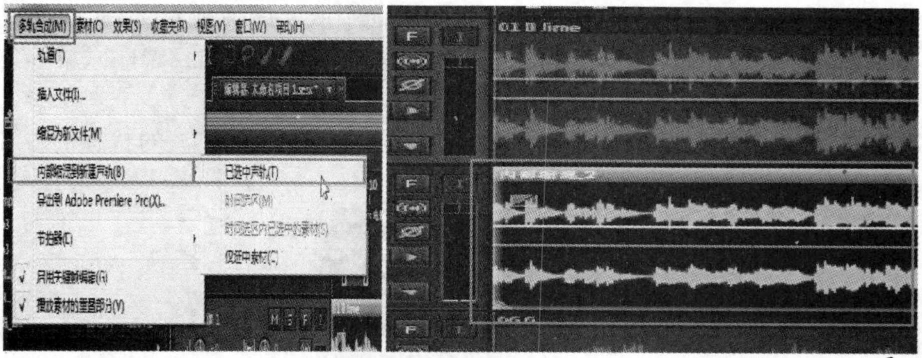

图 7－32　内部缩混到新建声轨

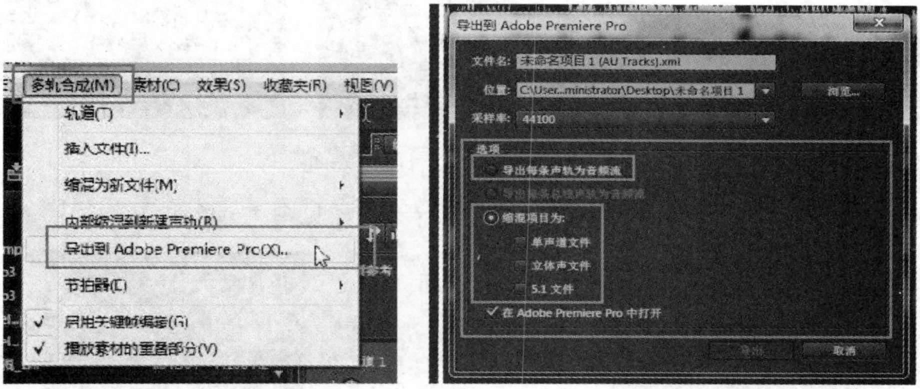

图 7－33　导出到 Adobe Premiere Pro

1.8　调音台

这是本软件自带的“调音台”功能界面。在前面“音频工作站”中有过详细介绍，这里的“调音台”操作和作用基本相似，是配合“多轨合成”界面编辑声波达到更好效果的模拟音频调节器（见图 7－34）。

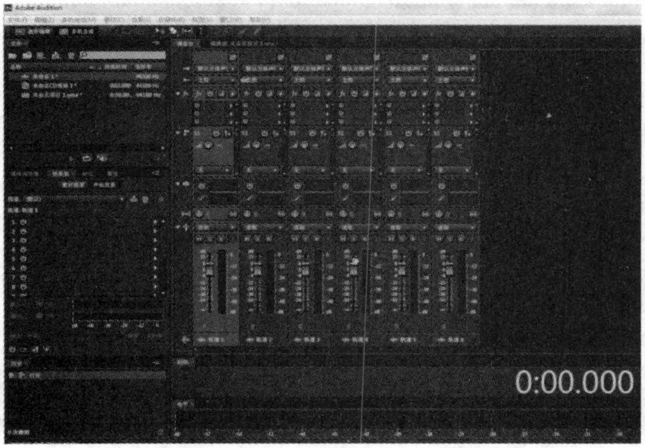

图 7－34　调音台

“调音台”中的轨道数取决于“多轨合成”界面中的编辑声轨数。“多轨合成”中增加或者删减了某一声轨，在“调音台”界面中，也会相应地增加或者删减，两者是一一对应的关系。

要打开“调音台”界面，必须是在“多轨合成”界面正在播放声波的状态下方可（见图 7－35）。

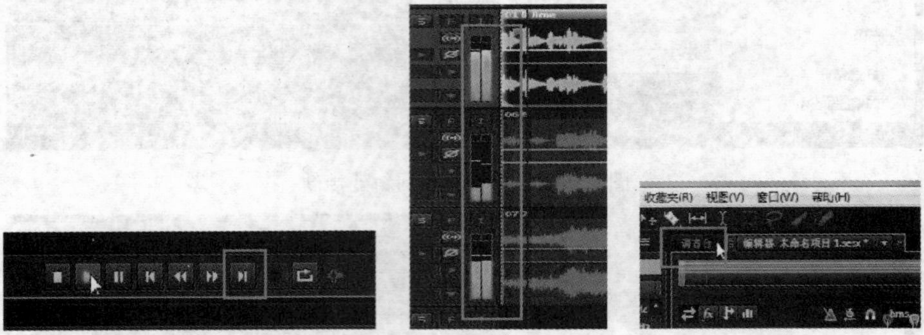

图 7－35　打开“调音台”界面

打开后，直接就可以看到并听到实时的声音音效（见图 7－36 和图 7－37）。

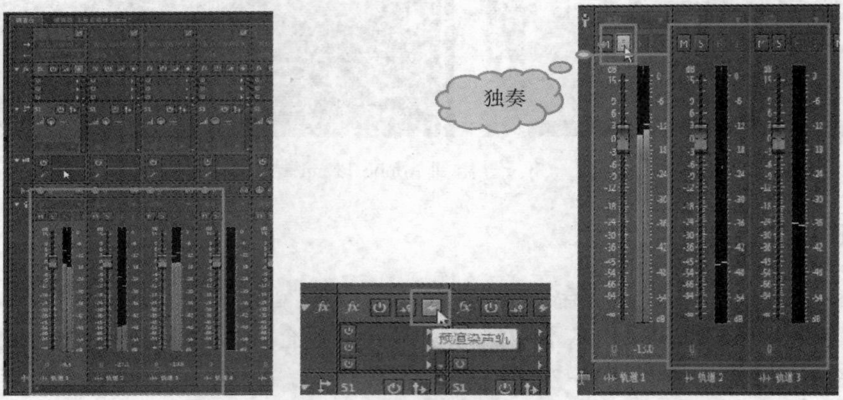

图 7－36　打开调音台状态

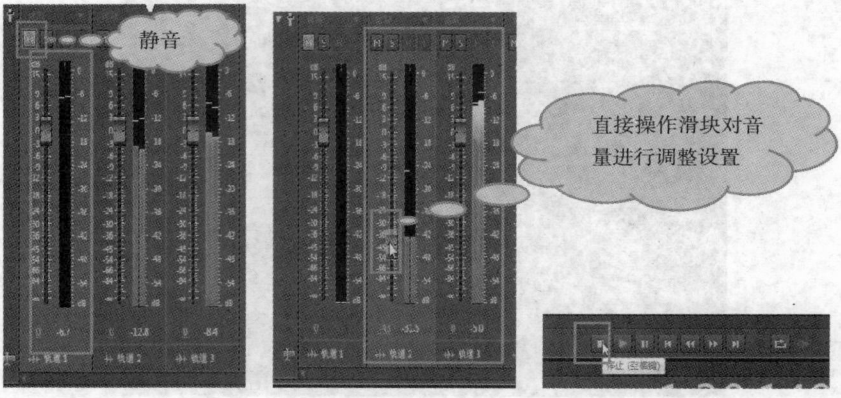

图 7－37　调整音量设置

操作练习

在“多轨合成”界面合成一段诗朗诵。

要求是:时长为90″包含两种背景音乐,音乐无缝对接编辑,朗诵语音,“渐入渐出”处理。

第二节　多轨合成编辑效果技术

1.1　自动化混音

“自动化混音”可以随着时间的推移更改整体混合设置,可以在关键的乐段自动提高音量,并在稍后逐渐淡出过程中降低音量。

本软件中提供了集中自动化混音技术:一、音频块的音量和声相设置自动化,使用音频块包络;二、使用轨道包络可以实现轨道音量、声相和效果设置自动化;三、轨道的设置在混音时不断变化,可以将轨道的自动操作录制下来。

1.1.1　包络

包络线能够让用户直观地看到特定时间的设置,也可以通过拖拽包络线上的关键帧来编辑包络设置(见图7-38和图7-39)。如音量包络线处于最顶端,则表示音量最大。反之则表示音量为0。

自动化包络可以直观地看到特定时间点的设置,并通过在包络线上的拖动关键帧来执行编辑。包络是非破坏性的,因此它们不会以任何方式更改音频文件。例如,如果在波形编辑器中打开文件,操作者不会听到在多轨编辑器中应用的任何包络的声音效果。

音频块的包络可以在编辑音频块的时候,设置音量和声相值。音频块的音量包络和声相包络的初试颜色是不同的。黄色为音量包络,位于音轨的上半部分;蓝色为声相包络,处于音轨的中间位置。如果看到蓝色的声相包络线在音轨的上端或者下端,就说明音轨的声相正处在偏左或者偏右的状态。

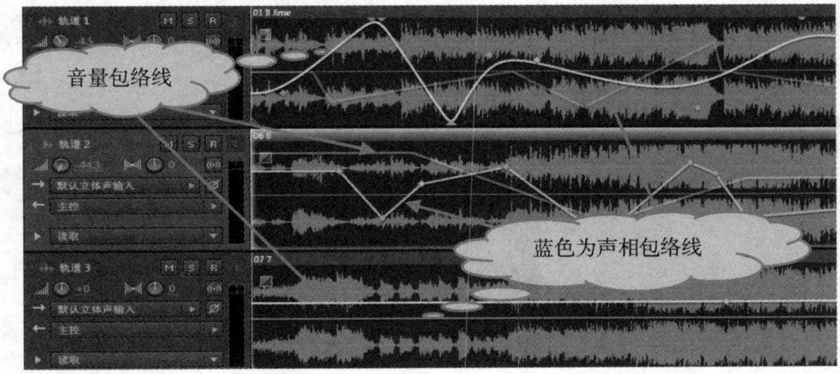

图7-38　音量和声相包络线

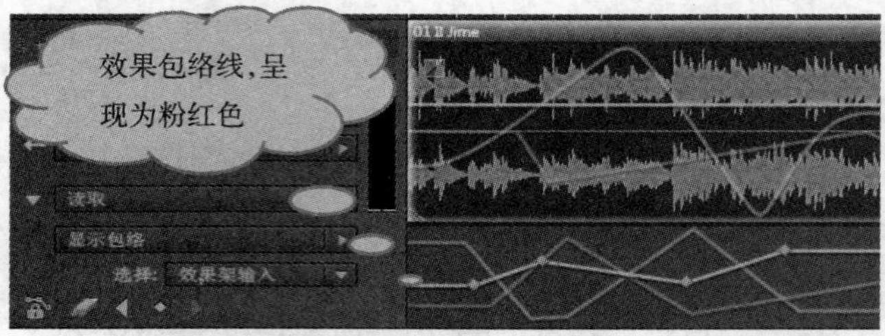

图 7－39　效果包络线

1.1.2　显示和隐藏包络

在菜单栏“视图”的下拉菜单中，可以看到三个“显示剪辑音量包络”“显示剪辑声相包络”“显示剪辑效果包络”的命令。一一点击选择，音轨上的包络线也相应地显示出来（见图 7－40）。

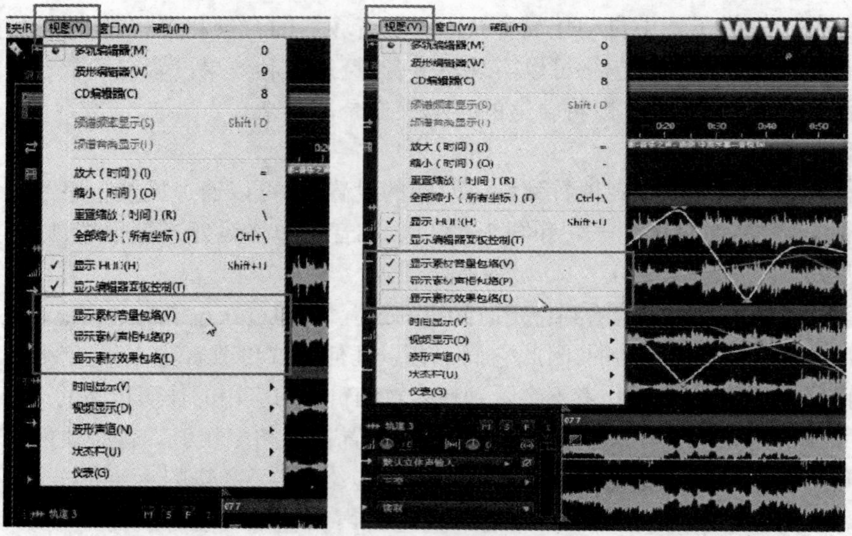

图 7－40　从菜单中选显示各种包络的命令

剪辑包络在默认情况下是可视的，但是如果它们干扰编辑或在视觉上不够清晰，则可以隐藏它们。

显示包络线，还可以在音频块的末端右上角点击，在弹出的对话框中进行选取（见图 7－41）。

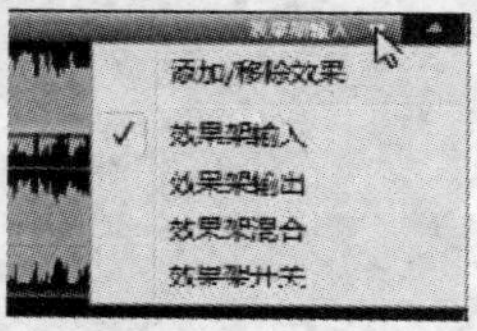

图 7－41　音频块对话框

将鼠标的指针停留在某一包络线上,点击右键,会出现一个对话框。选取“曲线”并点击,包络线就会由很有棱角的线条变成了平滑的曲线线条(见图 7－42)。

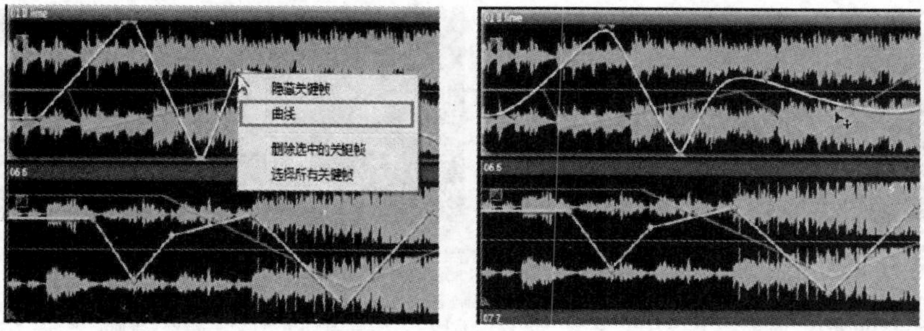

图 7－42　在对话框中选“曲线”命令

通过轨道包络的方法,点击“读取”左端的倒三角图标按钮,就会在“读取”下端展开显示出轨道包络的选取编辑菜单(见图 7－43)。

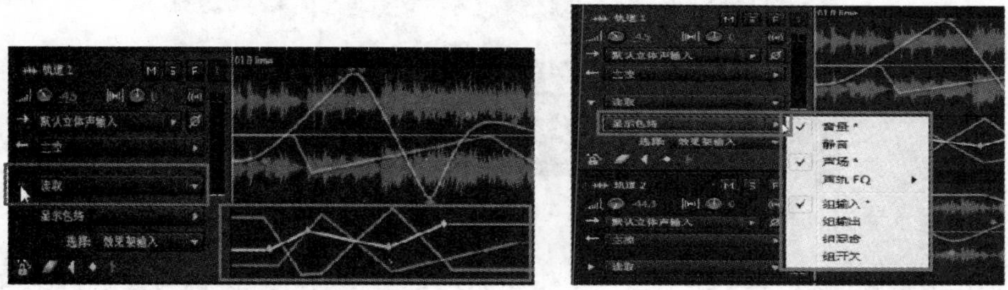

图 7－43　点击“读取”显示编辑菜单

1.1.3　关键帧

在包络线上定位指针,当显示菱形小图标的时候,就可以单击完成添加新关键帧的任务了(见图 7－44)。

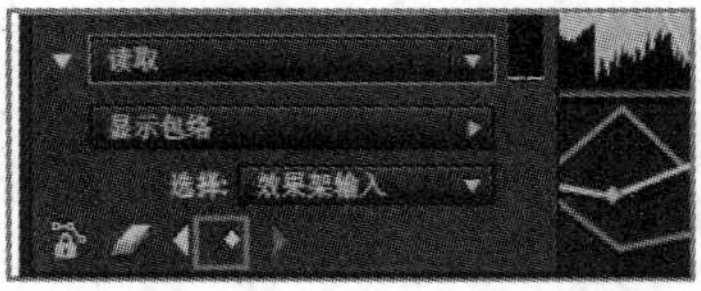

图 7－44　添加新关键帧

如果要删除或者移动关键帧,用鼠标直接拖拽即可。删除就将关键帧的菱形小图标直接拽出音轨外,或者用鼠标指针放在关键帧后点击鼠标右键选取。

移动,同样也需要按住小菱形直接上下左右滑动(见图 7－45)。

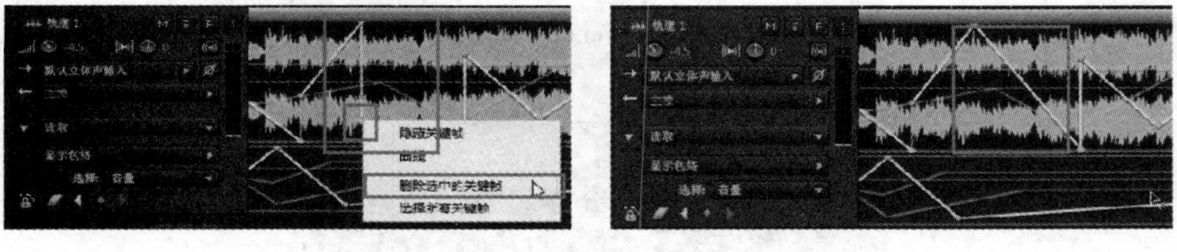

图 7－45　移动菱形小图标

要想保持关键帧的时间位置不变，那就需要按住计算机键盘上的 Shift 键的同时，上下拖拽执行(见图 7－46)。

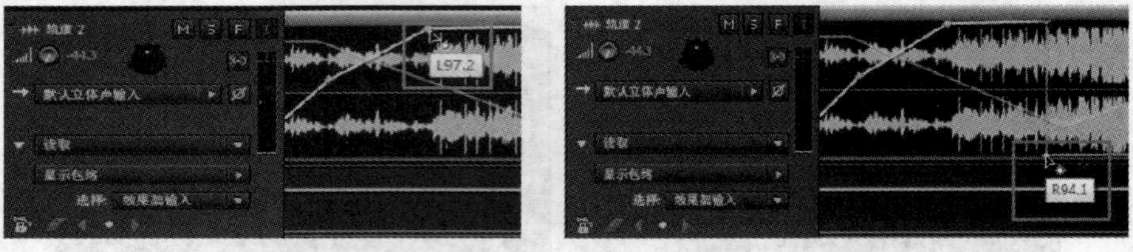

图 7－46　保持关键帧操作

隐藏关键帧的操作，指针选择好之后，鼠标右键出现“隐藏关键帧”，点击执行(见图 7－47)。

图 7－47　隐藏关键帧操作

禁用关键帧编辑：为了避免错误操作和无意识地移动或者误选新建关键帧，确定暂时或者一段时间不再编辑某一音轨时，就需要用指令告知禁用这一音轨内关键帧的任何变动。

在菜单栏“多轨合成”下拉菜单中点击“启用剪辑关键帧编辑”，取消掉前面的“√”，即完成禁止关键帧的命令(见图 7－48)。

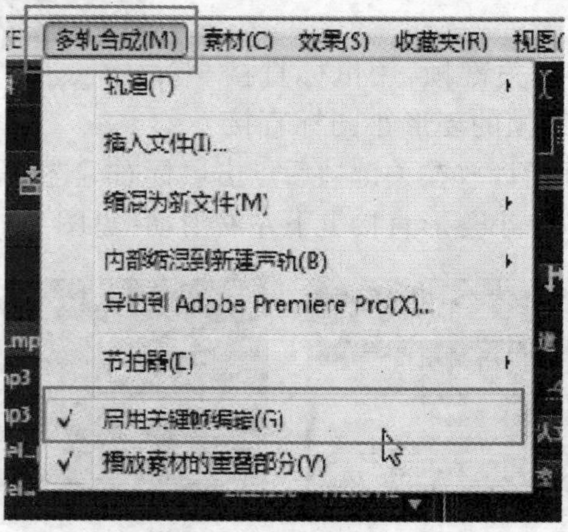

图 7－48　禁用关键帧操作

执行禁用关键帧编辑的前后截图对比(见图 7－49)。

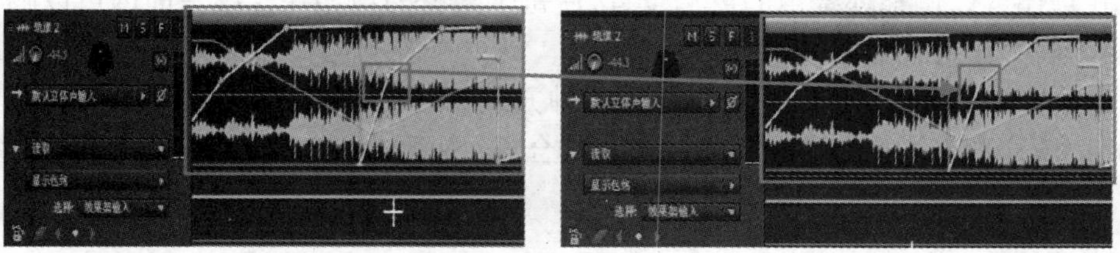

图 7－49　禁用关键帧前后对比图

1.1.4　环绕音效

环绕声,就是能按原始的播放方位,将源声音中的每个声源信号在各自应有的不同方向重现出来,令听者有一种被来自不同方向的声音包围的感觉。

环绕声是立体声的一种,普通的立体声是平面立体声,电影院或家庭影院仅仅在听众的前方设置"左、右"双声道或"左、中、右"三声道,而环绕声属于球面立体声,至少要有三个声道,并且听众必须处于各声道的发声点包围之中。在环绕声中,除了听众前方"左、中、右"三声道外,其他的声道一般都被叫作环绕声道,但是在 7.1 以上声道环绕声中,左中和右中声道不被称为环绕声道。

本软件根据环绕声的特点,模拟出了一个较为真实的声场环境,即 5.1 声道环绕音效,包括 5 个音响和一个超低音炮。低音炮一般只回放 200Hz 以下的声音,用来增强声音的厚重感。实现预览 5.1 声道环绕声的混音效果,就必须在计算机中安装支持不少于 6 个输出的声卡,这些输出还必须映射相对应的正确声道。

菜单栏"编辑"下拉菜单的最后一项"首选项",点击后弹出一个对话框。从图 7－50 的"输出"列表中我们可以看到"文件声道"。

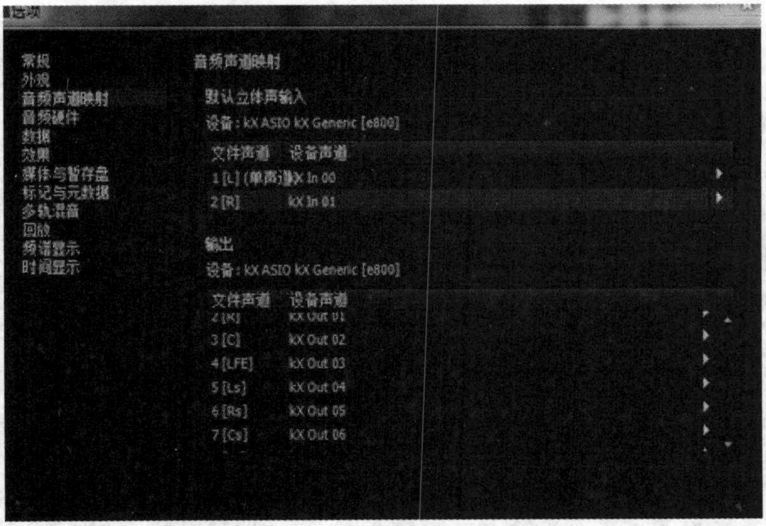

图 7－50　文件声道对话框

L:左前方扬声器　R:右前方扬声器　C:中置扬声器　LFE:重低音喇叭

Ls:左环绕立体声扬声器　Rs:右环绕立体声扬声器

立体声声轨声相是利用软件的环绕声编码器将已有的音轨改造为5.1声道音频轨。并且还可以调整环绕声的声相位置,使每个素材的声相在二维平面内可以随意滑动,便于模拟出各种身临其境的声场效果。

弹出“声轨声相”对话框,可以采用两种方式:一种是在菜单栏“窗口”下拉菜单中勾选“声轨声相”命令;还有一种是在“多轨合成”界面中,点开“主控”的子下拉菜单,添加一个5.1总线声轨(见图7-51)。

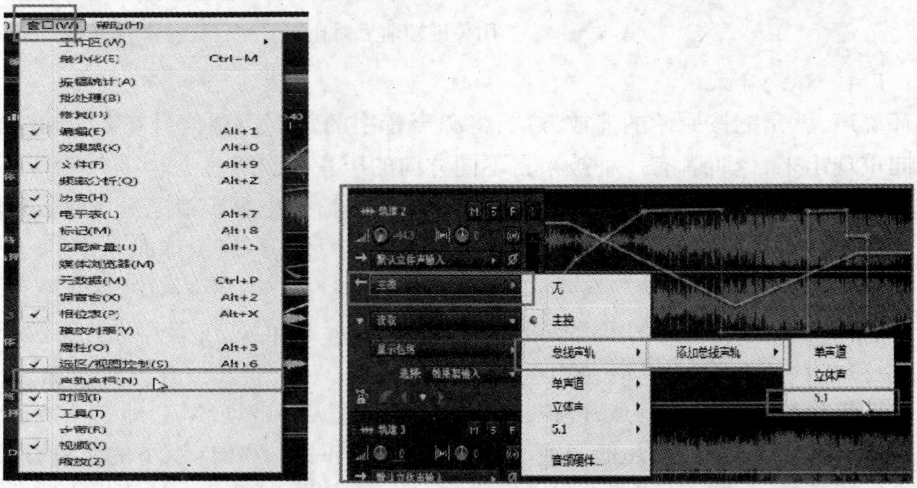

图7-51　声轨声相对话框

在面板上会出现一个小图标。双击图标或者鼠标右键出现的菜单,选择“打开声轨声相面板”,立即就会弹出“声轨声相”调整设置面板(见图7-52)。

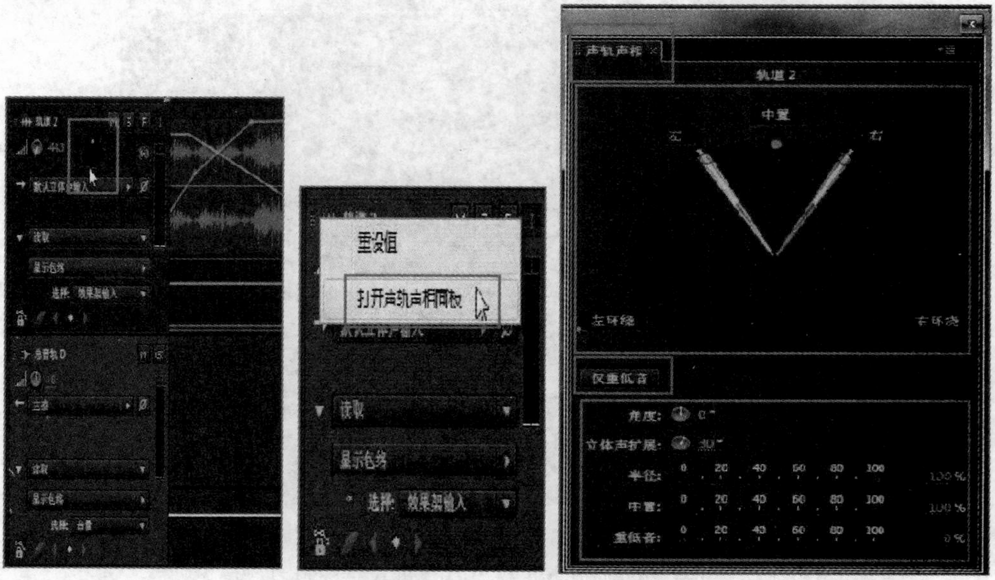

图7-52　声轨声相调整面板

在“声轨声相”面板内，可以滑动亮点更改信号的位置。

拖动时，扬声器白线长度的变化，反映的是每个信号能量的变化。在背景中，绿色和紫色区域反映的是左右立体声图像的位置，蓝色区域表示图像重叠的位置（见图7－53）。

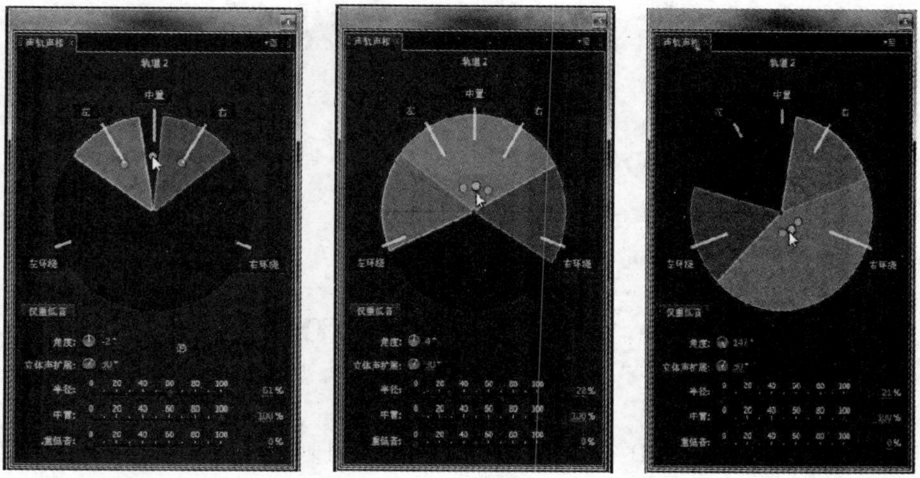

图 7－53　声轨声相面板

“角度”：显示环绕立体声场中声音的来源位置。例如，-90°是指声音直接来自左面扬声器，而 90°是指声音直接来自右边扬声器。

“立体声扩展”：确定立体音频轨道之间的分离，0°和-180°产生最小分离，-90°产生最大分离。

“半径”：确定在立体声场周围声音可传播的距离。例如，100% 会生成来自很少扬声器聚焦的声音，而 0% 会生成来自所有扬声器未聚焦的声音。

“中置”：针对在环绕立体声场前方录制的轨道，确定了“中置”声道电平相对于左右声道电平的百分比。

“重低音：控制发送到重低音喇叭的信号电平。

操作练习

在上一节“多轨合成”制作的一段诗朗诵基础上，对这段音频的语音部分进行混音和环绕效果处理。

第八章　刻录 CD 与音效介绍

第一节　刻录 CD

选择“文件”“新建”“CD 布局”。以组合操作者想要刻录到 Redbook 标准音频 CD 的文件。或者，从“文件”和“标记”面板直接添加轨道：鼠标右键单击并选择“插入到 CD 布局”。当然，要使此选项可用于标记范围，就要选择“类型”列表中的“CD 轨道”。

也可以在“视图”下拉菜单中直接选取“CD 编辑器”选项见图 8－1。

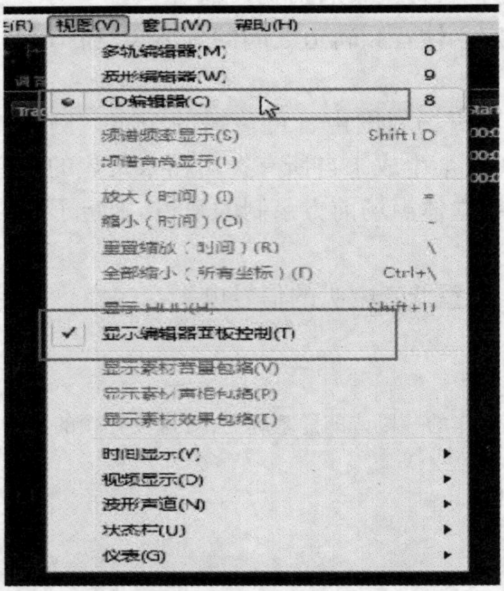

图 8－1　在“视图”下拉菜单中选“CD 编辑器”选项

可以同时组合多个 CD 布局文件，然后在“文件”面板中与它们之间进行选择。在“属性”面板中，指定磁盘属性，如“媒体分类号(MCN)”“标题”“艺术家”。

在完成对 CD 进行布局后，请选择“文件”下拉菜单“导出”，点击“将音频刻录到 CD”，在“刻录音频”对话框中，选择“写入模式”“测试”，以确保数据传输并避免错误。

将 CD 复制到轨道中，有两种方式：一种是选择“文件”下拉菜单中的“从 CD 中提取音频”；还有一种是点击“文件”下拉菜单中的“导入”“文件”指令完成(见图 8－2)。

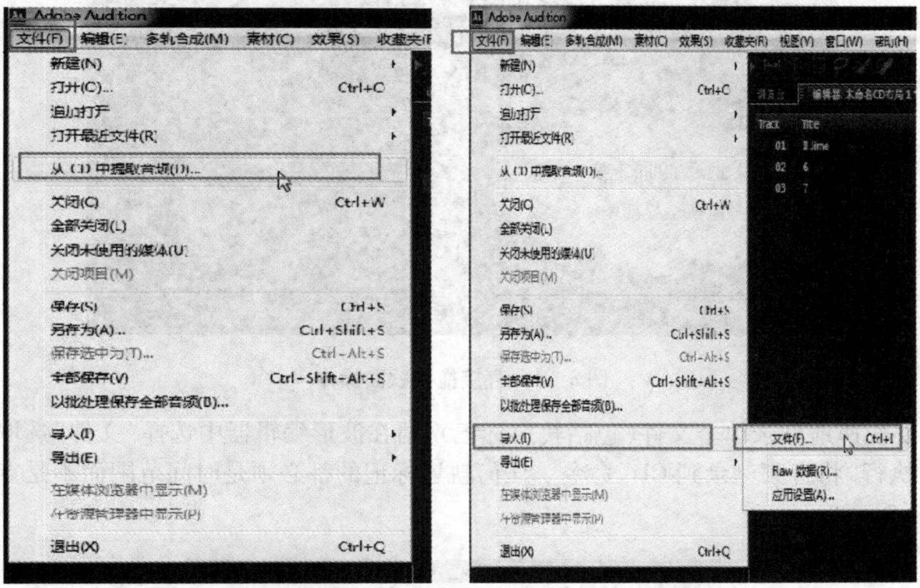

图 8－2　在“文件”下拉菜单中选“导入”“文件”选项

出现“从 CD 中提取音频”对话框。在这里可以对将要呈现在 CD 盘上的资料类型进行分类和注明编辑(见图 8－3 和图 8－4)。

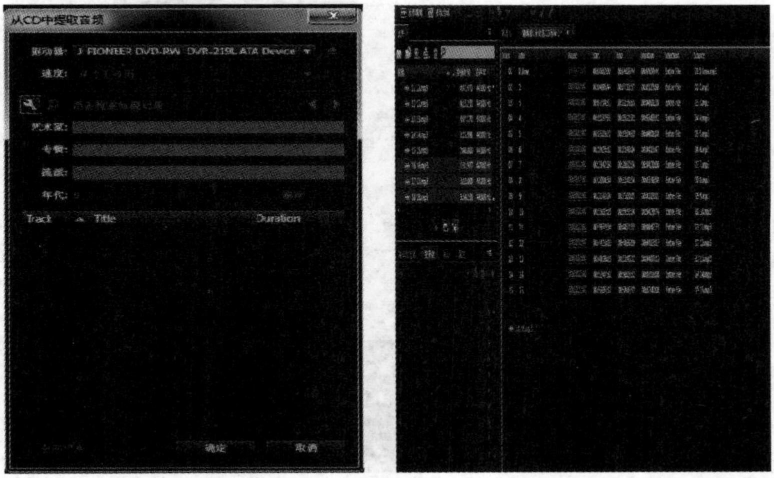

图 8－3　从“CD 中提取音频”对话框

图 8－4　直接拖拽歌曲操作

要快速地刻录单个文件（包括轨道标记），请在波形编辑器中选择“文件”选取“导出”，执行“将音频刻录到 CD”命令。任何轨道标记的都必须是时间范围而不是点（见图 8－5）。

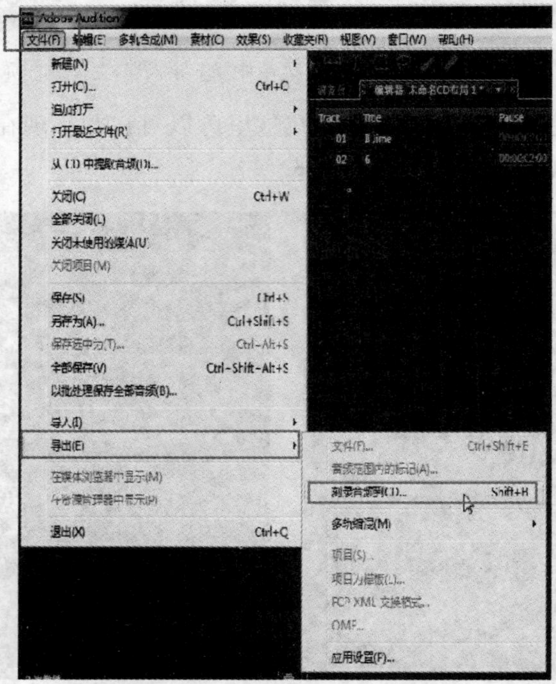

图 8－5　将音频刻录到 CD 操作菜单

操作练习

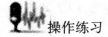

选择一首喜欢的音乐，一段欣赏的散文，进行二度创作后，合成在多轨操作界面中，刻录至光盘。

第二节　音　效

在前面第二章第二节的“声音录制步骤”中提过，音效是这本书很重要的一个章节，因为数字音频这门学科，对于音效的需求不仅仅是满足对已经存在的声音的完美重现，更重要的是如何利用常见物品模拟出我们所需要的声音，来弥补很多无法在同期录音中完成的声音效果的缺憾。

其实，在现实生活中，不论是游戏界面设置，还是家中音频电子产品设置页面，都可以看到音效设置项（见图 8－6）。

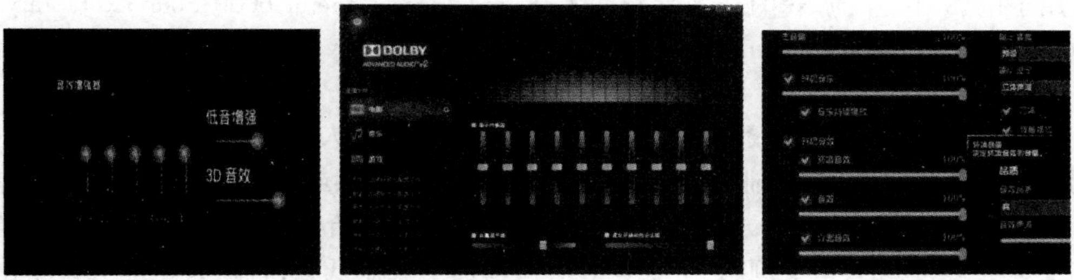

图 8－6　音频电子产品音效设置面板

这些都在某种程度上满足了简易预设和自动调制音效的需求。但作为专业学科学习，这些音效的调制显然是无法达到完美效果的。要想制作出优秀传世的代表作品，对制作者就有着很高的要求。他们需要具备一定的创造性的想象思维、娴熟的制作技巧、超强的声音敏感度并拥有精湛的专业知识。

制作声音，除了前面讲述到的软件基本操作技巧和基础知识外，我们还要了解音效的分类和作用，这样才可以知道学到的技巧和知识有何作用，为何所用。

2.1　制作音效条件

2.1.1　硬件设备

大件的硬件设施包括高性能电脑或专用音频工作站、专业音频接口、显示器（最好是双显，将视频与音频分开更方便同步配音效）、MIDI 键盘、调音台、监听音箱、硬件效果器等。需要说明的是，有一些魔法音效是由旋律组成，换种说法，这种音效更像是一小段音乐，就需要使用键盘按音乐制作的方式进行制作，此外高级的音效制作室需要设立专用录音棚进行拟音，小规模的制作室可以进行基本的吸音装修，使录音达到一定的水准。

总体来讲，音效工作室的硬件设备相对于音乐制作室门槛更低一些，而且音效制作大部分可以由电脑来独立完成。

2.1.2　软件环境

音效制作的软件环境包括操作工具和音效素材两方面，操作工具包括音频工作站、效果插件（混响器、均衡器、音调控制器、特殊效果器等）、环绕声软件、音视频合成软件等等，常用的音频编辑软件有 Audition、Vegas、Nuendo、LogicAudio、Samplitude、Sonar、SoundForge、Wavelab，常用的音频编辑插件套件有 Wave、TC works、Voxengo、UltraFunk 等等。随着计算机技术的发展，越来越多的音频编辑工作开始转移到直观、方便的软件平台上来操作了。上列的工具平台和效果插件各具特色，需要依个人的操作习惯、所满足的硬件条件等各方面来选择使用。

音效素材集是音效制作的素材来源，素材集综合了地球上大部分自然发声和地球上不存在的电子声或特殊音效，除了一部分原创音效以外，大部分音效可以通过对素材进行剪辑、再合成、效果处理三部曲得以实现。目前世界上最专业、最全面、最广泛应用于电影、广告、游戏的音效素材集有 Sound Ideas General 6000 Soundfx Library、Hollywood Edge、Bigfish soundscan、Lucasfilm SoundFX Library 系列套装音效集等等。

2.1.3　制作人员

音效制作室的软硬件条件是比较容易满足的，而制作人员才是音效制作的关键，制作人员需要有较深的专业背景，熟悉各类别的音效，熟悉或精通音频编辑软件的操作并掌握相关的录音技术，最重要的是需要有专业的声音听辨能力。这一点对音效精加工是至关重要的，举个例子：一个音效略微增加了一点低频，普通人可能分辨不出来，具有敏锐听辨能力的专业音频编辑人员就应该具有区分的能力，特别是当音效具有多个声音元素的时候。

2.2　常见音效

2.2.1　预设音效

虽然时下大部分的 MP3 都支持自定义 EQ，但为了方便用户操作，几乎所有的 MP3 播放器都会在内部预先设置几种比较具有代表性的 EQ 设置，有的甚至达到 30 种之多，下面以 IAUDIO M3 为例，介绍一下几种常见的 EQ 模式。

NORMAL：普通音效，所有频段都没有任何增衰，适合喜欢原汁原味音乐的朋友。

ROCK：摇滚乐，它的高低两端提升很大，低音让音乐强劲有力，节奏感很强；高音部分清晰甚至刺耳。

POP：流行乐，其曲线与 ROCK 大致相同，较 ROCK 稍微削低了低频，增强了高音部分，乐器表现更加出色一点。

Jazz：爵士乐，它提升了低频和 3～5kHz 部分，增强临场感。

Classic：古典乐，它提升的也是高低两部分，主要突出乐器的表现，音场表现更加适合演绎大场面的古典音乐。

Vocal:人声,人的嗓子发出的声音的频率范围比较窄,提升主要集中在中频部分,适合用来听相声小品或录音文件等。

2.2.2 环境音效

主要是指通过数字音效处理器对声音进行处理,使声音听起来带有不同的空间特性,比如大厅、歌剧院、影院、溶洞、体育场等。环境音效主要是通过对声音进行环境过滤、环境移位、环境反射、环境过渡等处理,使听音者感到仿佛置身于不同环境中。这种音效处理在计算机声卡上应用得非常普遍,使用组合音响方面的应用也逐渐多起来。环境音效也有其缺点,由于对声音处理时难免会损失部分声音信息,并且能模拟出的效果和真实环境还有一定的差距,因此有人会感到声音比较“虚假”。

2.2.3 3D 音效

3D 音效就是用扬声器仿造出似乎存在却是虚构的声音。例如扬声器仿造头顶上有一架飞机从左至右飞过,你闭上眼睛听,就会感觉到头顶仿佛真的有一架飞机从左至右飞过,这就是 3D 音效。

A3D 是 Aureal Semiconductor 开发的一种崭新的互动 3D 定位音效技术,使用这一技术的软件(特别是游戏)可以根据软件中交互式的场景、声源变化而输出相应变化的音效,产生围绕听者的极其逼真的 3D 定位音效,带来真实的听觉体验,而这一切只需通过一对普通的音箱或耳机就能实现。Di-amond Multimedia 公司曾经大胆地推出了一张全新 PCI 规格的 Monster Sound 音效卡。它们利用微软的 Direct Sound API 来解决游戏声音相容性的问题。而这张卡得以生存的原因主要在于这块声卡拥有自己的 API 函数库,也叫 A3D 系统。它最大的长处,就是 3D 立体音效。

2.2.4 MP3 音效

音效是指声音的音响效果,也就是传到耳朵里的声音效果。由于 MP3 播放器在还原声音时,在低频和高频部分都会有很大的失真,而音效则可以对其修正与补充,弥补 MP3 听感不足的缺憾。音效偏重于对声音听感的描述,根据一切以耳朵验货的原则,听感的好坏是判别 MP3 播放器质量的基本标准。

2.2.5 BBE 音效

对于 MP3 发烧友,深知老牌的著名专业级音效 BBE 音效。BBE 音效被誉为“音乐皇后”。但可惜 BBE Sound 公司对 BBE 技术设有严格的授权协议,在国产 MP3 上几乎找不到它的踪迹,仅被韩系高端品牌 COWON 独享,不菲的价格足以让国内普通消费者望而却步,这也就注定了 BBE 音效的市场局限性。

2.2.6 数码自然音效

数码自然音效(DNSe)技术是由三星自主研发,模拟三星家庭影院系统 5.1 音频 DSP 音响技术和便携式组合音响技术,在音乐细节还原能力方面以及空间感和层次感上尤其出色。主要应用在三星 MP3 系列中,国产魅族 Miniplayer,Musiccard 支持 DNSe 音效。

2.2.7 SRS 音效

SRS 音效同样是一老牌音效,经过 1.0、2.0 版,到现在最新版 SRS WOW HD,在终端应用上积累深厚。目前Iriver就主打该音效,产品价格都在500元以上,国内也出现了199元的SRS音效MP3,表现可圈可点,但功能显得落后。曾经魅族也有使用,不过已经不用了,蓝魔V7(2G 299)支持这种音效。最新版SRS HD WOW。

2.2.8 PlayFX音效

PlayFX音效是刚出现在MP3播放器上的一种新技术,它最初是应用于微软Window Vista上的一套音频增强技术,通过优化算法后移植到便携式音响设备上。该音频技术由著名音频工程师James D. Johnston领导开发,此人是音频界先驱式人物,拥有极高声望,是公认的"MP3音频格式之父"。

2.2.9 飞声音效

Fullsound即"飞声",是飞利浦为了去除MP3音乐的"数码味"和"失真",而使之更接近于真实音效的还原的一种音效。

飞声音效技术:我们知道MP3是一种数字音频压缩格式,其原理是将听觉范围以外的声音信号移除后,对剩余信息进行编码和压缩。经过这种数字化的处理后,声波曲线无法保持原有的平滑,而变成了锯齿状,所以MP3的声音听起来有毛刺感,显得生硬和冰冷,缺乏力度和现场音效的感染力。为弥补这一不足,许多音频系统会通过软件来对声音信号进行修复,诸如提升部分频率、提高解析度或扩大音场等,但这种修复也容易带来新的缺陷,即失真和产生噪声。

FullSound飞声音效技术正是为了提高MP3的播放音质而量身打造。FullSound飞声音效使得声音的力度加大了。

FullSound采用四种关键音频处理技术传递全方位的、厚实的声音体验,而没有大多音频增强技术常见的失真和噪声。低音增强技术可以在音频信号中不断寻求可用空间,用来加载额外的低音能量,在避免传统低音增强导致的失真或泵浦效应的前提下,来实现低音和重音的增强。传统高音增强只会导致声音过于响亮,但FullSound能够分辨出原始录音环境下主唱和乐器的现场位置,通过瞬态信号放大结合多波段频率补偿,既突出声音的精确性和细节,又保持频率的和谐,从而产生出自然音响。简言之,FullSound飞声音效技术是通过对低音的力度加大,清晰度的细节调整,对音乐的微妙旋律部分进行忠实再现,为用户提供超清晰的音质和始终如一的音色享受。

FullSound飞声音效还包含了小型立体声修复以补偿空间感(由于立体声编码,加上高频解析缺失,而导致压缩音频格式中缺少空间感)。当然,该修复效果的程度极其微小,更多是通过增加深度来实现声音的真实还原,有效避免了强化压缩而产生的噪声。人们使用该技术所体验到的声音真实环绕、清晰而又自然。

2.2.10 游戏音效

从目前音效结构来看,可以按以下方式简单分类:

1. 按音效格式和制作方式分类

(1)单音音效

单音音效是指单个WAV文件为一个独立音效,游戏中的音效绝大部分是单音音

效，由程序调用发声并控制远近、左右位置。

(2)复合音效

复合音效是指具有多个声音元素，在游戏过程中由程序即时对这些元素合成发声的音效。有的游戏专为声音设计了复合音效引擎。这种音效最大的优点是元素可以重复使用，有效控制了音效元素的下载负担，而且变化丰富。缺点是制作难度大，技术要求复杂。

(3)乐音音效

乐音音效更像是一小段音乐，通常在进入地图的时候闪现出来，这种音效属于音乐制作范畴，通常由音乐制作方来制作。

2. 按功能分类

(1)界面音效

用于界面操作的音效，界面音效贯穿于整个游戏过程，比如菜单弹出收回、鼠标选定，物品拖动等等。

(2)npc 音效

所有角色相关音效，比如脚步声、跑步声、死亡声、被攻击的叫声等等。

(3)环境音效

自然环境声，比如风声、湖水涟漪的轻声、瀑布声、鸟鸣等等。

(4)技能音效

主要指各种攻击声音、刀的舞动、矛的冲刺、踢、打、爆炸等音效。

(5)背景音效

主要指游戏中不同场景、不同地图的音乐，比如不同地图搭配不同风格的音乐，回合制游戏中战斗场景中的战斗配乐等。

游戏音效与游戏音乐的区别

游戏音乐一般只指游戏中连续循环播放的背景音乐，通常与游戏操作和游戏中的状态无关，而游戏音效则是通常以特定的场景或行为(如子弹发射)为触发音乐播放的条件，如果没有触发音乐的行为则不播放。游戏音乐和游戏音效都是一个电子游戏中声音效果的组成部分，现代的大多数电子游戏一般既有游戏音乐，又有游戏音效。

2.2.11　三维音效

三维音效有两个重要的概念：API 和 HRTF。API 是指编程接口，其中包含着许多关于声音定位与处理的指令与规范。它的性能将直接影响三维音效的表现力。如今比较流行的 API 有 Direct Sound 3D、A3D 和 EAX 等。HRTF 是“头部相关转换函数”的英文缩写，它也是实现三维音效比较重要的一个因素。简单讲，HRTF 是一种音效定位算法，它的实际作用在于欺骗我们的耳朵，以立体声方式录制，听者沉浸于其中，仿佛能感觉到声音的确切位置(上、下、左、右、前、后)。该技术通常用于视频游戏和虚拟现实系统，以及一些 Internet 应用程序。也作 3-D sound，binaural sound。

2.2.12 复合音效

复合音效是一种较为复杂的音效，在制作上，复合音效相对于单音音效而言难度较高，同时复合音效需要开发专用的复合音效程序。通常复合音效只应用于 NPC 技能类（或攻击类），因为其他类别音效如界面音效、环境音效等相对单一，对单音音效触发并根据需要设定循环即可实现。

第四部分

Adobe Audition CS6 制作实例

第九章　数字音频制作

配音、贴唱和配乐，是数字音频操作中广泛应用的操作技巧。在学习和掌握本章节知识的同时，还应该在生活中对声音多听、多思考、多留心、多交流。在倾听作品时，要对作品中的语音、音乐、音响、音效进行记忆和分析。同时在具备一定条件的基础上，要对语音、音乐、音响配置的效果和方法多加观察，为创作作品加深知识的理解和认识，并不断积累。

第一节　录制音频

1.1　录制旁白

在录音室，使用话筒和 Adobe Audition CS6 软件，录制一段配音旁白，学生通过此实例的学习与练习操作，掌握设备连接的技能，懂得录制来自话筒的声音的方法和步骤。

录制的旁白词如下：

兄弟你/在哪里/天空又飘起了雨/我要你像黎明一样/出现在我眼里

兄弟你/在哪里/听不见你的呼吸/只感觉我在哭泣/泪像血一样在滴

我一个人/独自在继续/走在伤痛里闭着眼回忆/岁月锋利/那是最最致命的武器/谁也无法/把曾经都抹去

还有什么/比死亡更容易/还有什么/比倒下更有力/没有火炬/我只有勇敢点燃我自己/用牺牲/证明我们的勇气

还有什么/比死亡更恐惧/还有什么/比子弹更无敌/没有躲避/是因为我们永远在一起/用牺牲/证明我们没放弃

我一个人/独自在继续/走在伤痛里闭着眼回忆/岁月锋利/那是最最致命的武器/谁也无法/把曾经都抹去

还有什么/比死亡更容易/还有什么/比倒下更有力/没有火炬/我只有勇敢点燃我自己/用牺牲/证明我们的勇气

还有什么/比死亡更恐惧/还有什么/比子弹更无敌/没有躲避/是因为我们永远在一起/用牺牲/证明我们没放弃

从未分离/每个夜晚都是同样的梦呓/自言自语/来世还要做兄弟

这是电影《集结号》插曲《兄弟》中的歌词部分。这里需要的不是演唱,而是将歌词朗诵,采用旁白的形式为乐曲配音。

在准备检查完毕所录音需要的设备后,就点击网页寻找到这首歌的伴奏曲,并点击下载。

下载结束后,直接将这首歌的伴奏曲导入"波形编辑"音频轨中见图9-1。

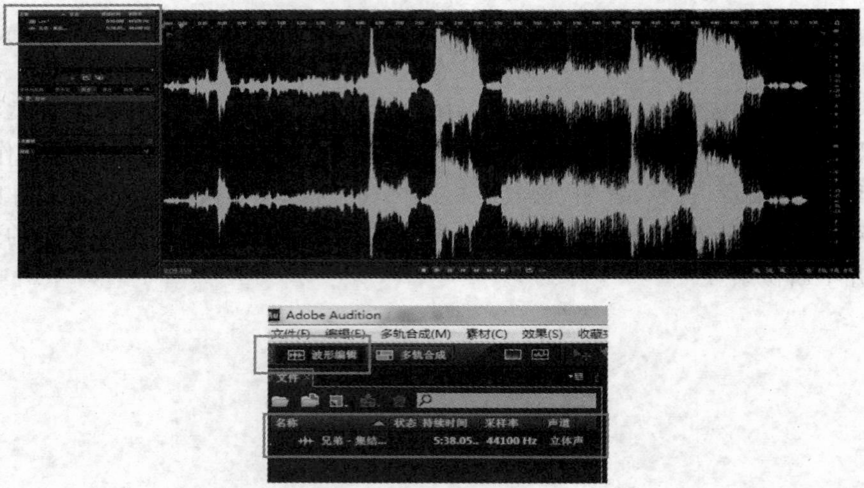

图9-1 将歌曲导入"波形编辑"音频轨中

从图9-2可以看到导入的音频采样率和声道数。包括录音时很常规的关注数值:时间。

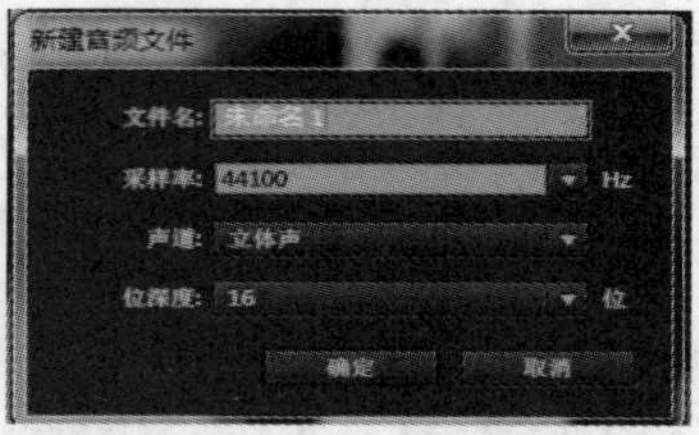

图9-2 新建音频文件

打开"新建音频文件"创建一个新的单轨,开始录音。

录音结束后,点击播放可以审听效果(见图9-3)。

这里需要注意的是:录音时观察电平值,并且尽量控制语速。

新建"多轨合成",将两个音频文件拖入,找准时间点,将语音音轨拖至精准始位(见图9-4)。

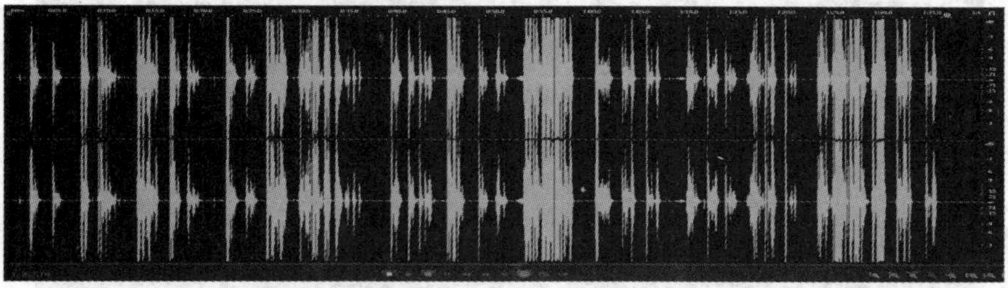

图 9－3　歌曲波形

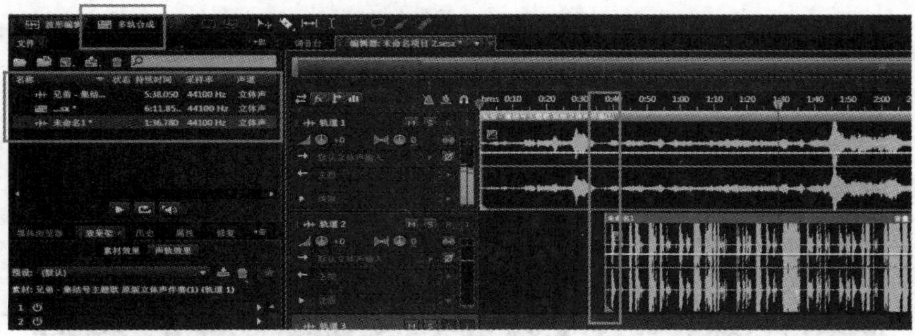

图 9－4　并轨的时间点

1.2　录制贴唱

录制个人演唱时，需要事先将伴奏曲下载或者制作完成，直接拖入“多轨合成”界面，然后开始个人演唱录音（见图 9－5）。

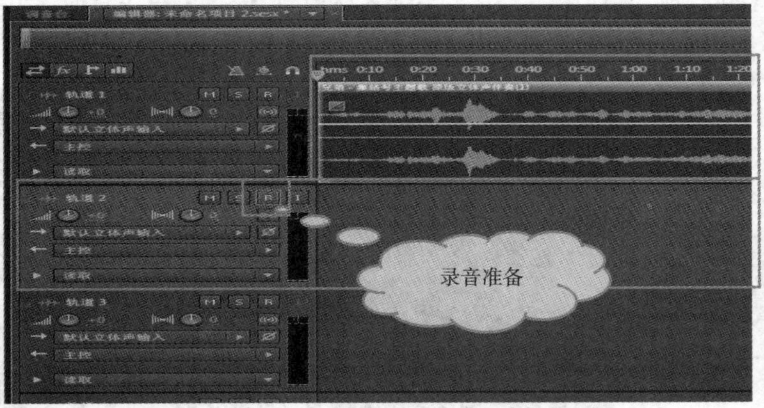

图 9－5　录音准备

录音中（见图 9－6）。

复听，进行时间和效果对接点的调整（见图 9－7）。

需要注意几点：首先，录音时，使用录音专用监听耳机或者监听音响，避免伴奏音

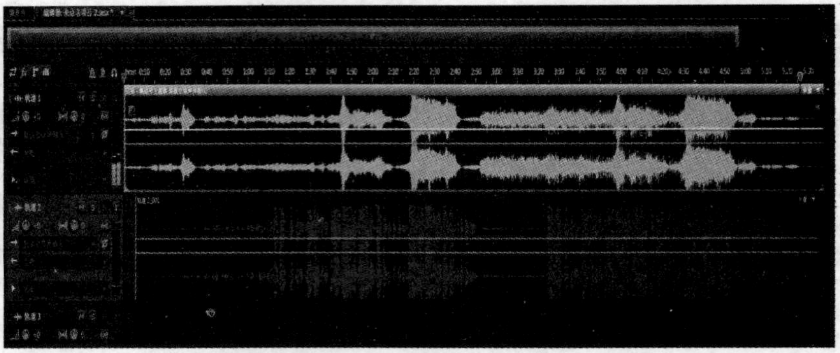

图 9-6　录音状态

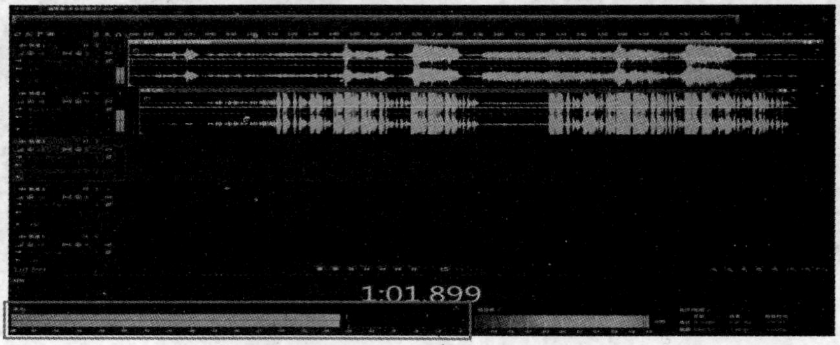

图 9-7　调整时间和效果对接点

同步被录制进去，还要注意电平值的高低；其次，一定要使用标准普通话录音，否则整体效果会出现偏差甚至反转。

如果“多轨合成”界面中已经有了多个素材声轨，进行单一录音时，会同步播放其他轨道的素材声音，这里就需要对其他轨道进行一一设定为“静音”（见图 9-8）。

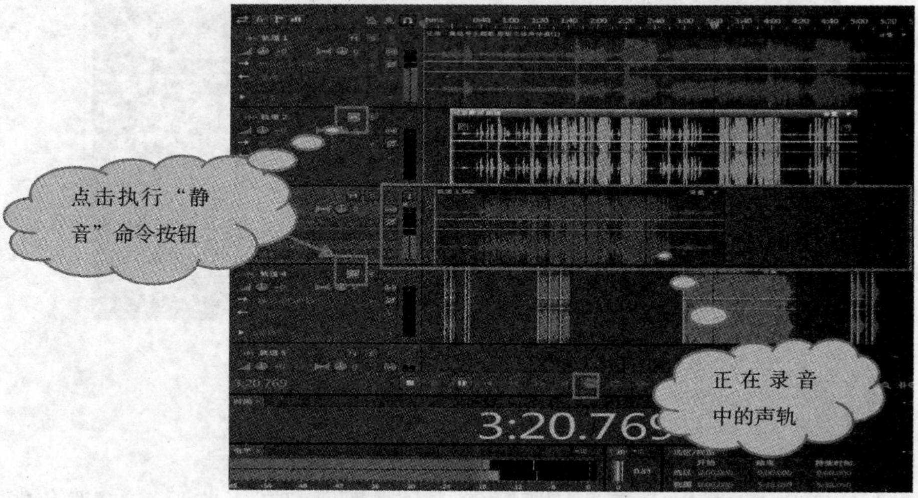

图 9-8　设定静音状态

1.3 添加音效

首先从网上下载需要添加的音效素材，导入“多轨合成”界面（见图9－9）。

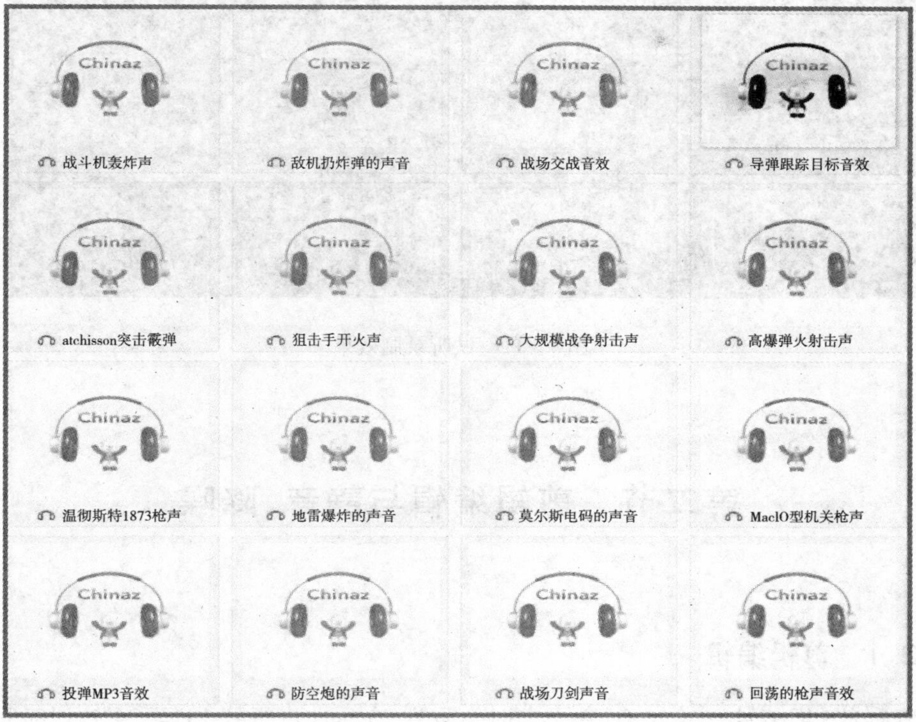

图9－9　从网上下载音效素材

在导入时，由于原始音效素材的制作成品的格式受采样率的限制，与正在制作的音频文件格式会有出入，这不需要事先做格式转换，只要是软件可以读取的格式，在拖入音频轨之前，会弹出提示框进行自动格式转换（见图9－10）。

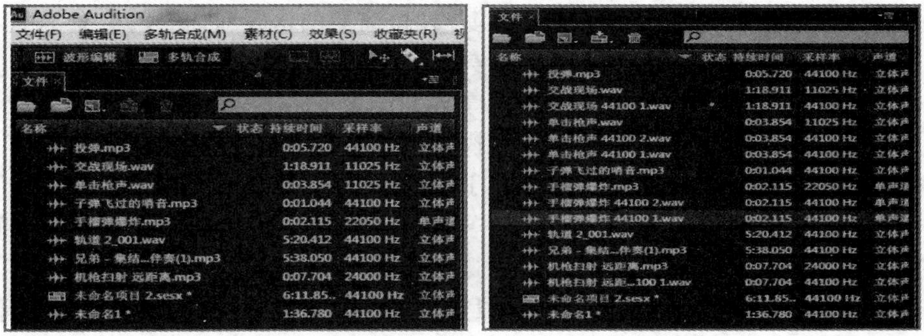

图9－10　格式转换操作

格式转换完成后，可根据需要的时间点，一一将所需音效拖到空白音频轨中，点击播放试听效果并进行调整（见图 9－11）。

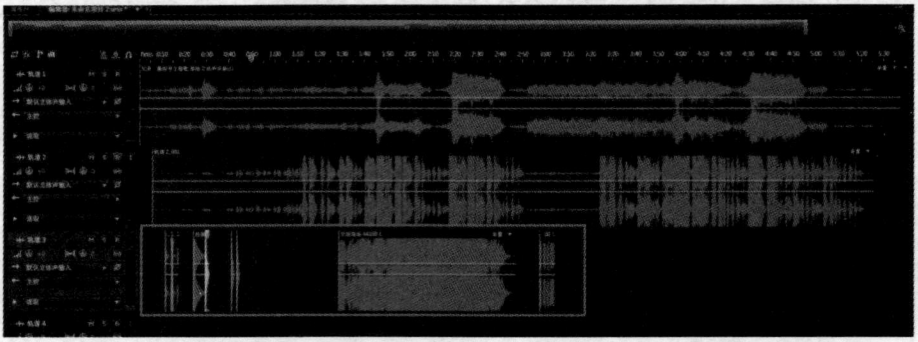

图 9－11　试听录制效果

第二节　剪辑编辑与静音、降噪

2.1　剪辑编辑

在播放《集结号》中《兄弟》伴奏曲时会听到，在乐曲进行到 13″至 24″这段时间时，会听到影片中点题的团长与谷子地的两句对白：

谷子地："不管几点钟，以季节号为令，随时准备撤退！"
团　长："听不见号声，你就是打剩下最后一个人，也要接着打下去！"
谷子地："是！"

歌曲中的这段对白针对《集结号》这部影片，很有带入感，同时具有了一定的渲染效果。如果作为演唱者，在非影片宣传的演出时，前奏的这段对白有时会令演唱者与受众感到不适或者尴尬，那么就需要对伴奏曲进行音频编辑处理。

为了便于操作和避免出现误差，可以事先将需要去除声波段做"标记"处理。确定好开始时间点和结束时间点后，就可以执行"标记"命令了（见图 9－12）。

处理的手法可以是直接删除，但是由于前奏中由大号渐入，逐渐加入了军鼓和交响乐作为背景音乐的衬托，删除结束后需要对切去的时间段做前后无缝衔接编辑处理，否则会有跳帧的感觉（见图 9－13）。

也可以将这段已经选定的声音时间段进行静音处理，然后找到没有对白的音乐，按照原始时间点复制粘贴进来（见图 9－14）。

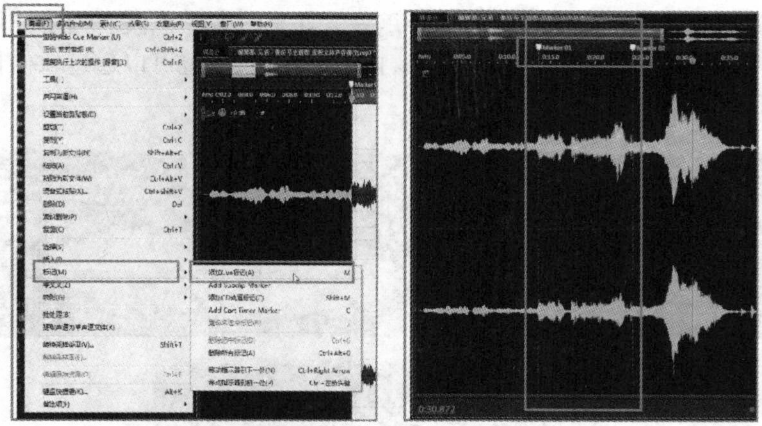

图 9－12　执行“标记”命令

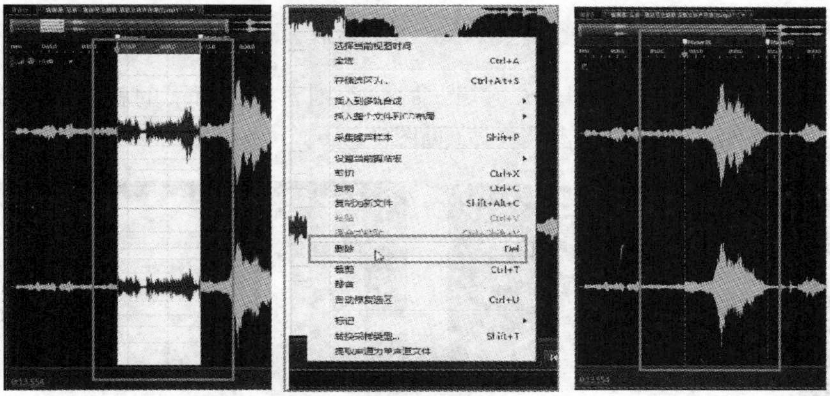

图 9－13　删除操作后的编辑处理

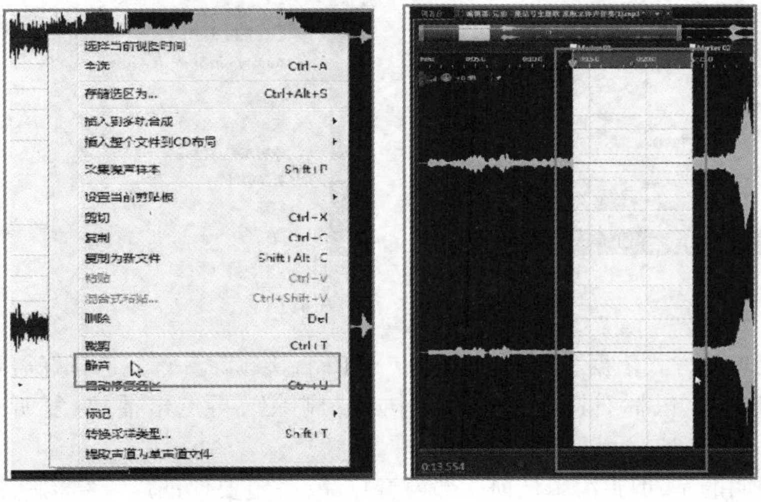

图 9－14　进行静音处理

在编辑的过程中，声轨往往会默认伸缩展现完整的音频声波。为了方便选择时间点和编辑声波，可以直接拖拽波形显示条，拖到最佳位置，也可以通过软件自身的波形控制器进行调节（见图 9－15）。

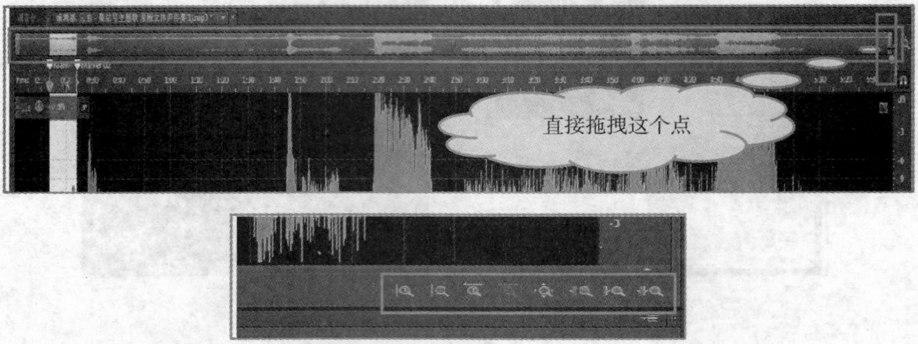

图 9－15　编辑波形

这种处理不能执行“裁剪”和“剪切”命令，否则音轨中留下的就是选择需要去掉的这段音频，其他需要保留的皆被去掉（见图 9－16）。

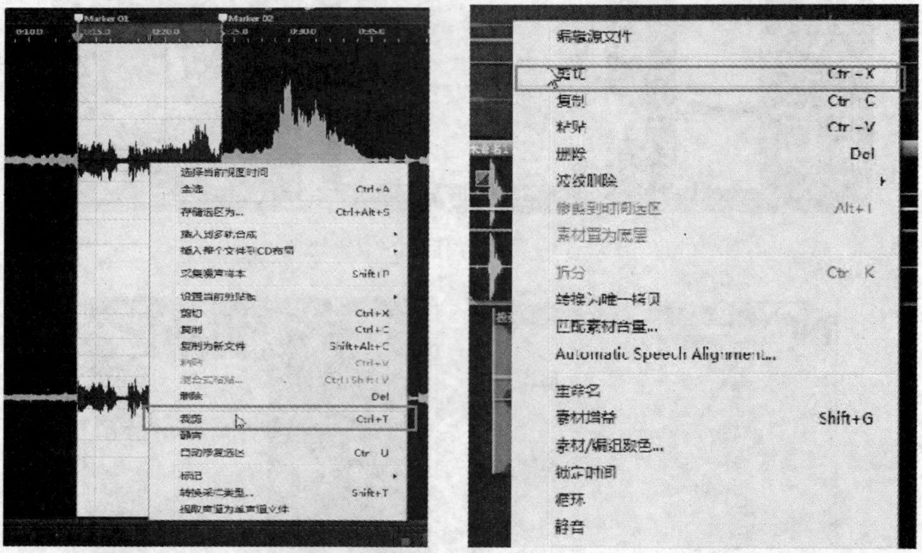

图 9－16　裁剪和剪切

这种处理的方式依据歌曲的前奏特点，选择直接删除。首先选择好需要删除的时间段，滑动选中。鼠标右键的快捷菜单执行“删除”，再点击播放，复听效果（见图 9－17）。

需要说明的是，剪辑编辑任何一部声音作品，一定要保证声音结构完整。其流程包括引子、主题、过渡、高潮和结尾五个部分。

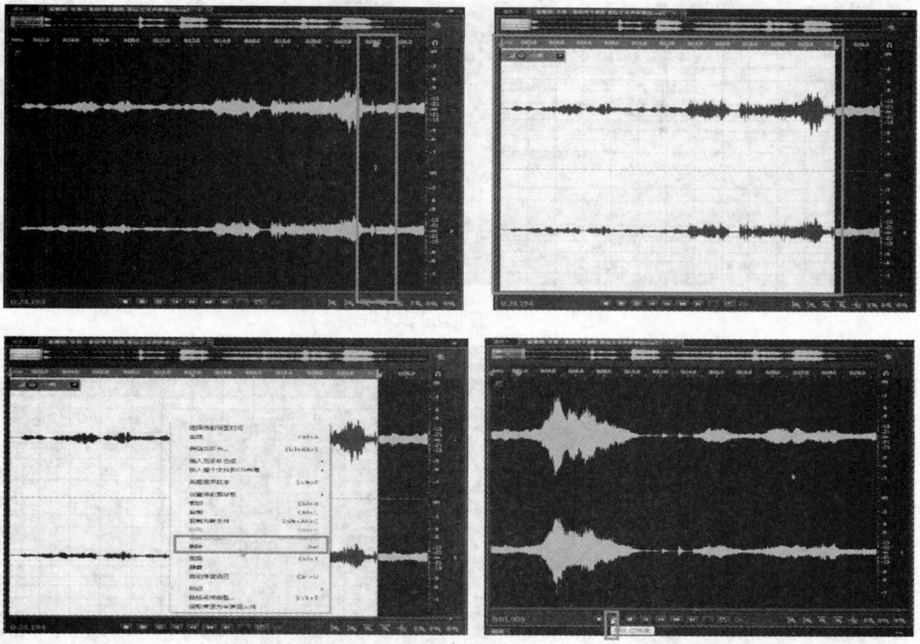

图 9－17　删除与复听

2.2　音量调整、静音和降噪

复听时，由于不同的录音环境和录音设备造成的采样效果差异，会发现某个声轨的声音过大或过小的状况，这时就需要进行音量振幅调整和静音处理（见图 9－18）。这也是声音编辑程序中必经的一个环节。

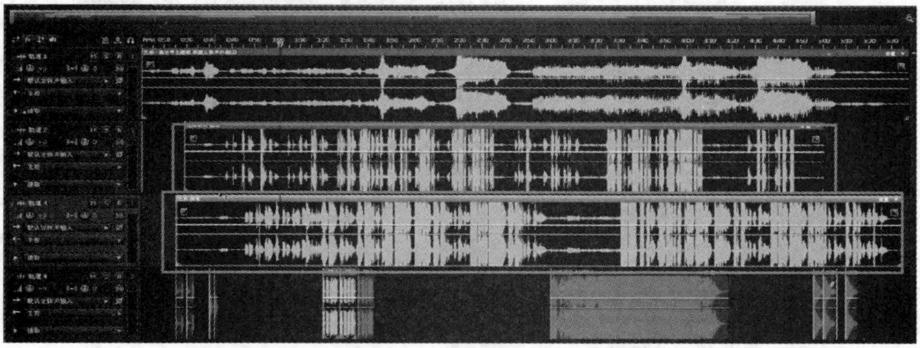

图 9－18　进行音量振幅调整和静音处理

从图 9－18 中可以发现，朗诵声轨和配唱声轨中的振幅明显偏高。双击朗诵音轨，屏幕自动跳转到“波形编辑”界面（见图 9－19 和图 9－20）。

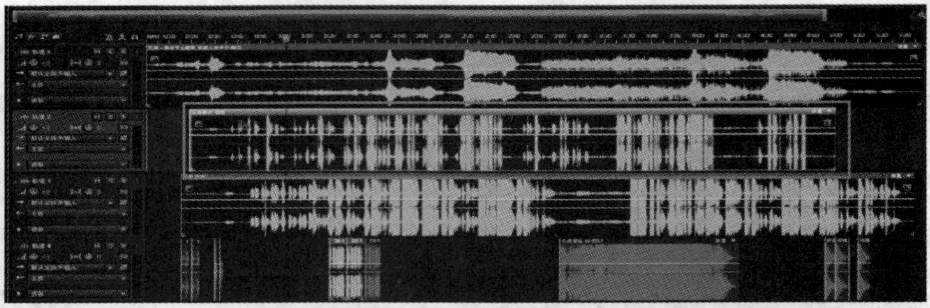

图 9－19　波形编辑界面(1)

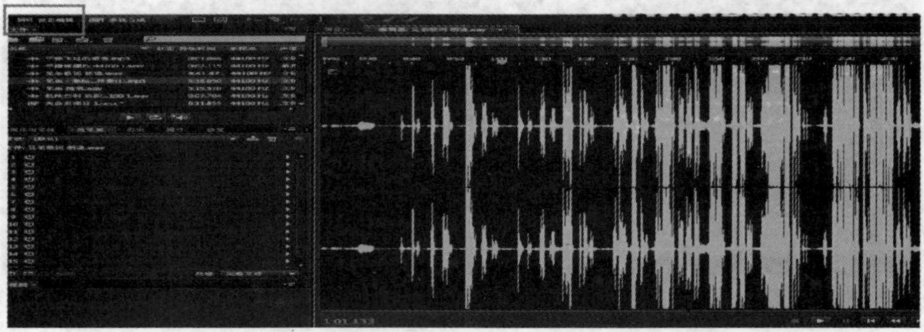

图 9－20　波形编辑界面(2)

在进行振幅编辑前，可以将音轨中的部分噪声进行静音处理。先选定需要进行静音处理的声波时间段，点击鼠标右键下拉快捷菜单“静音”执行命令（见图 9－21 和图 9－22）。

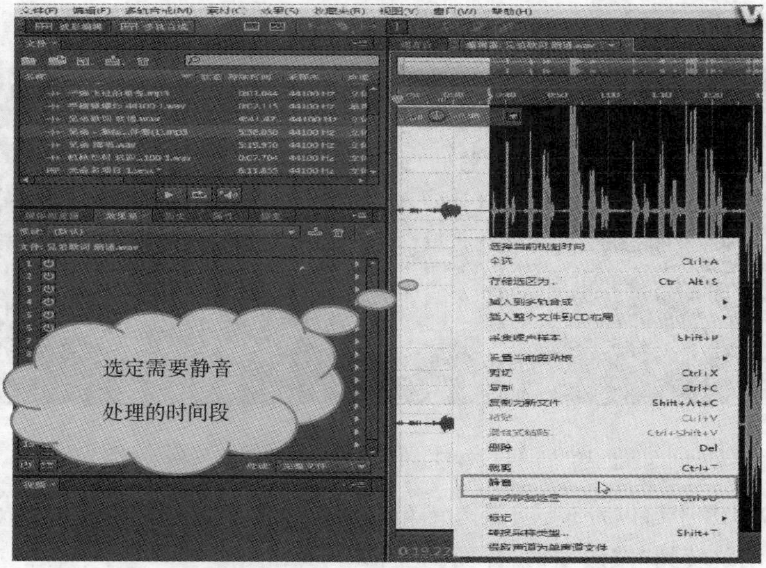

图 9－21　静音处理(1)

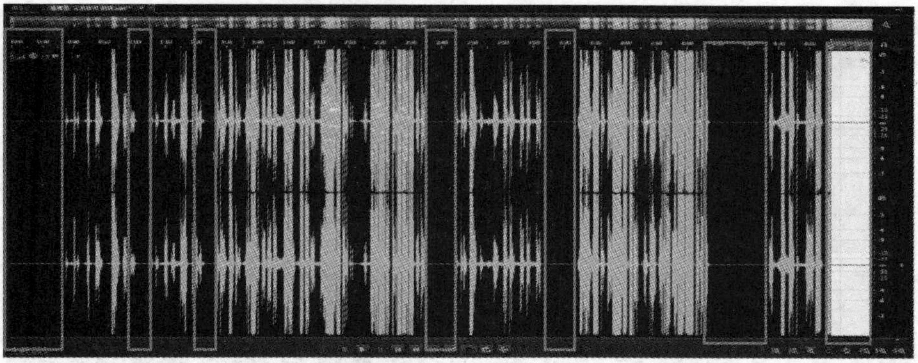

图 9－22　静音处理(2)

静音处理完毕后,将音轨声波全部选中,点击“效果”下拉菜单中“振幅与压限”,执行“增幅”命令。在弹出的对话框中,首先勾选复选框“链接滑块”,再用鼠标按住滑块左右调整,或者直接修改分贝数值进行振幅调整。同时可以点击“预播放”在线试听效果,可重复操作,直到声音效果满意时点击“应用”(见图 9－23 和图 9－24)。

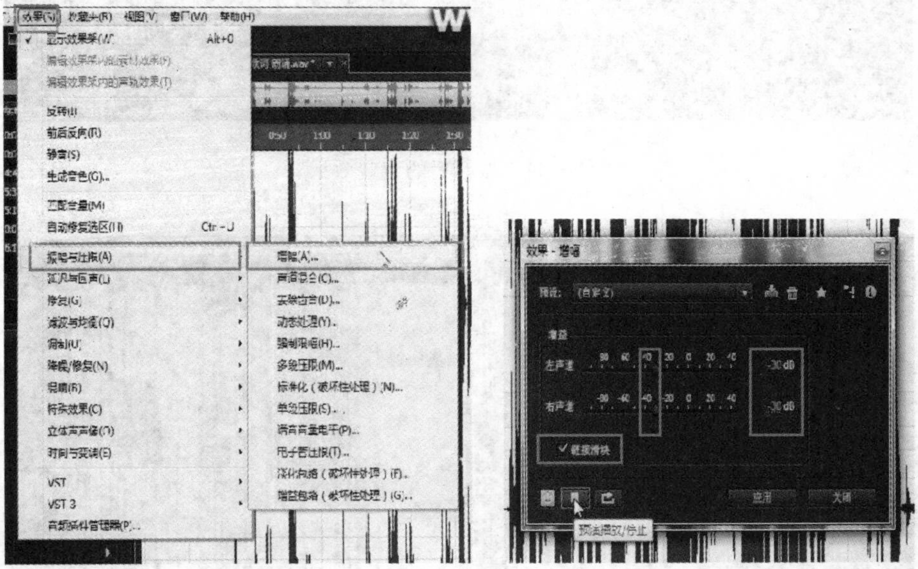

图 9－23　执行增幅命令

图 9－24 就是调整振幅后的直观效果。配唱音轨的振幅调整同此操作。

单击配唱音轨,屏幕自动跳转至“波形编辑”界面中,会看见一些噪声的存在。为了保证音品,故需要对音轨中的声波进行降噪编辑处理(见图 9－25)。

在菜单栏“效果”下拉菜单中“降噪/修复”子下拉菜单里点击“采集噪声样本”,再执行“降噪”命令(见图 9－26 和图 9－27)。

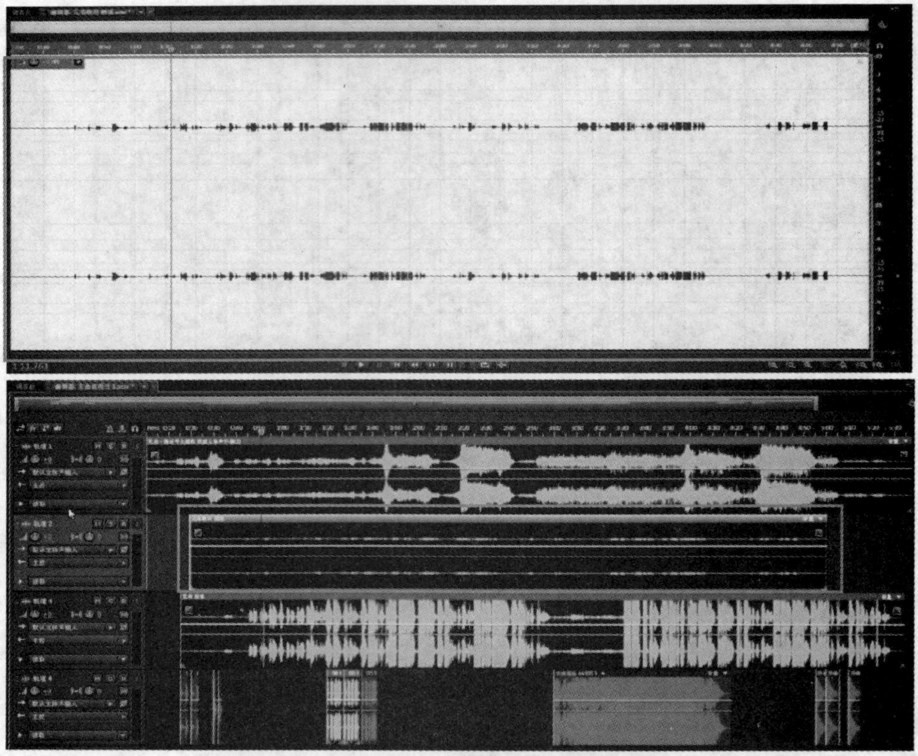

图 9－24　振幅后的直观效果

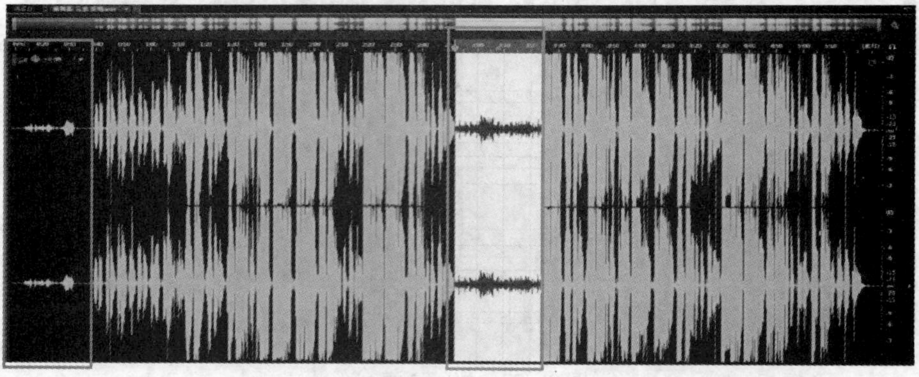

图 9－25　噪声波形

在弹出的对话框中，首先预播放试听是否选择正确，防止误删除需要保留的声波。点击“应用”。

“降噪”命令执行后，被选定的声波波形几乎成为一条细线。这就完成了“降噪”处理（见图 9－28）。

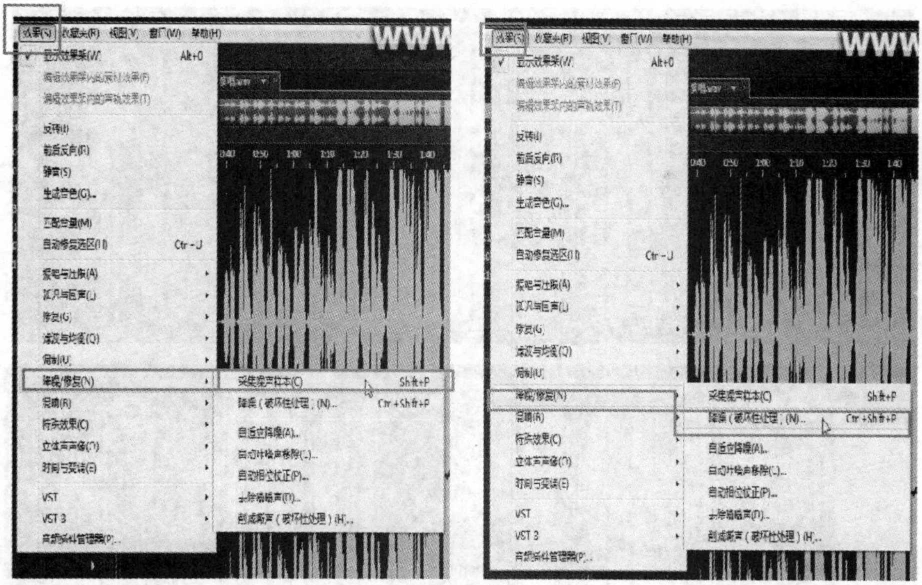

图 9－26　降噪处理(1)

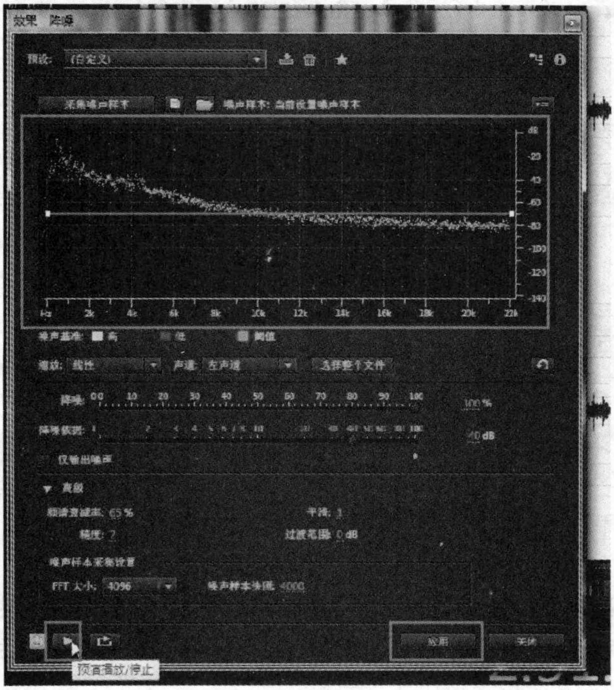

图 9－27　降噪处理(2)

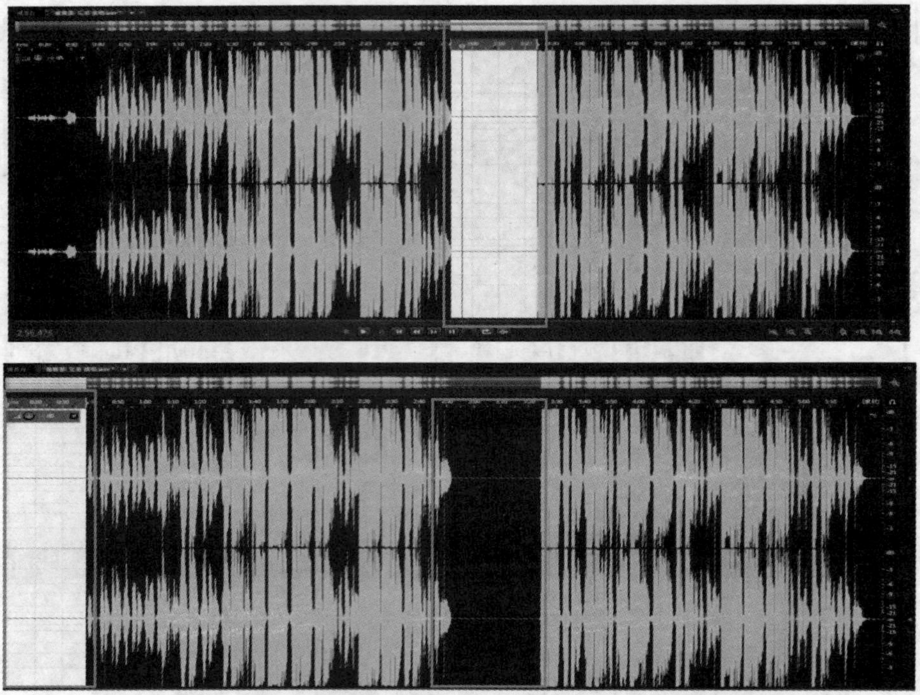

图 9－28　降噪后的波形

第三节　音乐串联、铃声制作与配音

3.1　串烧制作

有时，为了娱乐效果，或者是节目需要，会将几首歌在旋律上进行串联，中间没有停顿，之间用旋律来过渡。要求是每首歌曲衔接处自然而没有明显的过渡痕迹，如果两首歌曲风格完全不同时，就需要增加一段过渡旋律将两首歌曲衔接在一起。制作串烧歌曲，需要的不仅仅是软件乐器的熟练操作技能，更需要对音符旋律的敏感度和驾驭能力。

这里处理的串烧歌曲是将电影《戴手铐的旅客》中的歌曲《驼铃》，《冰山上的来客》中的插曲《怀念战友》和《集结号》中的《兄弟》三首歌串烧在一起，每首歌曲只演唱第一段，将这三段结合起来制作成一首歌。

开始还是要在网上寻找歌曲或者伴奏并下载。

这三首歌曲风格有很明显的差异，节奏不同，如何做到没有痕迹的衔接，就需要考验操作者的技巧。

首先试听，选择需要的声波时间段并记录下来，接着分别将三首歌曲中需要截取的声波时间段做好标记（见图9－29）。点击“编辑”下拉菜单中的“标记”，选中“添加Cue标记”，做好标记后使用鼠标右键的快捷菜单，运行“裁剪”命令（见图9－30），保留下来的声波段需要作为串烧素材的音频，在“文件”下拉菜单中点击“另存为”，修改“文件名”，备用（见图9－31）。

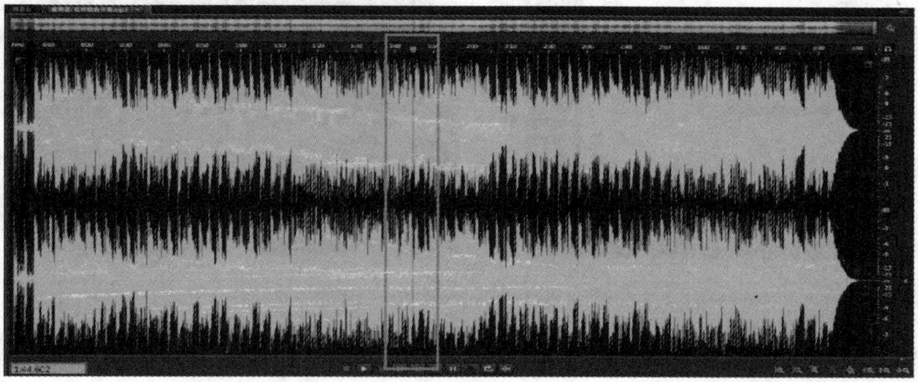

图9－29　截取声波时间段

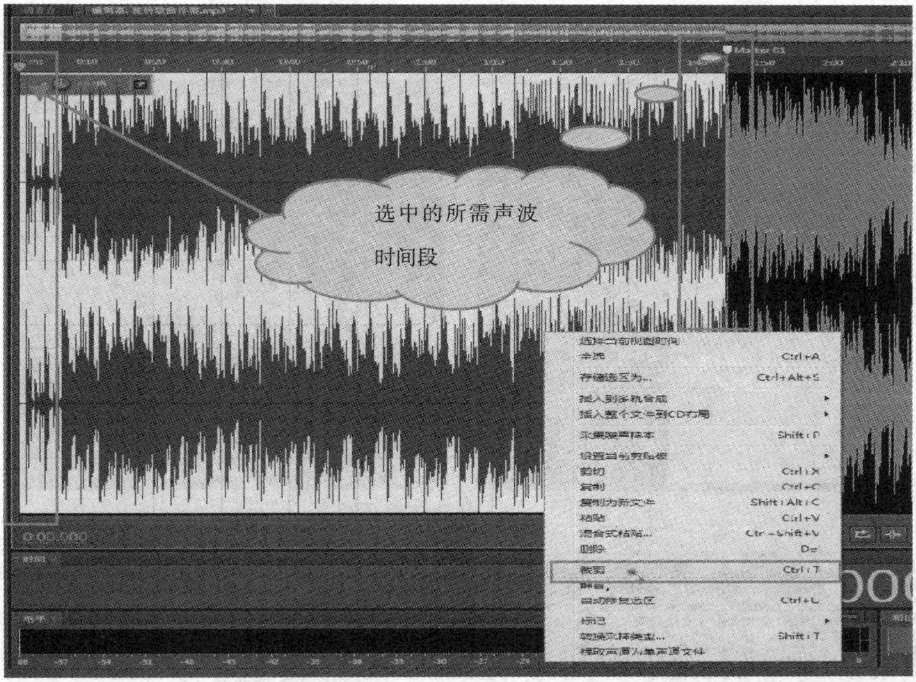

图9－30　运行裁剪命令

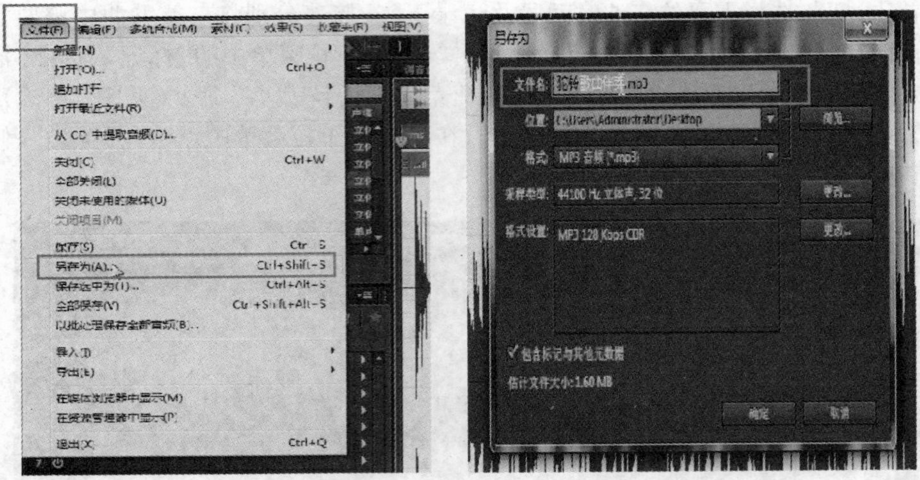

图 9－31　运行“另存为”命令

以上是将《驼铃》歌曲的截取方式做了详细的介绍，其他两首歌曲的声波截取方式如法炮制。

打开“多轨合成”界面，在“文件”下拉菜单中“新建”“多轨合成项目”，修改“新建多轨项目”中的“项目名称”，将已经做好的三首歌曲素材一一拖进声轨中（见图 9－32 和图 9－33）。

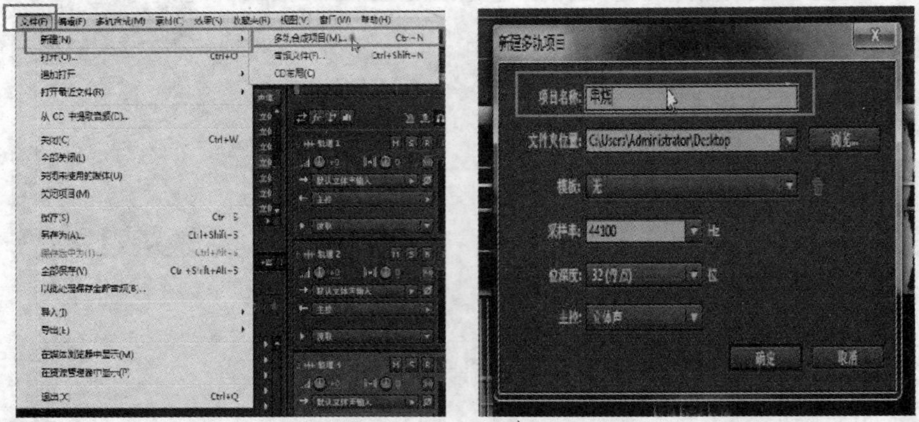

图 9－32　新建多轨项目

图 9－33　将歌曲素材拖进声轨中

将三首歌的声波素材按照事先预定的顺序拖入后，就要进行“淡入”“淡出”编辑（见图 9－34）。编辑方式有两种：一是采用鼠标滑动拖拽的方式，二是将后一个声波波段的最前端叠加在前一个声波波段的尾部。效果是两首歌的衔接部分会有一定的重叠效果，这也是最为简单的处理手法之一（见图 9－35）。

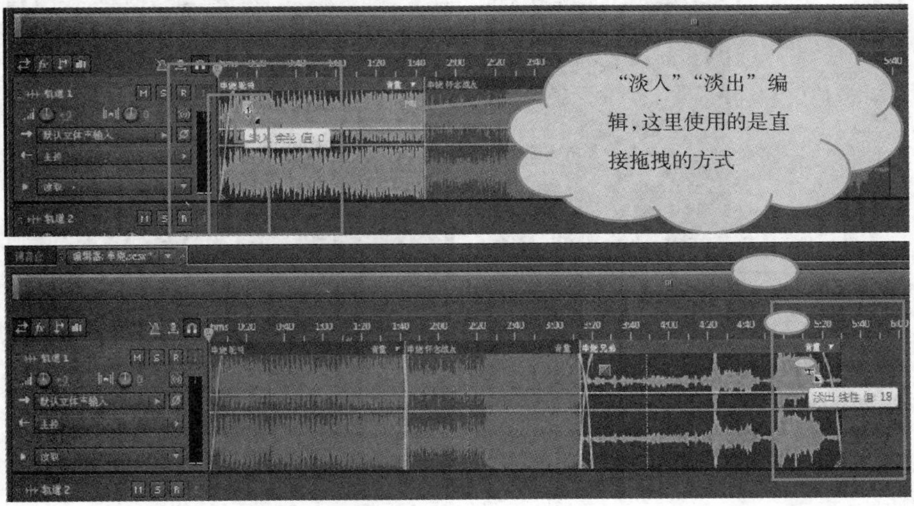

图 9－34　“淡入”“淡出”编辑

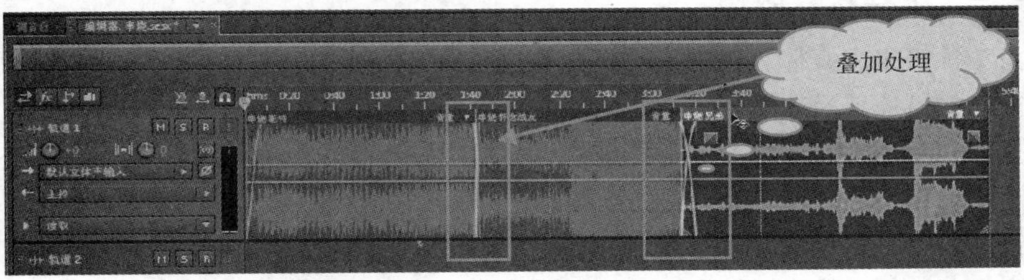

图 9－35　叠加处理

波形编辑结束后，点击“播放”，试听效果（见图 9－36）。

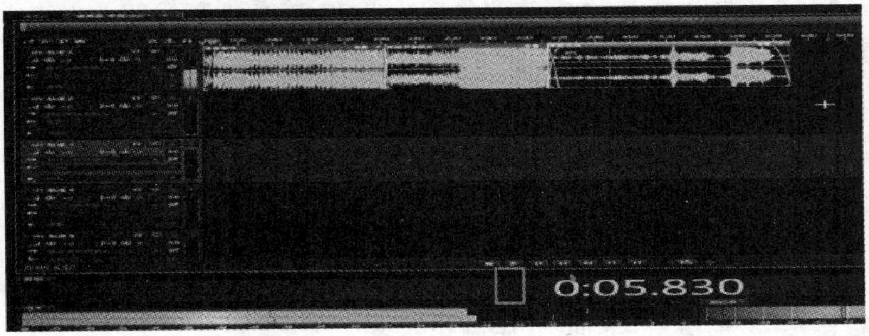

图 9－36　试听编辑效果

“文件”下拉菜单中“导出”，运行“多轨混缩”导出“整个项目”。弹出的对话框中，输入需要的“文件名”，检查保存的文件“格式”，一切无误，点击“保存”，用播放器播放，试听编辑效果（见图 9－37）。

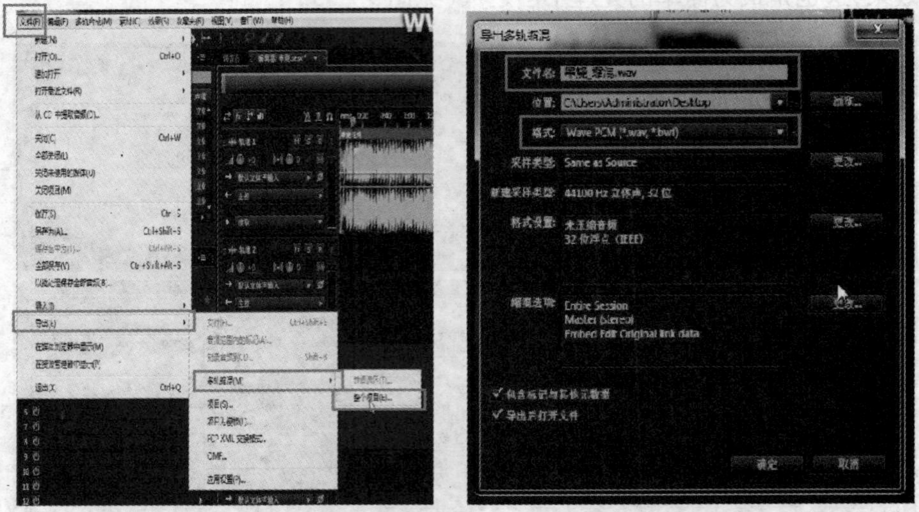

图 9－37　保存文件

3.2　个性铃声制作

由于计算机多媒体技术的发展迅猛和网络分享平台的开放，手机作为个人专属的电子产品在迅速普及，个性铃声成为彰显自我个性的最基本手段。

另外，有必要强调，个性不等于非主流，绝不是一个无上限没下限的自我展现。

制作铃声，首先要了解铃声时间的设定。

铃声只是一种提醒告知功能，依据手机来电到自动挂断的时间，一般将铃声时间设定为 45 秒以内，铃声时间太短，由于重复次数多而略显乏味，太长则没有意义。

又因为铃声与闹钟有着同样效果的声音，为了起到提醒告知的作用，铃声采用的歌曲多为整首歌曲中的副歌部分，即大众语：歌曲的高潮部分。

以《兄弟》这首歌为例，前面主歌部分较为低沉，关系到响铃的音量不够，所以直接以副歌部分开始。

还有什么/比死亡更容易/还有什么/比倒下更有力
没有火炬/我只有勇敢点燃我自己/用牺牲/证明我们的勇气
还有什么/比死亡更恐惧/还有什么/比子弹更无敌
没有躲避/是因为我们永远在一起/用牺牲/证明我们没放弃
从未分离/每个夜晚都是同样的梦呓/自言自语/来世还要做兄弟

下载后导入“波形编辑”界面，开始制作铃声。

操作者一边播放一边确定副歌开始和结束部分的时间点，点击“编辑”下拉菜单中的“标记”，选中“添加 Cue 标记”，使用鼠标右键下拉菜单中的“裁剪”指令，留下需要的声波波形段（见图 9－38 和图 9－39）。

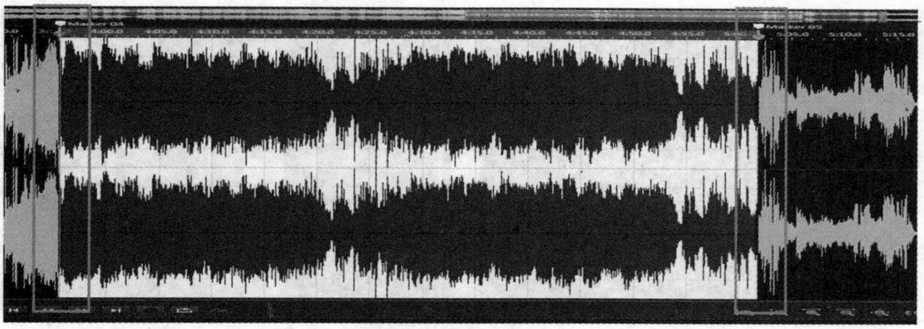

图 9－38　裁剪声波波形段（1）

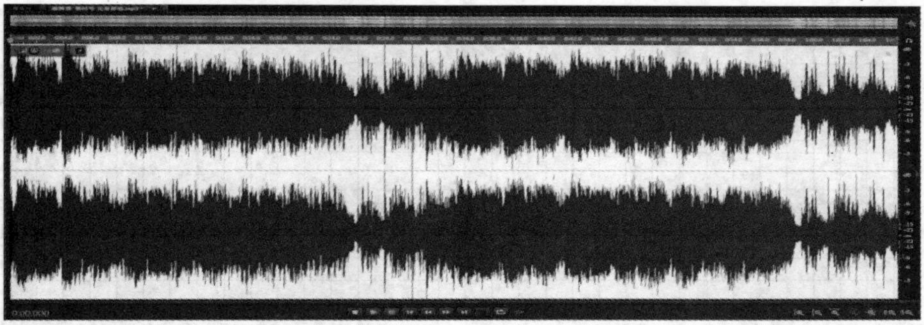

图 9－39　裁剪声波波形段（2）

进行进一步细致的编辑，编辑者一边播放一边仔细听，寻找多余的声波进行删除处理，或者依据简谱或者五线谱找到可以删除去掉的声波段（见图 9－40）。再次编辑的目的：一是将时间控制在 45 秒之内；二是可以进行一些歌词重复（可以重点突出强调某一句歌词的演唱，以增强效果），达到完美的听觉感受。

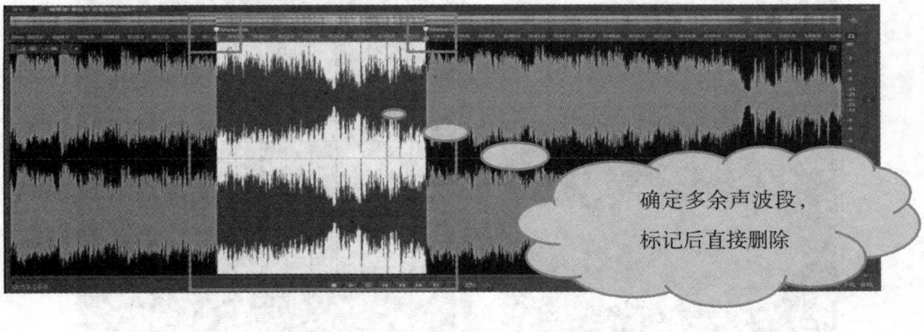

图 9－40　删除多余声波段

这时可以将波形拉宽，更加清晰地观察波形，以控制时间和旋律音符对接点的衔接（见图9－41）。

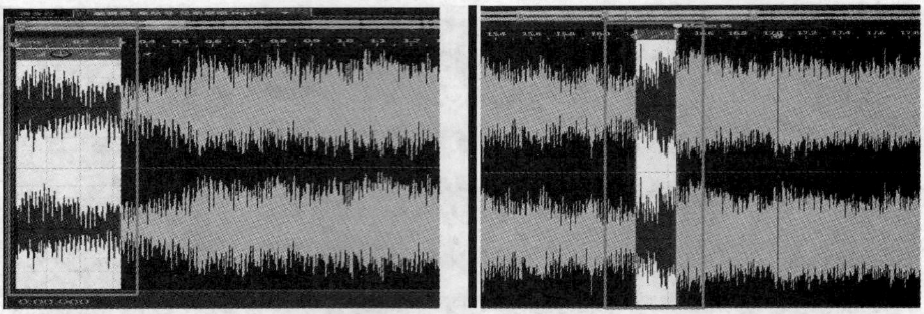

图9－41　观察打宽的波形

编辑完成的波形，依稀还可以看见编辑删除、裁剪后的标记点（见图9－42）。

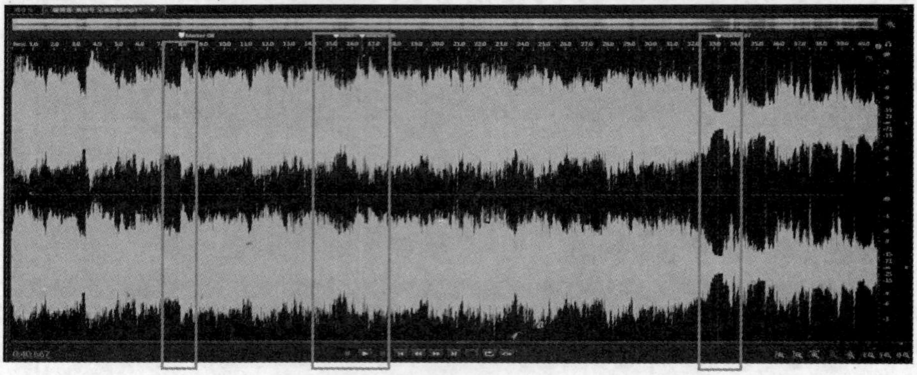

图9－42　编辑完成的波形

此时可以对整个波形进行“淡入”“淡出”编辑处理，避免出现音量过大、“炸耳朵”或者被吓一跳的情况出现（见图9－43）。同时，也是让铃声更具有完整性。

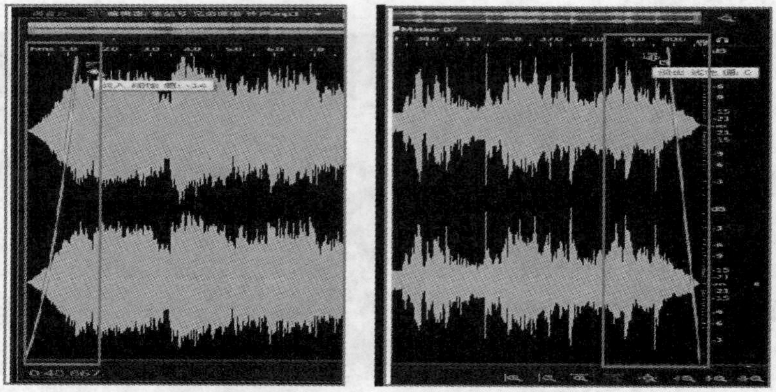

图9－43　对波形进行“淡入”“淡出”处理

几经修改,歌词精简得只有这么几句,时间控制在了 40 秒。

还有什么/比死亡更恐惧/还有什么/比子弹更无敌
没有躲避/是因为我们永远在一起/用牺牲/证明我们没放弃

点击“播放”复听,没有问题,达到需要的效果后,选择“文件”下拉菜单中的“另存为”或者“文件”下拉菜单中的“导出”,在其子菜单点击执行“文件”命令(见图 9-44 至图 9-46)。

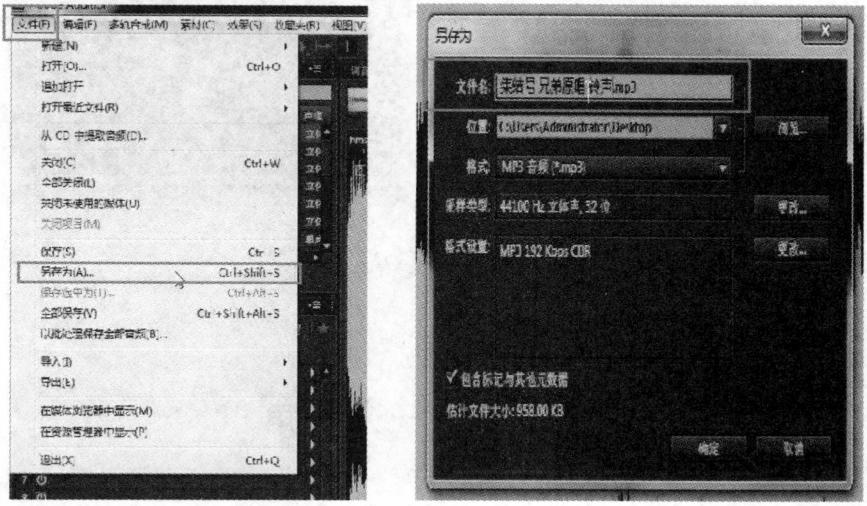

图 9-44　另存为处理(1)

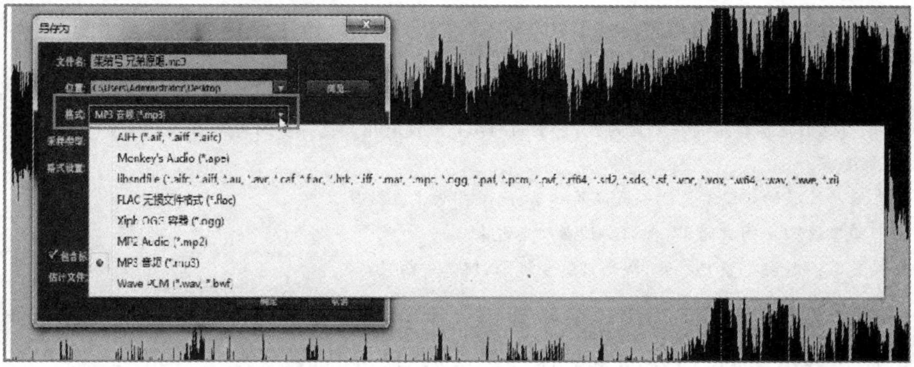

图 9-45　另存为处理(2)

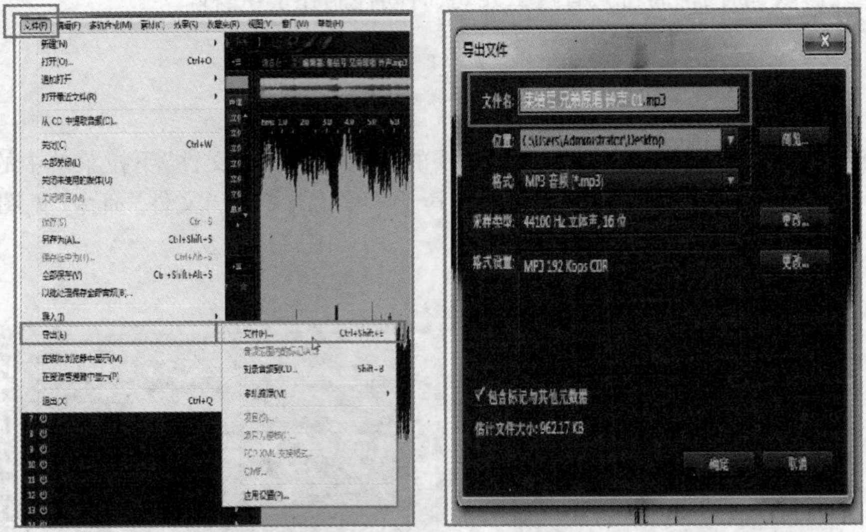

图 9－46　另存为处理(3)

第四节　一人多角

一人多角,就是一个人用声音饰演多个人物。在配音工作中,这种录音方式最为常用。

有兄弟两人,年龄不过四五岁,由于卧室的窗户整天都是密闭着,他们认为屋内太阴暗,看见外面灿烂的阳光,觉得十分羡慕。

兄弟俩就商量说:“我们可以一起把外面的阳光扫一点进来。”于是,兄弟两人拿着扫帚和畚箕,到阳台上去扫阳光。等到他们把畚箕搬到房间里的时候,里面的阳光就没有了。这样一而再再而三地扫了许多次,屋内还是一点阳光都没有。

正在厨房忙碌的妈妈看见他们奇怪的举动,问道:“你们在做什么?”

他们回答说:“房间太暗了,我们要扫点阳光进来。”

妈妈笑道:“只要把窗户打开,阳光自然会进来,何必去扫呢?”

上面的文字,就是需要讲述的小故事。主要人物有妈妈和四五岁的孩子的对话。

录制这段故事时,需要注意语速和尽量从口气和音色上将人物区分。

录制完成后,首先将中间的噪声部分进行静音处理,以保证音品质量(见图 9－47)。

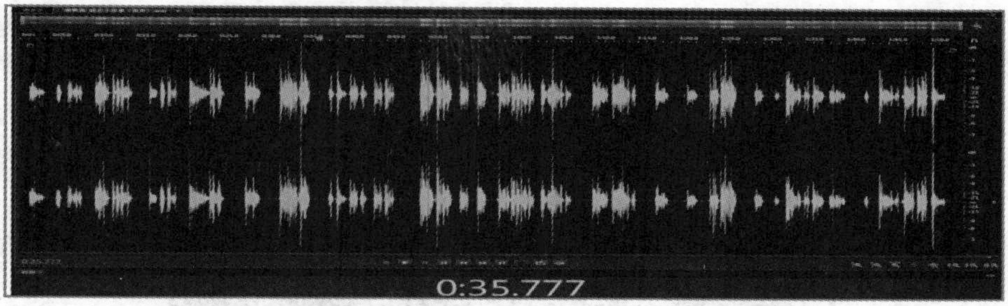

图 9－47　静音处理

预播放后发现振幅值偏高，调整振幅（见图 9－48）。

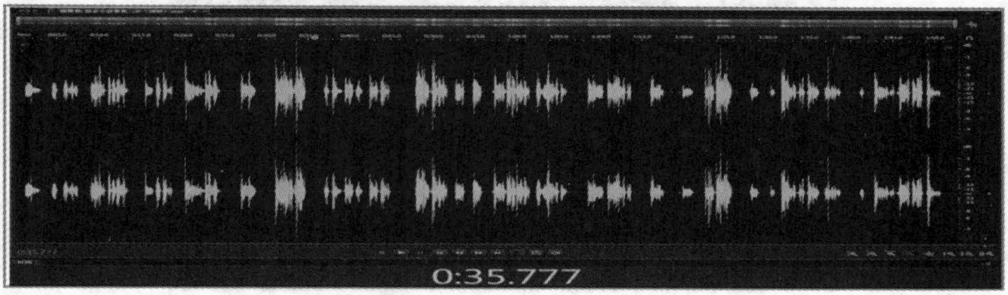

图 9－48　调整振幅

进行孩子与母亲声音的变调处理，选择声波时间段，点击“效果”下拉菜单中“时间与变调”的“伸缩与变调”，弹出对话框进行设置（见图 9－49 至图 9－51）。

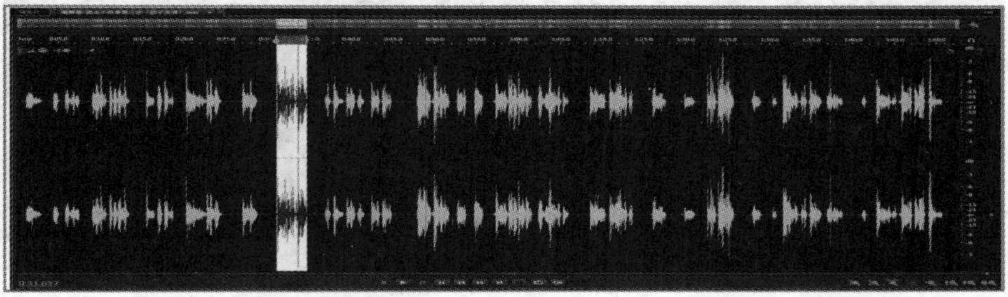

图 9－49　伸缩与变调（1）

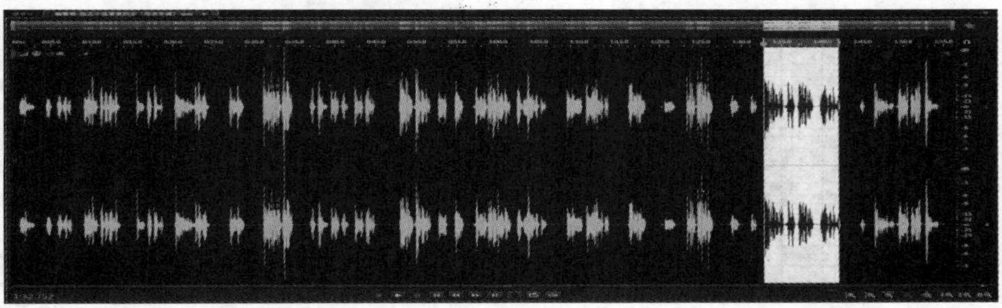

图 9－50　伸缩与变调（2）

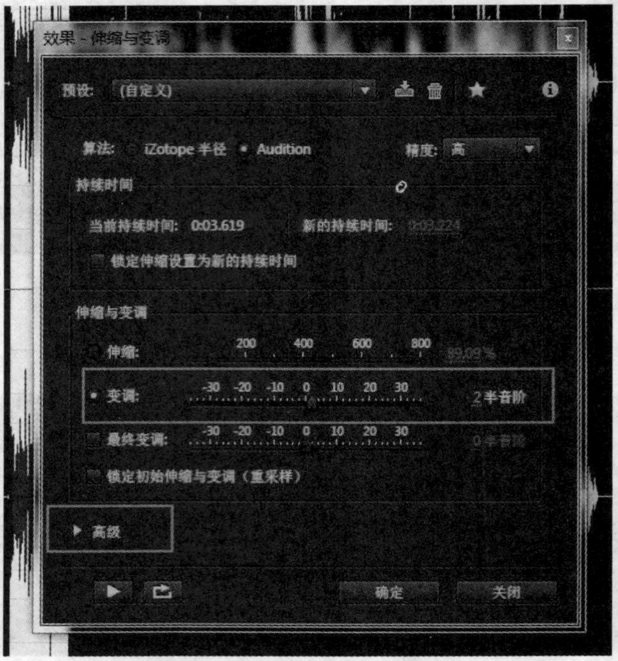

图 9－51　伸缩与变调对话框

声音变调编辑结束后，再次调整振幅（见图 9－52）。

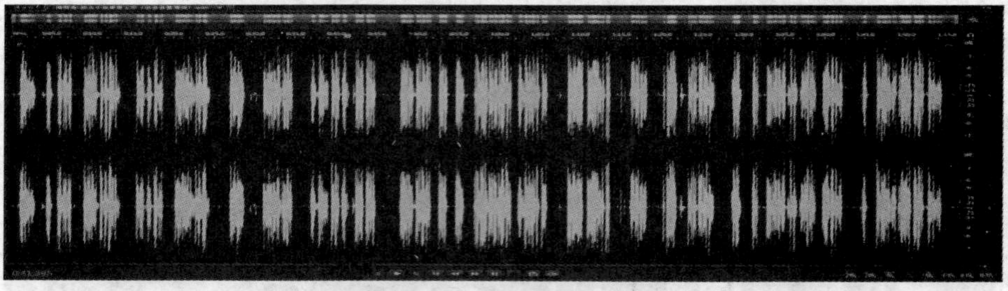

图 9－52　调整振幅

进行降噪处理（见图 9－53）。

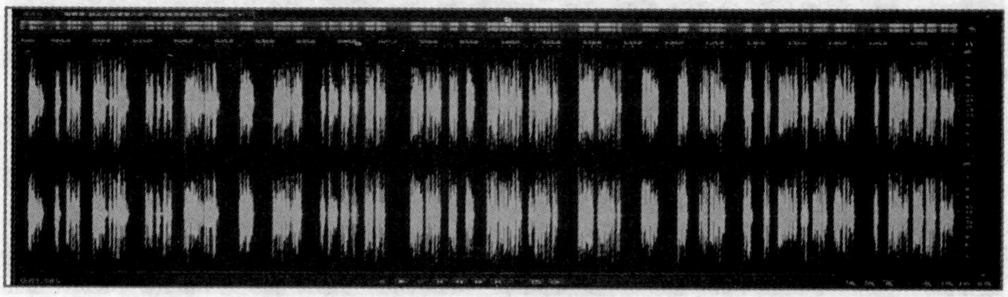

图 9－53　降噪处理

为了让声音听起来更有韵味，不是很干涩的感觉，对声波进行增加“混响”处理，添加“室内混响”效果（见图9－54）。

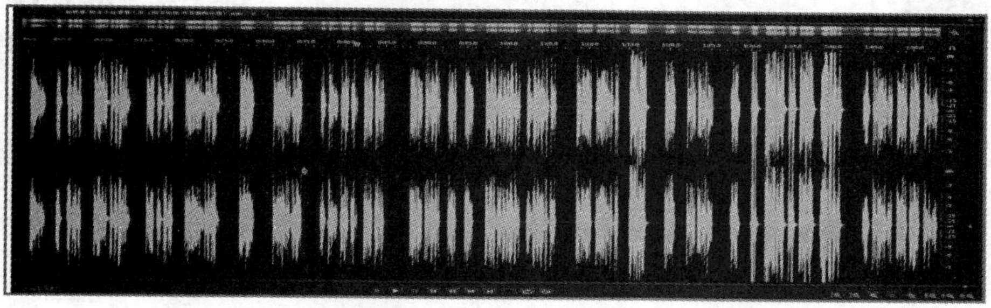

图9－54 添加“室内混响”效果

复听后，针对语言中间“气口”的间歇时间过长，选取后执行“删除”命令（见图9－55）。

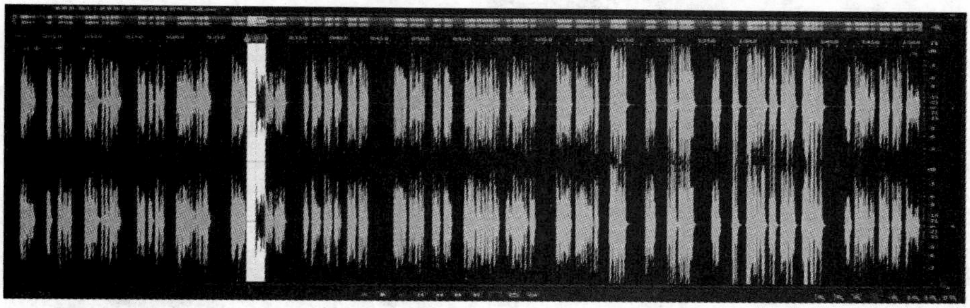

图9－55 执行“删除”命令

编辑背景音乐，这里使用的是钢琴曲《欢沁》作为这个故事的背景旋律。依据故事时间的长短，首先进行音乐声波的时间段处理。选定后删除（见图9－56）。

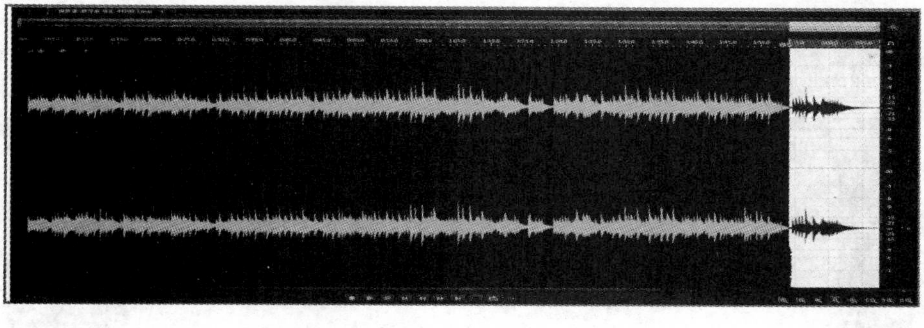

图9－56 进行声波时间段处理

因为是背景音乐，其振幅不能高于语音声波的振幅，所以要对音乐声波作“降低振幅”和“渐入”编辑处理。“降低振幅”选择了软件自带的自动降低6dB的模式（见图9－57和图9－58）。

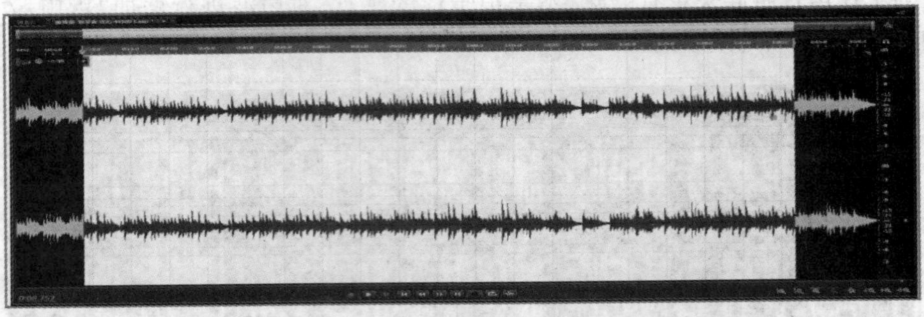

图 9－57　降低振幅处理

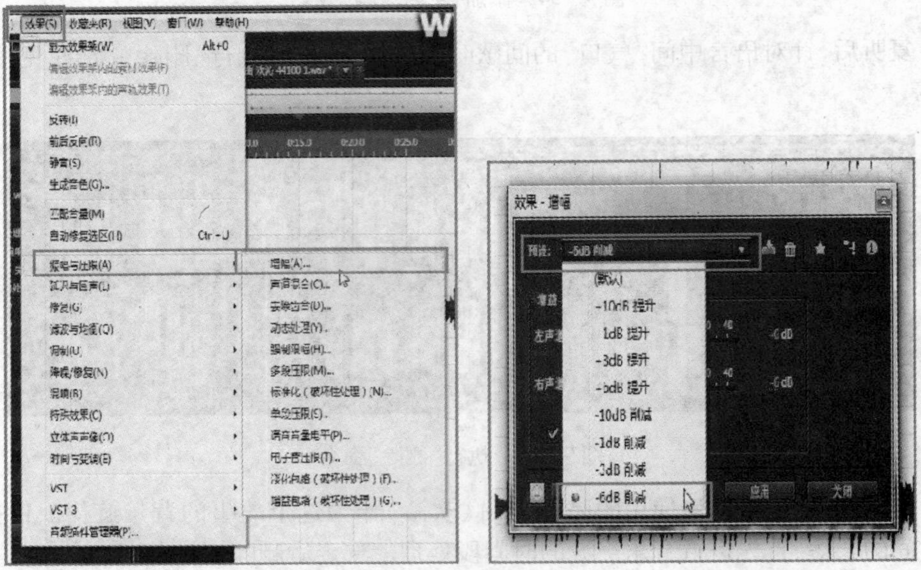

图 9－58　增幅处理

“增幅”命令执行完毕后的声波波形(见图 9－59 和图 9－60)。

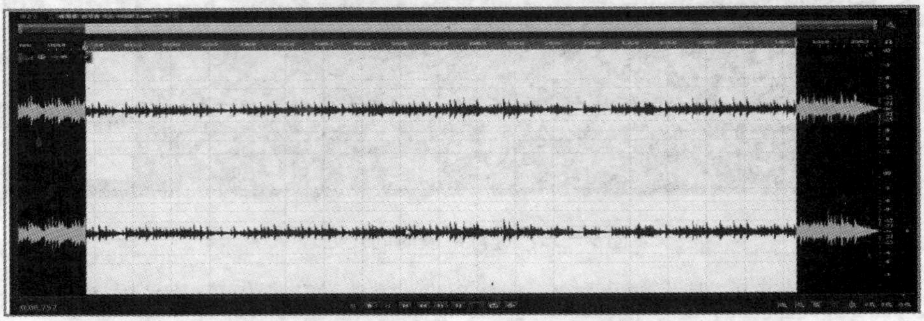

图 9－59　增幅处理后的声波波形

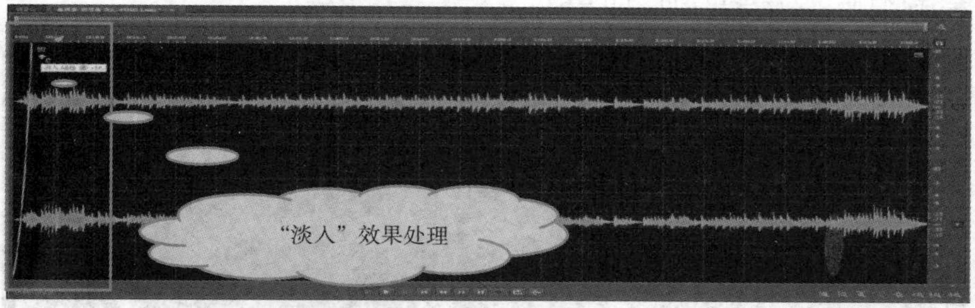

图 9－60　“淡入”效果处理

复听效果，观察电平值（见图 9－61）。

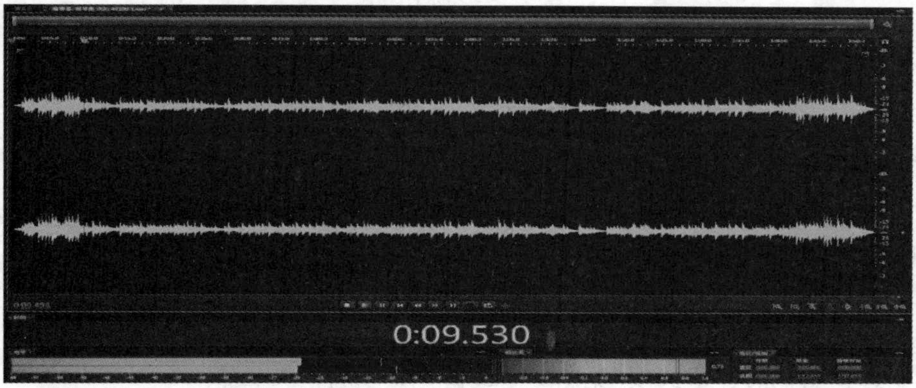

图 9－61　观察电平值

在“多轨合成”界面拖拽背景音乐声波和故事声波至多轨界面中（见图 9－62）。

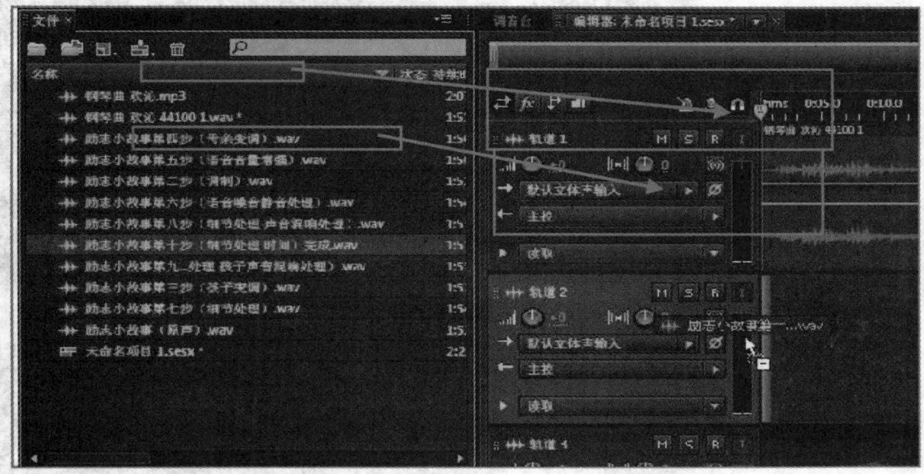

图 9－62　多轨合成界面

完成,复听,保存导出(见图9-63)。

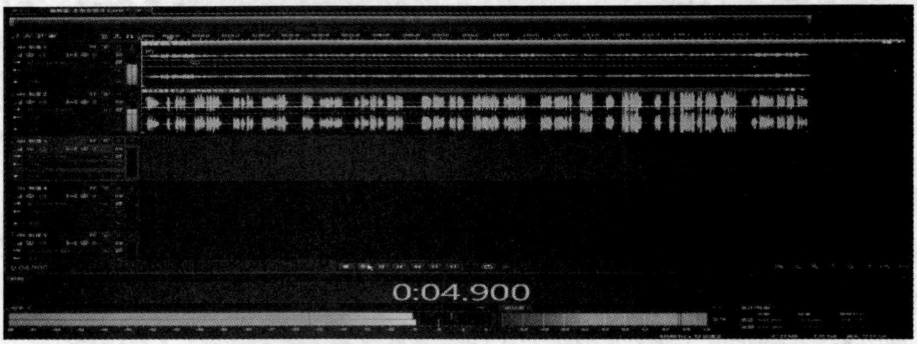

图9-63　保存导出

第五节　去除人声

去除人声,是一种最为简易的制作伴奏曲目的方式。这种方式可以消除一部分人声,但无法做到像原版伴奏那样的效果。

首先依据需要导入歌曲。在“效果”下拉菜单中,点击“立体声声像”,在其子菜单中运行“提取中置声道”命令(见图9-64)。弹出的对话框里,需要从“预设”下拉列表框中选择“移除人声”选项(见图9-65和图9-66)。

也可以手动调制。手动调制的好处是可以边听边调,效果会更加精确。

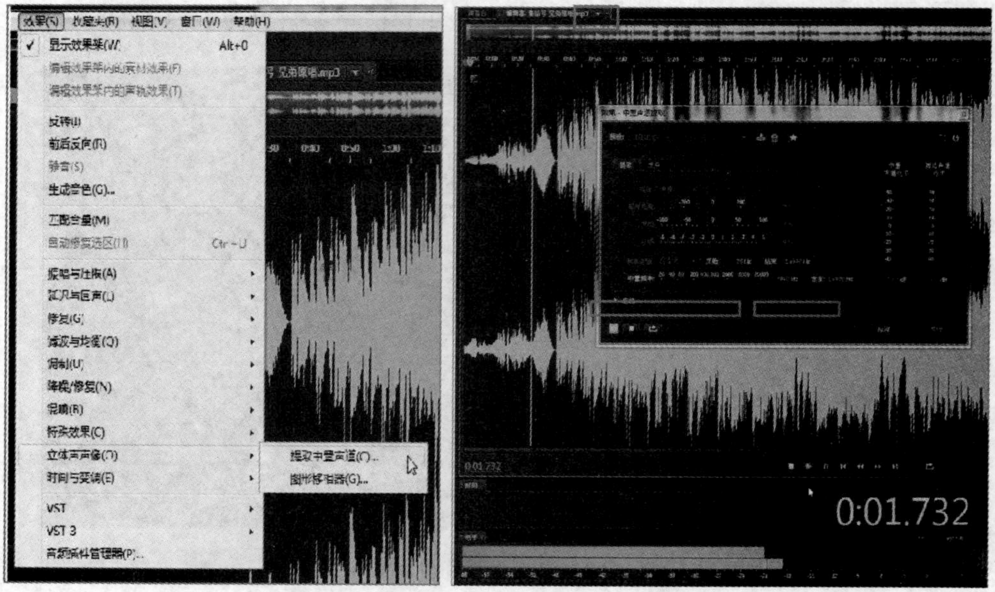

图9-64　提取中置声道

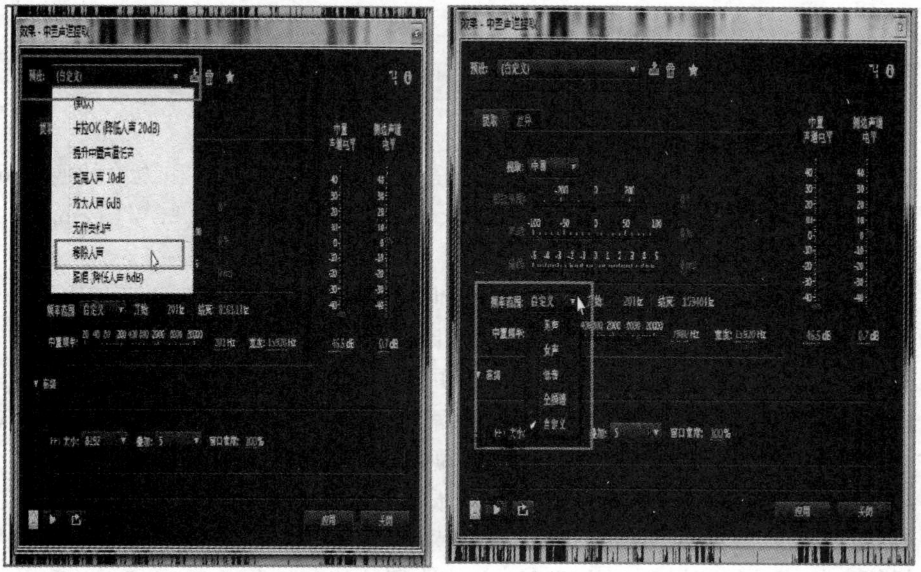

图 9－65　消除人声(1)

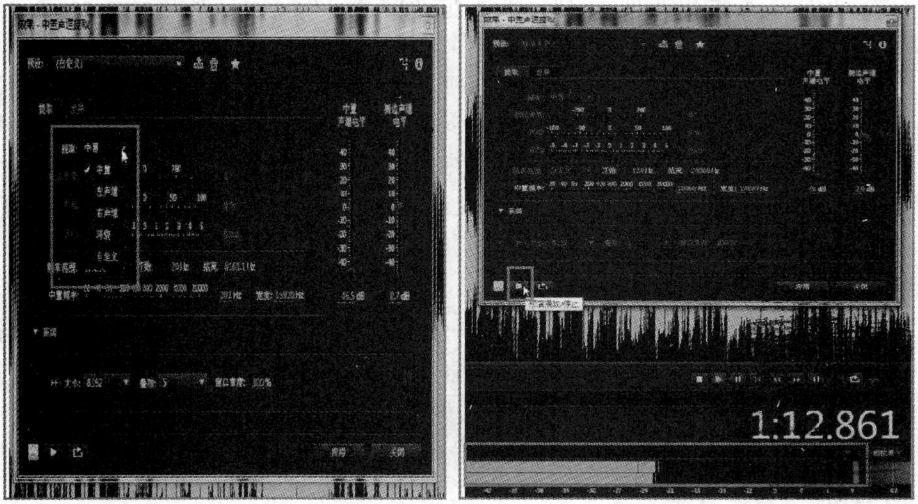

图 9－66　消除人声(2)

知识拓展

1. 有损压缩和无损压缩

(1)无损压缩

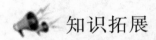

由于压缩比的限制,仅使用无损压缩方法是不可能解决存储和传输的所有问题,经常使用的编码有 Shannon－Fano、Huffman、游程(Run－length)、LZW(Lempel－Ziv－Welch)和算术编码等。

顾名思义,无损压缩格式就是毫无损失地将声音信号进行压缩的音频格式。常见的 MP3、WMA 等格式都是有损压缩格式,相比于作为源的 WAV 文件,它们都有相当大程度的信号丢失,这也是它们能达到 10% 的压缩率的根本原因。而无损压缩格式,就好比用 Zip 或 RAR 这样的压缩软件去压缩音频信号,得到的压缩格式还原成 WAV 文件和作为源的 WAV 文件是一模一样的！但是如果用 Zip 或 RAR 来压缩 WAV 文件的话,必须将压缩包解压后才能播放。而无损压缩格式则能直接通过播放软件实现实时播放,使用起来和 MP3 等有损格式没有差别。总而言之,无损压缩格式就是能在不牺牲任何音频信号的前提下减少 WAV 文件体积的格式。作为数字音乐文件格式的标准,WAV 格式容量过大,因而使用起来很不方便。因此,一般情况下我们把它压缩为 MP3 或 WMA 格式。压缩方法有无损压缩、有损压缩和混成压缩三种。

MPEG 和 JPEG 就属于混成压缩,如果把压缩的数据还原回去,数据其实是不一样的。当然,人耳是无法分辨的。因此,如果把 MP3 和 OGG 格式从压缩的状态还原回去的话,就会产生损失。然而,APE 和 FLAC 格式即使还原,也能毫无损失地保留原有音质。所以,APE 和 FLAC 可以无损失高音质地压缩和还原。在完全保持音质的前提下,APE 的压缩容量有了适当的减小。而要将 APE 这种音频无损压缩形式运用到 MP3 播放器上来,是很多人很早以前就有的一个想法,比起 CD 来,MP3 显得更为方便、实用。而此前对 MP3 取代 CD、MD 的说法也正是由于音质因素成为最大的阻碍。无损压缩是一个可逆的过程。

(2)有损压缩

有损压缩是对原始文件的一些信息做一些近似处理,以得到更小的文件。有损压缩是一个不可逆的过程。最常见的有损压缩算法如 MP3。需要注意的是,虽然有损压缩在理论上对原始文件造成损失,但这种损失不一定能被人耳分辨出来。

① FLAC:非常成熟的无损压缩,但压缩率最差,编码相当成熟,速度不错,兼容几乎所有的操作平台。

② LPAC:是一款中规中矩的无损压缩,各项指标都比较平均,现作为 MPEG4 的一项标准存在。

③ APE:这是很著名的无损压缩,编码速度最快、压缩率相当高,缺点是解码速度算是慢的,对 CPU 运算能力要求较高,平台支持一般。

④ Wav Pack：是一款很神奇的压缩格式，包容了无损压缩格式和有损压缩格式，在其独特的“hybrid”模式下，可以压缩成相当于 WAV 格式文件 23% 的 wv 文件，加上近似于 WAV 文件 41% 左右的 wvc 文件组合。对应 wvc 文件，wv 文件就是无损格式。播放时与无损压缩格式完全一样。为减少文件体积，去掉 wvc 文件，wv 文件就成了有损格式，播放时与 MP3 保持同样的效果。支持平台有局限性。

⑤ Apple Lossless：是苹果 iTunes 音乐软件里提供的无损压缩格式，优点是可以非常快捷地从 CD 中抓轨压缩，缺点是专属性很强，只有苹果平台支持。

⑥ La：LosslessAudio 的简称，这是压缩比冠军，盖过了一向以压缩率高而著名的 APE。缺点也是专属性较强，并且解码速度较慢。

⑦ Kenwood：这款压缩格式可记录高品质 CD 的内容，压缩率为 60%，可有效使用存储器容量存储更多数据，又可以有效将压缩文件还原为原始状态，如此才有高品质音质的保证。

⑧ TAK：全称 Tom's Audio Kompressor，是一种新型的无损音频压缩格式，产于德国，类似于 FLAC 和 APE，总体来说，压缩率类似于 APE，而且解压速度类似 FLAC，算是综合了两者的优点。另外，用此格式的编码器压缩的音频是 VBR，即可变比特率的。

⑨ AAL：ATRAC Advanced Lossless 是通过结合 ATRAC3 或 ATRAC3plus 背后的音频压缩技术以及最新的无损压缩算法，在保持与传统设备的播放兼容性的同时，以很低的数据完美实现了数据的无损压缩。简称 AAL 文件，现在已经有部分 HI-MD 产品通过升级可支持 AAL 文件。AAL 文件分为两部分，一部分是 256k 的 A3plus，也可以是其他的 A3 或 A3+；另一部分是音乐的细节信息. 这样对于普通索尼 Walkman，就只有 256K 的那部分回放。只有真正支持 AAL 的机器，才可以播放其他的细节。

⑩ TTA 格式：True Audio 是一种自由又简单的实时无损音频编解码器。TTA 是一种基于自适应预测过滤的无损音频压缩，与目前主要的其他格式相比，有相同或更好的压缩级别，同时保持较高的速度运行。TTA 无损音频编码的特征有：第一，压缩比可达 10∶3；第二，实时编码；第三，自由开放的源代码和文件；第四，可对不同平台进行编译；第五，简单和方便的数据格式；第六，可以作为各种音乐播放器的输入插件；第七，为 Windows 用户提供图形用户界面（GUI）；第八，DirectShow 技术支持。TTA 无损音频编解码器可对多通道的 8 位、16 位和 24 位数据格式的音频文件进行压缩。这种压缩的结果没有任何资料或质量损失；解压缩后，与源音频文件的数据位相同。

⑪ TAC：QQ 音乐作为国内领先的音乐服务平台，为广大用户独家研发并推出了无损格式 TAC 音乐，与 MP3 等有损压缩方式不同，TAC 是腾讯在 FLAC 基础上进行加密制作的一种无损音频压缩技术，本质是经过修改的 FLAC 格式，与其他无损格式一样，能保证音质没有任何损失。由于采用封闭的加密方式，该格式能保证音乐版权人的成果不被盗版、侵占，专属性很强。

2. 一首歌曲的结构

不论是演唱还是录制歌曲，首先要了解歌曲的旋律和歌词，作者在创作初期时的初衷。了解了这些内容后，才能够在录制这首歌的时候，完美地展现和突出所要传递的情感信息。

作为音频工作者，对于一首歌的掌握不仅仅是会唱会编辑就算是合格的专业人员，更要能完整地体现创作者的思想和情感。

一般歌曲的结构都是以主歌（Verse）、副歌（Chorus）、过渡句（插句）、流行句（记忆点）、桥段（Instrumental and Ending）（序唱，过门，间奏）等组成，基本以“主歌+副歌”单二部曲式最为多见。

主歌为主要内容，是每首歌曲的主干。而音乐的结构是有特定型式的，此结构型式在乐理上称之为 Form。一般的歌曲多数是以“主歌+副歌+桥段+主歌+副歌”的结构构成，朗朗上口便于记忆的流行句一般设置在副歌部分。

歌曲因为类型不同，其结构有很多，如：Blues Form，Jazz Form；古典音乐的结构则更多，例如：Sonata，Ternary，Rondo 或 Rondo-Sonata 等等。有关结构的术语，常常会标注在出品音乐的封面。

当副歌奏完之后，通常会有一段旋律作为过渡，也叫桥段。这段过渡旋律，可以是主歌和副歌中的某一部分，也可以与歌曲开始的前奏与结尾处的旋律相同。总之，过渡旋律是整首歌曲的相同或相似曲风与韵律，不能突兀，不能串门，更不能出离整部作品的曲韵。

作为主歌和副歌部分，则要有一定的区分，从旋律和展现度与爆发点上，做出相似但不会完全相悖的曲风和曲韵。主歌与副歌部分的创作，加上过渡旋律的衔接，结合前奏与结尾的曲韵放收自如，往往考验着编曲和作曲者的创作力与想象力。

在整首歌结束前，大都会采用一段纯音乐（Ending）作为结尾。普遍会将歌曲副歌的最后一句或者主歌的第一句作重复演绎，并运用渐弱的方式多次重复至完全消音（Fade Out）。这种方式就是被多次使用的 Ending 表现方式。

一首歌曲的创作，很多是从副歌开始的。甚至有的创作就是以先写出副歌旋律部分，为整首歌曲定调、定曲风。这种创作手法，成了不少流行歌曲创作者的常用手法。

副歌的特性包括对比性、重复性、发展与概括性。

对比性：在节奏上、情感上一定要与主歌形成对比，为曲调提供较大的对比变化。

重复性：在流行句式上获得重复或变化重复，是流行歌曲传播最重要因素，不可不在意，但也不能对情绪不加以克制。

发展与概括性：歌曲的高潮往往在副歌内出现，而高潮的内容往往要求概括性。

主歌可以说是内容，是每首音乐的主干。它是对重要的人、事、情的主要交代的那部分；副歌就是指那内容区别于主歌，发展与概括性比较强的且在节奏情感曲调上与主歌形成对比的那一段。

在很多歌曲中，副歌部分经常作一个感情的升华，是全歌的画龙点睛之处。其抒情的成分居多，概括性很强。而主歌副歌之外还有一个很重要的结构的就是流行句，也指记忆点，这是因为一首曲子中人们无法记忆全部，至多只会哼那么一两句，并且流行开来，而这被人们记忆住的一两句就是歌曲的流行句（也即记忆点了）。

用电影《集结号》中的歌曲《兄弟》作例：

兄弟你，在哪里
天空又飘起了雨
我要你象黎明一样
出现在我眼里
兄弟你，在哪里听不见你的呼吸
只感觉我在哭泣
泪像血一样在滴

} 主歌部分

我一个人，独自在继续
走在伤痛里闭着眼回忆
岁月锋利，那是最最致命的武器
谁也无法，把曾经都抹去
还有什么，比死亡更容易
还有什么，比倒下更有力没有火炬，我只有勇敢点燃我自己
用牺牲，证明我们的勇气还有什么，比死亡更恐惧
还有什么，比子弹更无敌
没有躲避，是因为我们永远在一起
用牺牲，证明我们没放弃
……

} 记忆点（"还有什么，比死亡更容易"至"……"）

} 副歌部分（重复）（"我一个人，独自在继续"至"……"）

从未分离，每个夜晚都是同样的梦呓
自言自语，来世还要做兄弟

} 结束部分

通过上面的例子我们可以看出记忆点的词的含义要求，这里的旋律编曲是需要做到将情绪提升效果的处理。主歌点题，结尾点题，相互呼应，形成了一个完整的结构。

3. 混音

混音，是软件操作时使用大量的效果器的过程，看似只是一门很专业的技术活儿而已，其实不然。

混音的结果是需要呈现完美作品，令受众感受唯美的听觉享受，这是与专业技术要求有着本质上的理解差距。

为什么这么说呢？因为混音的操作，是一项必须全情投入、体现全身心创作精神的操作，依据不同需求，将所有的声波素材一一进行编辑加工的过程。混音编辑其实就是将所有采用的声音元素错落有致、清晰悦耳地“粘合”在一起，但就是这个貌似简单的操作过程，需要操作者有很强的领悟力、感受力、艺术创造力、声音调度能力、超凡的听力和多维空间感，还要具备一定层次的乐理配器知识的积累，掌握了一定的编曲技巧，熟知乐器以及各种声音之间的相互关联性，具备一定的艺术素养，以及对所有设备和软件的性能了解与操控能力。混音是了解了每一个声音的特性、每一类声音的灵魂中心，以及每一部声音作品必须凸显的精神要求的艺术再创作。这已经不是一项普通的技术操作了，完全是在完成一项艺术创造，是一个优秀作品的最终保障。

混音操作中要具备这么多非技术的能力，那么，在实际操作中，混音技术操作的初学者到底要注意哪些问题呢？

（1）电平值参照点

首先，一张参考 CD 也可以在许多方面对初学者有指导作用，例如鼓声、人声和其他声音的相对电平值等。

观察调音台的电平表，使参考 CD 中乐曲的电平与混音作品的电平尽量相同，使两者的峰值信号在电平表上一样高。此时，如果作品的总体音量听起来很小，甚至当它的峰值电平已经超过了参考 CD 的电平值时也是如此，那说明参考 CD 中的音乐一定已经经过了很好的压限处理，使整首乐曲的动态差异不致太大，因而压缩永远是你进行混音时必须做的几件事之一。

（2）适当的监听电平

混音中，太大的监听声音会使耳朵感到疲劳。而较低的混音电平会使你的耳朵一直处于“灵敏”状态且不易疲劳；虽然较大的混音电平可以使你的全身血液沸腾，但是这样不利于你察觉到音乐中的电平细微变化。

（3）清晰度问题

首先，你要尽力听出每一件乐器的声音，甚至是“墙壁的声音”，因为音乐中的每一个元素都有其自身的声学空间位置。这里，需要注意的是音乐中频率响应的平衡问题，你要尽量使声音有足够的高音部分，但又不使其产生尖叫声；同时，还要有充足的低音来进行铺垫，但过多的低音会使音乐弄成一团浑水；当然，保证一个清晰明显的中频段也是必需的。

另外，在前期录音时就要为后期的混音做准备。获得优秀混音最关键的要素之一就是在前期录音时尽量保证各音轨声音的干净。录音过程中的大多数情况下，都应该让所有后期处理的各个声音处理设备处于“bypass（旁通）”状态，这使它不给录音信号加载任何效果，而保持其信号的“原汁原味”。如果你缩混出的声音显得有些呆板、刺耳或是引不起人们的兴趣，那么你就要仔细监听并且分离出产生这些不良后果的信号源。

（4）乐曲编配问题

在编曲时就应该考虑到后期混音的问题。在早期配器时就将音乐的结构塞得太满，这样随着录音的进行，你已经没有空间来加入新的想法了。音符越少，每一个音符给人的印象才会越深刻。正如某位大师曾经说过的那样：“空白也是一种表现。”假如配器过于臃肿了，对乐曲进行一定的调整是很有必要的。删除一些东西可以使乐曲既简洁又好听，并使你对乐曲的总体把握有更清晰的想法。

初学者往往在混音操作时花了大量的时间来进行各种各样的声音调整，但效果却与当初设想及要求相去甚远。为了避免出现事倍功半的状况出现，首先需要了解的就是混音操作的基本步骤。然而，这些基本步骤之间的相互关联和相互影响，也是混音操作技术操作的难点。

例如：当你改变均衡设置的同时，电平值也会发生变化，这是因为你对声音中的某些要素进行了提升或是衰减，它会影响到其他的要素。事实上，你可以认为混音就是一把“音频密码锁”。当你将所有的号码都调到了正确的数字时，那么你就完成了一件成功的混音。

步骤一:做好准备。

混音可能是一件非常单调而乏味的事情,因此要设置一个高效率的工作空间:准备一些纸张和一个笔记本,以便进行记录时使用;将灯光调整得暗一些,这样可以使你耳朵的灵敏度高于你的眼睛;要定时休息,这样可以让耳朵得到放松,并使你保持一个清醒的头脑投入工作,让你更加客观地进行判断,使你的混音工作得以迅速完成。

步骤二:戴上耳机清除瑕疵。

检查录音细微的瑕疵是一件需要用到"左脑"的理性行为,这不同于用"右脑"来进行感性的混音工作。如果大脑在这两种性质不同的工作状态中跳来跳去,一定会阻碍你创造力的发挥,因此在进行正式的混音之前,要尽可能地做好清理工作,例如消除录音中的杂音、错误音符以及其他类似的声音。这时你可以戴上耳机,分别单独播放每一个音轨来捕捉录音时的每一个细节。

步骤三:优化所有的 MIDI 音源。

如果要对 MIDI 音序的声音进行录音,最好首先在 MIDI 乐器内部对声音进行优化。例如,为了使声音更加明亮,你最好在电子乐器中提高该音色的低通滤波器截止频率,而不要使用调音台上的均衡器。要点是:在使用电子乐器时,一定要始终将输出音量调到最大值,这样做的好处是可以得到最大的动态范围。

步骤四:在音轨间建立相对的电平平衡。

这里要专注的是各轨组合在一起的整体声音。对于一个优秀的混音来说,各个音轨自身的声音应该是非常完美的,但当各轨组合在一起相互作用时,声音呈现的效果更漂亮。

进行整体聆听时最好先切入单音色方式,如果各轨的声音录得很清晰的话,那么在单声道中它们将比在立体声中表现得更加明确。如果一开始就用立体声来试听,那么各声轨间彼此冲突的一些地方就不容易被听出来。

步骤五:调整均衡。

均衡器(EQ)可以用来突出不同乐器的特征,并使声音在整体上更加平衡。首先对歌曲中最重要的元素进行加工(例如人声、鼓和贝斯)。一旦这些声音元素都能较好地"粘合"在一起,再着手处理其他声部。

声频频谱只有一定的宽度,而每一种乐器又都要在整个频谱范围内占据其一块领地,因此当各个乐器的声音组合到一起的时候,它们将填满整个频谱(当然,如何填满频谱首先取决于乐曲的配器,但均衡也在其中起着一定的作用)。混音时要先从鼓组下手的一个原因就是鼓组中的乐器(从低声部的大鼓到高声部的钗)可以很好地覆盖整个声频频谱。一旦鼓组安排妥当,你就可以开始琢磨如何将其他乐器融合进去了。

对一个声轨进行均衡操作时会影响到其他的声轨。例如,提升某一个钢琴声轨的中频部分可能会影响到人声、吉他以及其他中频段乐器的声音。有时候对某一乐器的某个频率进行提升,还会导致该频率处其他乐器声音被削弱的现象。为了使人声更为突出,可以试着在其他乐器中将人声频率所在频段进行一定的衰减,而不要一味地用均衡器对人声进行提升。

要想在混音中造成声音像是从较远的地方发出来的感觉,那么你只要使用低通滤波器进行滤波就可以了，不必要非得用主均衡器不可。若你是使用高通滤波器对吉他、钢琴这些有向低频转移倾向的乐器进行滤波，那么会对这些乐器的低频段产生修减作用，使得贝斯、大鼓这些低频中的重要成分都得到充分展开。

步骤六：创建立体的声音舞台。

现在到了将乐器安排在立体声的舞台上的时候了。你的目的可能还是非常传统的（也就是说，是要重现一个现场演出时的情景），当然也可能是非常前卫的。不管怎样，为单声道的乐器安排一个合适的声像位置时，要避免将声像设置得过于靠左或是靠右。出于某些原因，过于极端的信号听起来可能会不十分真实。

由于低频声音的方向性不如高频声音明显（即通常说的“低频无指向性”），因此可以将大鼓和贝斯的声音放在中央。还要考虑到平衡的因素，举个例子来说，如果你将 hi-hat（踩镲）这些富含高频谐波成分的声音安排在右侧，那么就应将 tambourine（铃鼓）、shaker（沙锤）或是其他的高频声音安排在左侧。这种概念对于中频段的乐器也同样是适用的。

步骤七：声学空间。

现在我们已经将声轨都设定为立体声了，接下来就要将它们安排到一个声学空间中。对选中的声轨增加混响或延时效果，为一个扁平的声场创造出一定的纵深空间。例如，你可以通过将一个声道的辅助输出的量调大，并少许地降低其推子，这样就可以将一个声轨的声音放置到声场的后方。

通常情况下，你将会对整个乐曲使用混响，以建立一种特殊的声学空间（俱乐部、音乐厅、礼堂等）。然后对某一个单独的声轨再使用一次混响效果，例如对通通鼓使用一个门混响（gated reverb）。但是要注意一点，如果你为了将一个声音做好而不得不将混响效果加到很大，那么你最好将这一轨重新进行录音。

步骤八：细调。

此时此刻，混音已经有了个大概形状了，下面就该进行细调了。如果你是使用自动混音，那么就开始编写混音的每一个进程吧。切记上面的各个步骤都是相互影响的，因此你要反复在均衡、电平、立体声位置和效果之间进行调整。监听的标准要尽可能严格，如果你没有将那些给你带来麻烦的声音除去，它们就可能会在你试听混音结果时像幽灵一样总来捣乱。

步骤九：让自己变为听众。

你可能会发现一个问题，尽管你辛辛苦苦地进行演奏，不厌其烦地编辑每一个片段，但是你却从来没有从欣赏音乐的角度来听过自己的作品。现在，混音工作已经结束，是该款待一下自己的时候了。打开最终的混音，不要再去“庖丁解牛”般地分析音乐中的成分，仅仅是去听音乐，假装你正在大街上散步，突然听到了有人在放音乐。这时你对音乐有何看法？

当然，你大概认为自己根本就不可能完全按上面所说的那样做。但是事实上只要尽量放松，你还是会得出一些结论。你可能会认为它真是棒极了，或者认为它与你开始动手时的想法已经相去甚远。

如果你对一个独特的混音作品的感觉在几个月或是几年以后发生了改变,不要过于大惊小怪。你的品位在改变,并且你在混音方面的知识、经验也在不断丰富。但是只要你按照这些步骤一点一点做的话,就会为你经过千辛万苦创建出的作品感到欣慰——你已经从劳动成果中得到了应有的乐趣。

步骤十:关于结尾淡出。

一个优秀的淡出可以说是歌曲中的关键所在。让我们假设你用一段很长的器乐演奏作为歌曲的结束。一种选择就是让声音的音量保持四个小节,然后用八个小节将其渐弱淡出。当然,一个淡出不一定非得是连续的,你可以让渐弱有一些波动,比如每两拍将推子拉下一点。

线性的淡出可不是最好的选择。而凹入型的淡出,尤其适合那些非常长的声音,它可以引发听众一直想不断听下去的渴望。最初的急速衰减告诉听众要仔细聆听了,当他们的心被你抓住之时,你则将渐弱慢慢延伸到结尾。还有另外一种情况,就是凸起型的淡出,相比之下它的声音就有些突兀,在音乐的感觉上让人有些不知所措,不知你要何去何从。

一个返回式的淡出是指在你将某些声音渐弱的过程中,又突然很快地将声音推大,然后再真正地将其完全渐弱。这种小把戏可以在你制作的音乐中用上一两回,它们的确会给你的作品带来一些变化。应用这种方法最好的例子可能就是,当一首歌曲渐渐淡出到零电平时,突然又以最大的音量重新奏起,然后再彻底淡出。

掌握了这十个基本步骤,就不难混音出一部优秀的声音作品。

4. CD

CD 全称是 Compact Disc。CD 的基本原理是利用一个特定波长的激光对盘的表面进行扫描。光盘表面有很多凹槽,以圆周环状排列。当激光扫到光盘金属层的时候,遇到凹槽就不会被反射回去,反之则会被金属层反射,以此得到 0 和 1 的二进制数。CD 并不是一层塑料,而是由多种不同材料多层结构组成(见图 1)。

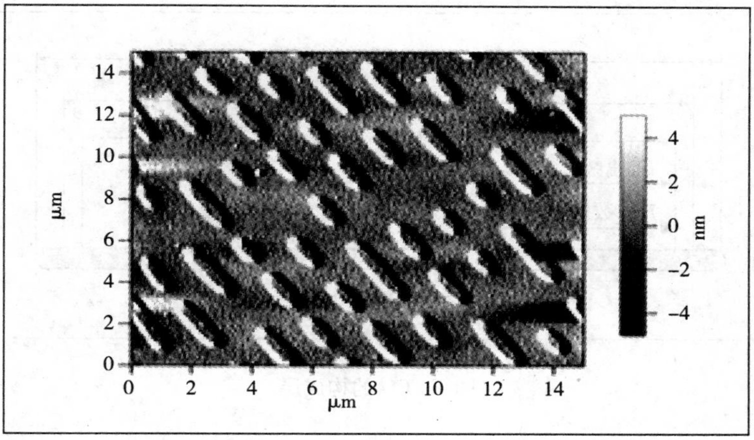

图 1 CD 表面的凹槽

激光读取 CD 表面数据，是从内向外逐圈读取，正因如此，光盘的转速随着从里圈慢到外圈加快的节奏转动。

标准 CD 可以存储 74 分钟的音频内容，在光盘表面会留下多达 60 亿个凹槽。CD 不仅存储声音，还包括曲目编号、名称、作者、国际出版编号等信息（见图 2）。

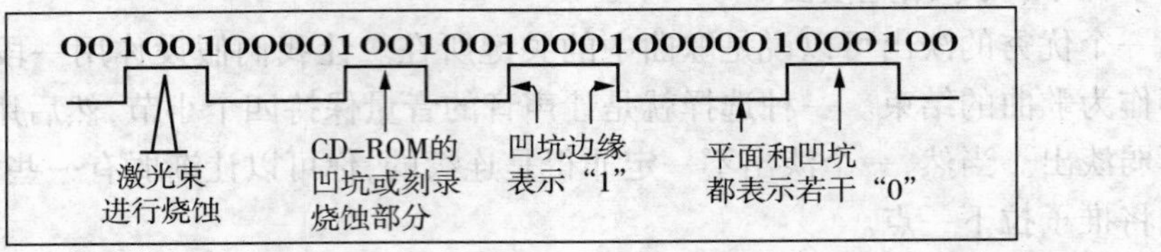

图 2　CD 存储示意图

1974 年，由荷兰的飞利浦公司与日本的 Sony 公司合作发表了音乐光盘 Audio CD。1978 年，日本的大贺典雄作为日方代表出席 Sony 公司与飞利浦公司制定 CD 唱片格式标准时，对时长是否 60 分钟的问题争执不休。最后大贺典雄依据贝多芬的《第九交响曲》完整版时长是 74 分钟这个时间，确定 CD 的录音规格，即设定时间为 74 分钟。CD 的构成层如图 3 所示。

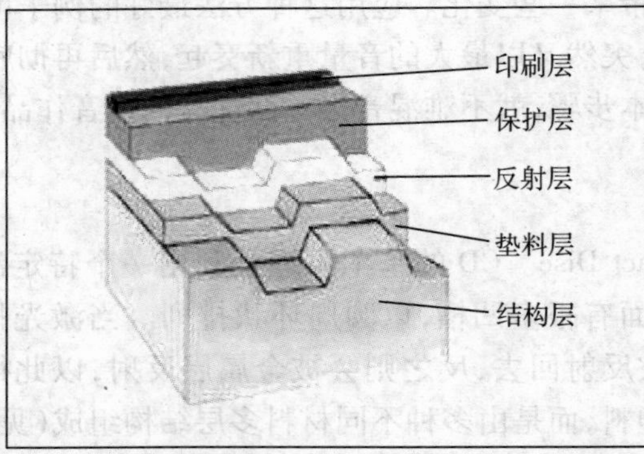

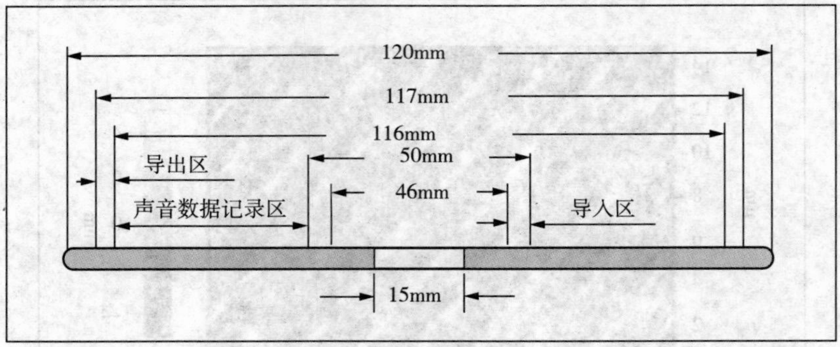

图 3　CD 的构成层

5. 版权音乐主要授权类型

(1)单曲授权:也称“Needle Drop”,提供用户针对某一个广播、电视、广告等节目的实际需要,挑选具体的一首或数首音乐进行付费获取授权。单曲音乐授权具有灵活性、针对性强的特点,尤其对于一些片头、广告等有特殊要求的节目比较适用。

(2)专项授权:专门针对某个项目提供的专项音乐适用授权。例如某电视栏目、戏剧节目、专题节目等整体适用音乐,用户按照此节目的不同类型和时间长短进行整体付费获取授权,在一定条件下任意选择不同的音乐。当然,这些音乐只能适用于这一个节目之中。

(3)年租授权:即“Annual License”。对于长期或一段时间内有比较固定节目制作的用户,适用年租音乐授权是非常合适的。年租音乐授权提供用户根据自身节目制作的特点和发展需要,事先挑选一定数量的音乐(一般以 CD 计数),支付年租音乐授权费用。之后用户就可以在授权规定的时间内(一般以一年为限),在用户制作的节目范围内无限次地使用所挑选的音乐。年租音乐授权以合同的形式进行合作,在合作期限截止之后,原年租授权音乐将失去使用权利,用户需要重新确定年租音乐授权的范围。相对于单曲音乐授权而言,年租音乐授权对于一些音乐使用需求量较大的用户尤为合适。

(4)长期授权:“Buy Out”,又称买断。是用户只需支付版权音乐授权机构一次的费用,就可以获得所付费音乐的长期使用权(这里不包括转售权利),可以在自己制作的节目之中无限次地使用。长期授权的方式以较少的一次性投入获得长期的音乐使用权,对于用户在初期构建自身音乐资料库有着非常重要的意义。

6. 调式

(1)五音调式:是我国特有的民族调式,五音的名称分别是:宫、商、角、徵、羽。一般被人称为五宫调式。整首曲只有1,2,3,5,6五个音,也就是采用了中国古代五声调式的“宫调色”,这个五个音组成了这首和谐之音。中国古代是五声调式,因为传统文化中含有五行八卦。五声调式听起来很和谐、高贵、亲纯、空旷,没有不稳定的(4,7)两个音,同时有婉转略有悲伤的感觉,这样的曲子被称为五音调式的曲子。五音调式的代表歌曲,是广为传唱的《沧海一声笑》,这首歌就是按照五音调式谱曲创作的。

(2)中国民间七声调式:是以五声为骨干的七声调式。由在五声的小三度间加入不同的偏音而成,即在基本音级羽、宫之间加入“变宫”(宫的低半音)或“清羽”(羽的高半音,亦称闰);在基本音级角、徵之间加入“变徵”(徵的低半音)或“清角”(角的高半音)。这种不同的半音关系曾形成三种不同的七声音阶:其中每一种音阶均可分为宫、商、角、徵、羽五种调式。

中国除五声为骨干的七声调式外,也有七个自然音都是基本音级的七声调式。这种调式和欧洲中世纪教会调式虽然音列相同,但调式支柱音有它自己的规律。此外还有带中立音的七声调式,例如秦腔苦音的徵调式,在两个小三度之间用3/4音(中立音),这样使调式色彩与其他徵调式截然不同。

(3)清乐七声:在五声调式基础上同时加入4(清角)和7(变宫),构成七声清乐调式。

宫调式: $1\ \ 2\ \ 3\ \ 4\ \ 5\ \ 6\ \ 7\ \ \dot{1}$

徵调式: $\underset{\cdot}{5}\ \ \underset{\cdot}{6}\ \ 7\ \ 1\ \ 2\ \ 3\ \ 4\ \ 5$

商调式: $2\ \ 3\ \ 4\ \ 5\ \ 6\ \ 7\ \ \dot{1}\ \ \dot{2}$

羽调式: $\underset{\cdot}{6}\ \ \underset{\cdot}{7}\ \ 1\ \ 2\ \ 3\ \ 4\ \ 5\ \ 6$

角调式: $3\ \ 4\ \ 5\ \ 6\ \ 7\ \ \dot{1}\ \ \dot{2}\ \ \dot{3}$

音阶写法:在五声调式基础上同时加入4和7。

雅乐七声:在五声调式基础之上同时加入#4(变徵)和7(变宫),,构成七声雅乐调式。

宫调式: $1\ \ 2\ \ 3\ \ {}^{\sharp}4\ \ 5\ \ 6\ \ 7\ \ \dot{1}$

徵调式: $\underset{\cdot}{5}\ \ \underset{\cdot}{6}\ \ \underset{\cdot}{7}\ \ 1\ \ 2\ \ 3\ \ {}^{\sharp}4\ \ 5$

商调式: $2\ \ 3\ \ {}^{\sharp}4\ \ 5\ \ 6\ \ 7\ \ \dot{1}\ \ \dot{2}$

羽调式: $\underset{\cdot}{6}\ \ \underset{\cdot}{7}\ \ 1\ \ 2\ \ 3\ \ {}^{\sharp}4\ \ 5\ \ 6$

角调式: $3\ \ {}^{\sharp}4\ \ 5\ \ 6\ \ 7\ \ \dot{1}\ \ \dot{2}\ \ \dot{3}$

音阶写法:在五声调式基础之上同时加入#4和7。

燕乐七声:在五声调式基础之上同时加入4(清角)和b7(闰),构成七声燕乐调式。

宫调式: $1\ \ 2\ \ 3\ \ 4\ \ 5\ \ 6\ \ {}^{\flat}7\ \ \dot{1}$

徵调式: $\underset{\cdot}{5}\ \ \underset{\cdot}{6}\ \ {}^{\flat}7\ \ 1\ \ 2\ \ 3\ \ 4\ \ 5$

商调式: $2\ \ 3\ \ 4\ \ 5\ \ 6\ \ {}^{\flat}7\ \ \dot{1}\ \ \dot{2}$

羽调式: $\underset{\cdot}{6}\ \ {}^{\flat}\underset{\cdot}{7}\ \ 1\ \ 2\ \ 3\ \ 4\ \ 5\ \ 6$

角调式: $3\ \ 4\ \ 5\ \ 6\ \ {}^{\flat}7\ \ \dot{1}\ \ \dot{2}\ \ \dot{3}$

音阶写法:在五声调式基础之上同时加入4和b7。

7. 呼麦

呼麦:蒙古语为 Hoomii,一种借由喉咙紧缩而唱出“双声”的泛音咏唱技法。“双声”(潮尔)指一个人在演唱时能同时发出两个高低不同的声音,是一种有金属般质地的音。另外,呼麦又称“蒙古喉音”(浩林潮尔)。

“呼麦”是蒙古族特有的单人发出多声部唱法的高超演唱形式,是一种“喉音”艺术,也是一种古老的歌唱方式,声音从喉底发出来,往一个很深很深的隧道里面钻,那个隧道是时间的记忆。据说,呼麦已经有千年历史,而今已是蒙古国、俄罗斯图瓦共和国的国宝级的艺术,在全世界独一无二。呼麦作为一种歌咏方法,主要流传于蒙古国、俄罗斯的图瓦共和国、中国内蒙古、阿拉泰和哈卡斯(Khakass)等地区。西藏密宗格鲁派的噶陀(Gyuto)、噶美(Gyume)两寺,也有使用低沉的喉音来唱诵经咒的传承,但准确地说,这是一种藏密喉音,和呼麦不是一种喉音唱法。

中国“呼麦”代表人物:安达组合、杭盖乐队、图瓦等。

呼麦的唱法特点是运用了特殊的声音技巧,一人同时唱出两个声部,形成罕见的多声部形态。呼麦发声原理特殊,有时声带振动,有时不振动,是用腔体内的气量产生共鸣。假声带也随之振动。演唱者运用闭气技巧,使气息猛烈冲击声带,发出粗壮的气泡音,形成低音声部;在此基础上,巧妙调节口腔共鸣,强化和集中泛音,唱出透明清亮、带有金属声的高音声部,获得无比美妙的声音效果。

“呼麦”的低声部是一个持续的低音,但有时也可变化音高,而高声部是一条波浪起伏的旋律线,它有时有词,但常常是无词的。演唱呼麦时,歌唱者的声带被气息振动发出声音,腹腔、胸腔、口腔、鼻腔合在一起就是声带的共鸣腔。唇、齿、舌、颚、鼻、喉、气管、肋骨、腹肌都是这个共鸣腔的腔体。当运动起这些器官,这个共鸣腔的形状就在变化,会发出不同的音色。

呼麦的表现方法是多样化的,一招一式都展现了图瓦和蒙古民歌特有的风味。能够感受到他们宽广的胸襟和万缕的柔情。人们去细细地聆听,会自然地领略那里的空间、那里的色彩,还有那份鲜明的草原上独有的风韵。

呼麦唱法是在特殊的地域条件和生产、生活方式下产生的,其发声方法、声音特色比较罕见,不同于举世闻名的蒙古族长调的唱法,声乐专家形容这种唱法是“高如登苍穹之巅,低如下瀚海之底,宽如大地之边”。

呼麦的产生和发展,是蒙古族音乐发展的产物,在声学规律的认识和掌握方面出现了质的飞跃,被音乐界誉为“天籁之音”。

【附录一】

本书所涉及的运算公式

数字音频技术的学习对于大多数初学者来说，容易把音频实践操作和软件的使用方法看得比原理更重要。初学者会觉得理论知识与公式运算的学习是枯燥乏味的，远没有学习实践操作见效快、实用性强。其实不然！本书知识的掌握，如果没有音频理论的支持，就是无本之木、无源之水。殊不知，虽然学习了软件的基本操作和使用方法技巧，但在缺乏理论支持的实践操作中，就只能是“照葫芦画瓢”，机械地完成操作步骤。操作过程缺乏对内在联系的知识了解，出现问题、出现状况，只有呆板地发窘，无从下手。所以，在学习数字音频这门课时，一定要秉持“知其然，更要知其所以然”的态度，才能做到活学活用，灵活多变地应对问题和状况，再配合大量的实践操作，循序渐进，必然能够创作出优秀完美的音频作品来。

这里是本专业所必须了解和掌握的部分运算公式，如果有兴趣并想继续钻研的同学，或者从事相关专业的工作人员，可以参看相关原理基础书籍。

（1）声速：

$$c=c_0\sqrt{1+T/273M/S}$$ （单位：米/秒　m/s）

声速、频率和波长的运算关系：

$$c=f\lambda \quad 或\ \lambda=c/f$$ （波长 λ 单位 m）

（2）声压、声强及声功率：

$$I=\frac{1}{2pc\,A^2\omega^2}=\frac{P_m^2}{2pc}$$ （声波能量记作 I，单位为瓦/米^2　W/M^2）

声功率：1W＝1J/S

声压级：

$$L_V(dB)=20\lg U_2/U_1$$ （L_V电压单位 dB）

$$L_I(dB)=20\lg I_2/I_1$$ （L_I电流单位 dB）

$$L_W(dB)=10\lg P_2/P_1$$ （L_W功率单位 dB）

(3)电平：Level = log(P_1/P_0) Bel

$$\text{Level} = 10\log(E_1/E_0)^2 = 20\log(E_1/E_0)\ \text{dB}$$

(4)6dB 定律：

$$\text{Level} = 10\log(4/1) = 6\text{dB}$$

(5)香农采样定理：

设 $X(t)$ 的最高频率分量为 ω_1,

如果采样频率 $\omega_s = \frac{2\pi}{T}$ (T 是采样周期)大于 $2\omega_1$，即 $\omega_s > 2\omega_1$，则输入信号 $X(t)$ 就可以完满的葱采样信号 $X^*(t)$ 恢复过来。

(6)声波吸收系数：

$E = Er + E_T + E_\alpha$ （$r = E_r/E$，$r = E_T/E$，$\alpha = E_\alpha/E$ 分别表示：

$\frac{E_\alpha}{E} = \frac{E - (E_r + E_T)}{E}$ 声发射、声透射及声吸收系数）

$\alpha = 1 - \frac{E_r + E_T}{E} = 1 - r - r \cong 1 - r$ （$\alpha = 0$ 表示入射的能量全部反射，$\alpha = 1$ 表示入射的能量全部被障碍物媒质吸收）

(7)赛宾公式：

$$T_{60} = 0.05\text{V}/(\text{A} + \alpha_0 \text{V})$$

混响率：$T_{60} = 0.5\text{V}/\text{A}$ （$T60$ 混响时间有时也可用 $T30$ 来表示，$T60$ 为通用定义）

(8)混响半径：

$Dc = 0.1\left[\frac{R(\theta, \text{O})QV}{\pi T60}\right]^{\frac{1}{2}}$ $R(\theta,\text{O})$ 为声源方向性，Q 是声源指向性

V 是房间体积，单位 M^3 $\theta = 1$ 是声源指向性系数

(9)弥散分量：

$D = \frac{\int_0^{50ms} P_i^2 \text{d}t}{\int_0^{\infty} P_i^2 \text{d}t}$ （P_i 为听声点处的声压瞬间值）

(10)透射声波：

$$T = \left|\frac{Pt}{Pi}\right|^2$$

$$T_L(\mathrm{dB}) = 10\lg \frac{1}{T}$$

(11)主观评价统计分计算：

$$Pm = \sum_{i=1}^{n} Pi/n$$

$$s = \sqrt{(Pm - Pi)^2}/n$$

$$Pn = \sum_{i=1}^{n} Pi/m$$

【附录二】

相关转换软件

1. Adobe Premiere

这是一款常用的视频编辑软件，由 Adobe 公司推出，是可以和本书的 Audition 软件无缝对接的一款软件，现在常用的有 CS5、CS6、CC 以及 CC 2014 版本（见图 1）。这是一款编辑画面质量比较好的软件，有较好的兼容性，且可以与 Adobe 公司推出的其他软件相互协作。目前这款软件广泛应用于广告制作和电视节目制作中。其最新版本为 Adobe Premiere Pro CC 2014（见图 2）。

Premiere Pro 是视频编辑爱好者和专业人士必不可少的视频编辑工具。它可以提升制作者的创作能力和创作自由度，是易学、高效、精确的视频剪辑软件。

Premiere 提供了采集、剪辑、调色、美化音频、字幕添加、输出、DVD 刻录的一整套流程，并和其他 Adobe 软件高效集成，可以应对使用软件的创作者完成在编辑、制作、工作流上遇到的问题与挑战，做出具有一定水准的高质量作品。

Premiere 是一款剪辑软件，用于视频段落的组合和拼接，并提供一定的特效与调色功能。

前面提到，这款视频软件与 Audition 可以无缝对接，是指这款软件可以扩展音频制作的空间与提升作品品质。在音频方面，这款软件也为其提供了很多便利。例如，

图 1　Adobe premiere 软件

图 2　Adobe premiere procc 2014 版软件界面

以 Adobe Audition 的波形方式显示音频，便于同步编辑；多声道 QuickTime 导出；支持第三方 VST3 增效工具。在 Mac 上，还可以使用音频单位（AU）增效工具。音频波形可以以标签颜色显示，展现并提示音频处理步骤等。

Premiere 与 Audition 的相通，是出品优秀视频作品必不可少的制作保证。Premiere6.0 专门在 Audio 轨道中处理音频。音频轨道多达 99 个，几乎可以满足所有处理音频的需要。

还有 Premiere 为 Audition 提供了专业的剪辑音频素材窗口。首先在 Clip 窗口中剪辑音频素材，再将音频片段添加到 Timeline 窗口进行编辑处理。它可以获得较高的剪辑精度，还可以在剪辑音频素材的同时监听到剪辑后的效果。

Premiere6.0 为 Audition 软件的使用者提供了 21 种音频滤镜效果，可以使用这些滤镜处理录制的原声片段，添加特殊的声效，或者掩饰原声的缺陷，使得影片的音频更加完美。

2. 狸窝全能视频转换器

狸窝全能视频转换器是一款功能强大、界面友好的全能型音视频转换及编辑工具。有了它，使用者可以在几乎所有流行的视频格式之间任意相互转换，如：RM、RMVB、VOB、DAT、VCD、SVCD、ASF、MOV、QT、MPEG、WMV、FLV、MKV、MP4、3GP、DivX、XviD、AVI 等视频文件，编辑转换为手机、MP4 机等移动设备支持的音视频格式（见图 3）。

狸窝全能视频转换器能将 MPEG、WMV、FLV、MKV、MP4、3GP、DivX、XviD、AVI 等视频文件，编辑转换为手机、MP4 机等移动设备支持的音视频格式。

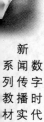

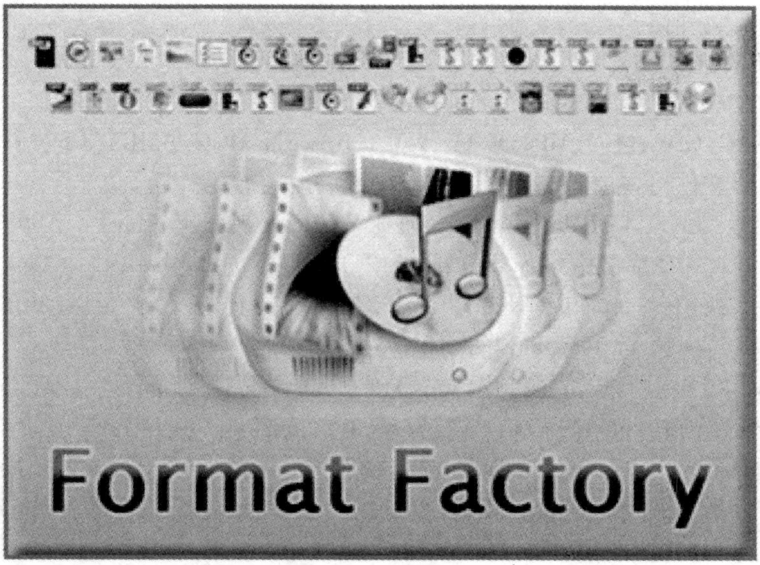

图 3　狸窝全能视频转换器

狸窝全能视频转换器不单提供多种音视频格式之间的转换功能，同时又是一款简单易用却功能强大的音视频编辑器。使用者可以利用全能视频转换器的视频编辑功能，DIY 自己拍摄或收集的视频，凸显独一无二、特色十足。在视频转换设置中，可以对输入的视频文件进行可视化编辑。例如：裁剪视频、给视频加 logo、截取部分视频转换，以及不同视频合并成一个文件输出、调节视频亮度、对比度等（见图 4）。

图 4　狸窝全能视频转换器编辑界面

输入主要文件格式:

视频:RM、RMVB、3GP、AVI、MPEG、MPG、MKV、DAT、ASF、WMV、FLV、MOV、MP4、OGG、OGM 等。

音频:AAC、CDA、MP3、MP2、WAV、WMA、RA、RM、OGG、AMR、AC3、AU、FLAC 等。

输出主要文件格式:

AVI 格式(.avi)| MP4 视频(.mp4)| Windows 视频(.wmv)| Apple Quicktime 格式(.mov)| 3GP 手机格式(.3gp 或.3g2)。

MPEG-2 视频(.mpg 或.vob)| MPEG-2 流媒体格式(.ts)|MPEG-1 视频(.mpg)| Flash 视频(.flv,.mp4,.mov,.3gp,.3g2)。

DV 视频(.dv)| iPod 视频(.mp4)| iPhone 视频(.mp4)| Apple TV 视频(.mp4)| PSP 视频(.mp4)| Zune 视频(.wmv,.mp4)。

Xbox 360 视频(.wmv)| Pocket PC 视频(.wmv)| Creative Zen 播放器视频(.avi)| 黑莓手机视频(.3gp,.3g2,.mp4,.avi,. wmv)| 音频(.mp3,.acc,.m4a,.wma,wav,ac3,mp2)

3. 格式工厂

格式工厂(Format Factory)是由上海格式工厂网络有限公司 2008 年 2 月研制的面向全球用户的互联网软件。

主打产品"格式工厂"发展至今,已经成为全球领先的视频图片等格式转换客户端。格式工厂致力于帮用户更好地解决文件使用问题,现拥有在音乐、视频、图片等领域庞大的忠实用户,在该软件行业内位于领先地位,并保持高速发展趋势(见图 5)。

图 5 格式工厂软件

其所有类型视频转到 MP4、3GP、AVI、MKV、WMV、MPG、VOB、FLV、SWF、MOV,新版支持 RMVB(RMVB 需要安装 Realplayer 或相关的译码器)、xv(迅雷独有的文件格式)转换成其他格式。

所有类型音频转到 MP3、WMA、FLAC、AAC、MMF、AMR、M4A、M4R、OGG、MP2、WAV。

所有类型图片转到 JPG、PNG、ICO、BMP、GIF、TIF、PCX、TGA。

支持移动设备:索尼(Sony)PSP、苹果(Apple)iPhone&iPod、爱国者(Aigo)、爱可视(Archos)、多普达(Dopod)、歌美(Gemei)、iRiver、LG、魅族(MeiZu)、微软(Microsoft)、

摩托罗拉(Motorola)、纽曼(Newsmy)、诺基亚(Nokia)、昂达(Onda)、OPPO、RIM 黑莓手机、蓝魔(Ramos)、三星(Samsung)、索爱(SonyEricsson)、台电(Teclast)、艾诺(ANIOL)和移动设备兼容格式 MP4、3GP、AVI。

转换 DVD 到视频文件,转换音乐 CD 到音频文件。DVD/CD 转到 ISO/CSO,ISO 与 CSO 互转源文件支持 RMVB。

可设置文件输出配置(包括视频的屏幕大小、每秒帧数、比特率、视频编码;音频的采样率、比特率、字幕的字体与大小等)。

高级项中还有“视频合并”与查看“多媒体文件信息”;转换过程中可修复某些损坏的视频。媒体文件压缩;可提供视频的裁剪;转换图像档案支持缩放、旋转、数码水印等功能;支持从 DVD 复制视频,支持从 CD 复制音乐(见图 6)。

图 6　格式工厂软件操作界面

该软件支持几乎所有类型多媒体格式到常用的几种格式;转换过程中可以修复某些意外损坏的视频文件;支持 iPhone/iPod/PSP 等多媒体指定格式;转换图片文件支持缩放、旋转、水印等功能;DVD 视频抓取功能,轻松备份 DVD 到本地硬盘。

【附录三】

相关列表

表1 GENERALMIDI 音色表

音色编号	英文名称	中文名称(参考)
000	Acoustic Grand Piano	原声大钢琴
001	Bright Grand Piano	亮音钢琴
002	Electric Grand Piano	电子大钢琴
003	Honky-tonk Piano	酒吧钢琴
004	Electric Piano 1	电钢琴 1
005	Electric Piano 2	电钢琴 2
006	Harpsichord	拨弦古钢琴
007	Clavinet	电子击弦古钢琴
008	Celesta	钢片琴
009	Glockenspiel	钟琴
010	Music Box	八音盒
011	Vibraphone	颤音琴
012	Marimba	马林巴
013	Xylophone	木琴
014	Tubular Bells	管钟
015	Dulcimer	扬琴
016	Hammond Organ	哈蒙德风琴
017	Percussive Organ	击音管风琴
018	Rock Organ	摇滚风琴
019	Church Organ	教堂管风琴
020	Reed Organ	簧片风琴
021	Accordion	手风琴
022	Harmonica	口琴

（续表）

音色编号	英文名称	中文名称（参考）
023	Tango Accordion	探戈手风琴
024	Acoustic Guitar (nylon)	尼龙弦吉他
025	Acoustic Guitar (steel)	钢弦吉他
026	Electric Guitar (jazz)	爵士电吉他
027	Electric Guitar (clean)	纯音电吉他
028	Electric Guitar (muted)	闷音电吉他
029	Overdriven Guitar	激励电吉他
030	Distortion Guitar	失真电吉他
031	Guitar Harmonics	吉他泛音
032	Acoustic Bass	原声贝斯
033	Electric Bass(finger)	指弹电贝斯
034	Electric Bass(pick)	拨片电贝斯
035	Fretless Bass	无品贝斯
036	Slap Bass 1	拍弦贝斯 1
037	Slap Bass 2	拍弦贝斯 2
038	Synth Bass 1	合成贝斯 1
039	Synth Bass 2	合成贝斯 2
040	Violin	小提琴
041	Viola	中提琴
042	Cello	大提琴
043	Contrabass	低音提琴
044	Tremolo Strings	弦乐震音
045	Pizzicato Strings	弦乐拨音
046	Orchestral Harp	竖琴
047	Timpani	定音鼓
048	String Ensemble 1	弦乐组 1
049	String Ensemble 2	弦乐组 2
050	Synth Strings 1	合成弦乐组 1
051	Synth Strings 2	合成弦乐组 2

（续表）

音色编号	英文名称	中文名称（参考）
052	Choir Aahs	唱诗班啊声
053	Voice Oohs	哦声合唱
054	Synth Voice	合成人声
055	Orchestra Hit	管弦乐齐奏
056	Trumpet	小号
057	Trombone	中号
058	Tuba	大号
059	Muted Trumpet	小号加弱音器
060	French Horn	法国号
061	Brass Section	铜管组
062	Synth Brass 1	合成钢管 1
063	Synth Brass 2	合成钢管 2
064	Soprano Sax	高音萨克斯
065	Alto Sax	中音萨克斯
066	Tenor Sax	次中音萨克斯
067	Bartione Sax	低音萨克斯
068	Oboe	双簧管
069	English Horn	英国管
070	Bassoon	大管
071	Clarinet	单簧管
072	Piccolo	短笛
073	Flute	长笛
074	Recorder	竖笛
075	Pan Flute	牧笛
076	Bottle Blow	瓶笛
077	Shakuhachi	尺巴
078	Whistle	口哨
079	Ocarina	陶笛
080	Lead 1（square）	合成主奏 1（方波）

（续表）

音色编号	英文名称	中文名称(参考)
081	Lead 2 (sawtooth)	合成主奏 2(锯齿波)
082	Lead 3 (calliope)	合成主奏 3(汽笛风琴)
083	Lead 4 (chiff)	合成主奏 4(合成吹管)
084	Lead 5 (charang)	合成主奏 5(合成电吉他)
085	Lead 6 (voice)	合成主奏 6(人声)
086	Lead 7 (fifths)	合成主奏 7(五度)
087	Lead 8 (bass+lead)	合成主奏 8(贝斯主奏)
088	Pad 1 (new age)	合成铺垫 1(新时代)
089	Pad 2 (warm)	合成铺垫 2(温暖的)
090	Pad 3 (polysynth)	合成铺垫 3(复合合成)
091	Pad 4 (choir)	合成铺垫 4(唱诗班)
092	Pad 5 (bowed)	合成铺垫 5(弓弦音色)
093	Pad 6 (metallic)	合成铺垫 6(金属色)
094	Pad 7 (halo)	合成铺垫 7(光晕色)
095	Pad 8 (sweep)	合成铺垫 8(扫掠)
096	FX 1 (rain)	效果 1(下雨)
097	FX 2 (soundtrack)	效果 2(音轨)
098	FX 3 (crystal)	效果 3(水晶)
099	FX 4 (atmosphere)	效果 4(气氛)
100	FX 5 (brightness)	效果 5(明亮)
101	FX 6 (goblins)	效果 6(精灵)
102	FX 7 (echoes)	效果 7(回声)
103	FX 8 (sci-fi)	效果 8(科幻)
104	Sitar	西塔琴
105	Banjo	班卓
106	Samisen	日本三弦
107	Koto	日本筝
108	Kalimba	卡淋巴
109	Bagpipe	风笛

（续表）

音色编号	英文名称	中文名称（参考）
110	Fiddle	小提琴
111	Shanai	山奈
112	Tinkle Bell	铃铛
113	Agogo	阿果果
114	Steel Drums	钢鼓
115	Woodblock	板
116	Taiko Drom	太鼓
117	Melodic Tom	旋律性嗵嗵鼓
118	Synth Drum	合成鼓
119	Reverse Cymbal	反钹
120	Guitar Fret Noise	吉他滑品噪音
121	Breath Noise	呼吸声
122	Seashore	海浪声
123	Bird Tweet	鸟鸣
124	Telephone Ring	电话铃声
125	Helicopter	直升机声
126	Applause	掌声
127	Gunshot	枪声

表2　MIDI 控制码列表

编　号	参数意义
——	弯音轮（pitch-bend wheel）
——	调制轮（modulation wheel）
00	音色库选择 MSB
01	颤音深度
02	呼吸（吹管）控制器
03	（未定义）
04	踏板控制器
05	连滑音速度
06	高位数据输入（Data Entry MSB）

（续表）

编　号	参数意义
07	主音量
08	平衡控制
09	（未定义）
10	声像调整（pan）
11	表情控制器（Expression）
12-15	（未定义）
16-19	一般控制器
20-31	（未定义）
32	插口选择
33	颤音速度（微调）
34	呼吸（吹管）控制器
35	（未定义）
36	踏板控制器（微调）
37	连滑音速度（微调）
38	低位数据输入（Data Entry LSB）
39	主音量（微调）
40	平衡控制（微调）
41	（未定义）
42	声像调整（微调）
43	情绪控制器（微调）
44	效果 FX 控制 1（微调）
45	效果 FX 控制 2（微调）
46-63	（未定义）
64	保持音踏板 1（延音踏板）
65	滑音（在音头前加入上或下滑音做装饰音）
66	持续音
67	弱音踏板
68	连滑音踏板控制器
69	保持音踏板 2

（续表）

编　号	参数意义
70	变调
71	音色休整
72	放音时值(release)
73	起音时值(attack)
74	亮度(brightness)
75-79	声音控制
80-83	一般控制器(#5-#8)
84	连滑音控制
85-90	(未定义)
91	混响效果深度
92	(未定义的效果深度)
93	合唱效果深度
94	(未定义的效果深度)
95	移调器深度
96	数据累增
97	数据递减
98	未登记的低位组数值 (NRPN LSB)
99	未登记的高位组数值 (NRPN MSB)
100	已登记的低位组数值 (NRPN LSB)
101	已登记的高位组数值 (NRPN MSB)
102-119	(未定义)
120	关闭所有声音
121	关闭所有控制器
122	本地键盘开关
123	关闭所有音符
124	Omni 模式关闭
125	Omni 模式开启
126	单音模式
127	复音模式

声音的艺术性和艺术表现，在任何时候都会有一个衡量的标准。依据不同行业和专业特点，每个标准都有其主观性，音质的好与坏是其中最为关键的评价标准。音质即音品，音品决定的不仅仅是其声音的声强和频率，还包括主观感受所赋予的喜爱和认定程度。

对于音质的评价标准，一直都是学者们不断探索研究的领域之一，这里将研究成果得以应用的部分评价用语分类展示，以供参考。

表3　艺术语言的音质主观评价用语

用语类别	描述音质欠佳	描述良好音质
基本用语（必要条件）	不通	通
	木	有弹性
	散	集中
辅助用语（充分条件）	暗	亮
	窄（扁、横）	宽
	尖	厚
	硬	柔
	软	刚
	鼻音、闷、喉音、卡、挤	圆
	空、飘	实、稳
	沙、哑	实、稳
	浊	纯、净
	炸	（无声）
	干	润
	抖	稳
	字音分裂（怪）	亲切、有力度

表4　音乐的音质主观评价用语

听感类别	按等级划分优劣用语		
	欠佳	音质良好	过量
明亮度	暗	亮	刺耳
宏厚度	单、薄	厚、实	闷、沉
丰满度	干	丰满	混、浊
柔和度	软	柔、和	过强、硬
亲切度	无感	亲切	飘

（续表）

<table>
<tr><th rowspan="2">听感类别</th><th colspan="3">按等级划分优劣用语</th></tr>
<tr><th>欠佳</th><th>音质良好</th><th>过量</th></tr>
<tr><td>层次感</td><td>模糊</td><td>适中</td><td>太清晰、棱角</td></tr>
<tr><td>融合度</td><td>散</td><td>融合、抱团</td><td>混</td></tr>
<tr><td>自然度</td><td>不自然</td><td>自然</td><td>不自然</td></tr>
<tr><td>圆润感</td><td>木、干</td><td>圆润、有水分</td><td>噪</td></tr>
<tr><td>力度感</td><td>纤细</td><td>有力度</td><td>炸</td></tr>
<tr><td>温暖感</td><td>冷</td><td>温暖</td><td>闹</td></tr>
<tr><td>宽度感</td><td>窄</td><td>宽</td><td>无感</td></tr>
<tr><td>平衡感</td><td>不和谐</td><td>和谐、平衡</td><td>不和谐</td></tr>
<tr><td>集中感</td><td>散</td><td>集中</td><td>无感</td></tr>
<tr><td>节奏感</td><td>模糊</td><td>明确</td><td>跳</td></tr>
<tr><td>嘈杂感</td><td>无感</td><td>干净</td><td>嘈杂</td></tr>
<tr><td rowspan="9">怪音
（非正常感觉）</td><td>嘶嘶声、吱吱声、嗞嗞声</td><td colspan="2" rowspan="9">注：除特殊情况外，出现左边所述的各种听感都将严重影响听闻条件；在出现这种情况时，应鉴别声音的特点，不可以都以“怪音”一概而论。</td></tr>
<tr><td>嗡嗡声</td></tr>
<tr><td>破音</td></tr>
<tr><td>沙哑音</td></tr>
<tr><td>金属声</td></tr>
<tr><td>咔嚓声</td></tr>
<tr><td>发空</td></tr>
<tr><td>抖晃</td></tr>
<tr><td>回声</td></tr>
</table>

表 5　演唱的声级及声功率

剧　种	演员类别	声压级、分贝	声功率、毫瓦
歌　剧	女高音	89 ~ 112	1 ~ 200
	女中音	83 ~ 90	0.2 ~ 1.2
	男高音	83 ~ 104	0.2 ~ 31.5
	男中音	78 ~ 95	0.08 ~ 40
	男低音	76 ~ 96	0.05 ~ 5.0
京　剧	小生	80 ~ 108	0.72 ~ 9.8
	青衣	83 ~ 103	0.20 ~ 20

（续表）

剧　种	演员类别	声压级、分贝	声功率、毫瓦
	老旦	78 ~ 106	0.18 ~ 50
	老生	84 ~ 98	0.28 ~ 7.2
	花脸	88 ~ 106	0.72 ~ 50

表6　音　　程

音　名	度	全音个数	半音个数	频率比
C	一度（同度）	0	0	1
$^{\#}C(b_D)$	小二度	0.5	1	(　)
D	大二度	1	2	$(\sqrt[12]{2})^2$
$^{\#}D(b_E)$	小三度	1.5	3	$(\sqrt[12]{2})^3$
E	大三度	2	4	$(\sqrt[12]{2})^4$
F	纯四度	2.5	5	$(\sqrt[12]{2})^5$
$^{\#}F(b_G)$	增四度	3	6	$(\sqrt[12]{2})^6$
G	纯五度	3.5	7	$(\sqrt[12]{2})^7$
$^{\#}G(b_A)$	小六度	4	8	$(\sqrt[12]{2})^8$
A	大六度	4.5	9	$(\sqrt[12]{2})^9$
$^{\#}A(b_B)$	小七度	5	10	$(\sqrt[12]{2})^{10}$
B	八度	5.6	11	$(\sqrt[12]{2})^{11}$
C		6	12	$(\sqrt[12]{2})^{12}$

表7　速度术语

速度术语	含　义	类　别	参考数值（拍/分钟）
Grave	极慢板		40
Largo	广板	慢速	46
Adagio	柔版		56
Andante	行板		66
Moderato	中板	中速	88
Alleegretto	小快板		108
Allegro	快板		132
Vivace	活板	快速	160
Presto	急板		184
Prestissimo	最急板		228

【附录四】

本书所涉及的主要软件与硬件开发商网站及简介

Apple→www. apple. com

苹果电脑公司。拥有的主要数字音乐产品与技术包括：Logic、Garageband、Soundtrack Pro、AU、Apple Loop 等。

AKG→www. akg. com

奥地利话筒与耳机专业生产商。

Best Service→www. bestservice. de

音乐样本与素材专业发行商，也有自己的品牌。

Cakewalk→www. cakewalk. com

音乐软件开发商，拥有的主要数字音乐产品与技术包括：Sonar、Project 5、Guitar Track Pro、Sonitus：fx 效果插件包等等。

CDXtract→www. cdxtract. com

CDxtract（Win/Mac）采样格式转换软件，属于 Bernard Chavonnet。

CME→www. centrmus. com

中音公司产品标示。

Creamware→www. cwaduio. com

整合化数字音品接口产品开发商，主要产品有：Pulsar、Scope 系列、Noah 合成器、A16 与各种效果插件。

Digidesign→www. digidesign. com

AVID 旗下的数字音频硬件与软件系统开发商。拥有的主要数字音乐产品与技术包括：Pro Tools 系统、TDM、RTAS、DAE 等。

EastWest→www. soundsonline. com

音乐素材、样本、基于采样的软件乐器开发商。代表产品有 EWQLSO 管弦系列、

Colossus、RA 等，其传统品牌是 Pro Samples 系列产品。

Harmony Central→www. harmony-central. com

在线音乐产品咨询网站，提供最全面、最快捷的产品与技术信息，同时也提供相关信息的专业搜索引擎服务。

Hollywood Edge→www. hollywoodedge. com

音响效果素材资料开发商，其产品有多个系列的音效与音乐资料产品。

KVR→www. kvraudio. com

专门提供 VST、DX、AU 插件产品的信息与资料查询。

Mackie→www. mackie. com

专业音频硬件与软件开发商。拥有专业音频领域全系列的产品线，其中包括：模拟与数字调音台、一体化录音系统、监听系统与 Trackion、Final Mix 等软件。

MOTU→www. motu. com

音乐产品开发商。拥有的主要产品有：Digital Performer、MOTU Mach Five 采样器软件、MOTU 品牌的数字音频接口与 MIDI 接口产品。

M-audiowww. m-audio. com

AVID 旗下的数字音频硬件与软件系统开发商。拥有的主要数字音乐产品与技术包括：M-audio 品牌的键盘、监听音箱、数字音频接口、MIDI 接口等。

Native Instruments→www. nativeinstruments. com

数字音乐软件产品开发商，有少量硬件产品。主要产品包括：B4、FM7、Absynth、Pro53、Reaktor、Kontakt、Intakt、Kompakt、Battery、Guitar Rig 与 Guitar Combo 等。

Propellerhead→www. propellerhead. se

音乐软件开发商，拥有的主要产品与技术有：Reason 工作站软件、ReCycle、ReWire、Reason ReFill 等。

RME→www. rme-audio. com

数字音频接口开发商，主要产品有：RME Firdface800、ADI-192/642、HDSP9652/9632 等。

Sound Ideas→www. sound-ideas. com

音响效果素材资料开发商,主要产品有:Sound Ideas 品牌的音效、音乐资料库。

Sony Media Software→www. sony mediasoftware. com

隶属于 Sony 影响公司的媒体软件开发公司,主要产品有 Sound Forge、Acid、Vegas、Acid Loop 格式等。

Steinberg→www. steinberg. net

现隶属于 Yamaha、位于德国汉堡的音乐软件开发商,拥有的主要数字音乐产品与技术包括:Cubase SX、Nuendo、Wavelab、HALion 以及 ASIO、VST、VSTi 等。

Tascam→www. tascam. com

专业音频硬件与软件开发商。拥有专业音频领域全系列的产品线,其中包括:GigaStudio 采样器软件与 Tascam 频谱的各种应用目标的数字音频接口、MIDI 接口、混音台、一体化录音系统、DJ 设备等。

TC Electronics→www. tcelectronics. com

高质模拟与数字音频专业产品生产商,前身是 TC Works。软件方面有 TC Native Bundle 效果插件包,也有 Mercury-1 等模拟合成器软件。

VSL→www. vsl. co. at

全称为 Vienna Symphonic Library,专门从事管弦乐样本开发。主要产品有 Cube 系列、Horiszon 系列,支持 Giga/EXS24、Kontakts 和 HALion。

Waves→www. waves. com

Waves 品牌的软件效果器与硬件开发商。

Wizoo→www. wizoo. com

软件乐器与效果器厂商。主要产品有与 Steinberg 合作开发的 Virtual Guitar 系列、Hypersonic,与 M-audio 合作的 Drum&Bass Rig 和 Key Rig,自主开发的 Latigo 与 Darbuka 两个基本采样样本的软件乐器,以及 Wizoo Verb 混响效果插件。

Wizoo Sounds→www. wizoosounds. com

在线音乐素材与样本供应商,包括 Xprase 音色扩展包。

Zero-G→www. zero-g. co. uk

音乐样本与素材开发商,提供全面的音乐样本素材,产品格式涉及广泛。

参 考 文 献

[1] 叶蜚声,徐通锵. 语言学纲要[M]. 北京:北京大学出版社,2007.

[2] 黄一夫. 微型计算机控制技术[M]. 北京:机械工业出版社,1988.

[3] 韩宪柱,刘日. 声音素材拾取与采集[M]. 北京:中国广播电视出版社,2001.

[4] 张颂. 情声和谐启蒙录[M]. 北京:北京广播学院出版社,2004.

[5] 安栋,杨杰. 数字音频基础[M]. 上海:上海音乐学院出版社,2011.

[6] [美]戴维·希尔曼(David Hillman). 数字媒体:技术与应用[M]. 熊澄宇,李经译. 北京:清华大学出版社,2002.

[7] [美]约翰·S. 道格拉斯(Douglass,J. S.),格林 P. 哈登(Harnden,G. P.). 技术的艺术[M]. 浦剑等译. 北京:北京广播学院出版社,2004.

[8] [英]戴维·莫利(David Morley),凯文·罗宾斯(Kevin Robbins). 认同的空间[M]. 司艳译. 南京:南京大学出版社,2000.

[9] Adobe 官网 http://www.adobe.com/cn/.

[10] 百度 http://www.baidu.com/.

[11] 狸窝家园 http://www.leawo.cn/.

[12] 格式工厂 http://www.pcfreetime.com/CN/.

后　　记

近年来，随着计算机多媒体技术特别是数字媒体技术的飞速发展，相关学科越来越专业化，相关应用软件种类也越来越多。数字音频因其应用范围之广，其操作软件制作的作品品质要求也日益凸显出来。数字音频不仅仅是一门应用技术学科，还是一门需具备一定艺术素养方能驾驭的感知学科。为了适应当前高等院校相关专业的教学与实践需要，《数字音频制作与创作》一书应运而生。

本书是数字时代新闻传播务实系列教材之一，是专为高等院校相关专业出版的教学与实验教材。

因为《数字音频制作与创作》一书中有关声音和数字音频的知识点较为全面，理论结合实践，通过实例详细介绍了 Adobe Audition CS6 的软件操作和运用，所以本书内容又适用于从事数字音频相关专业的从业人员作为参考书籍，也适用于喜爱数字音频的读者作为自学的操作指导书。

本书具有积极的社会效益和广大的市场需求。

对于数字音频的研究，牵涉到很多的学科领域，根据研究方法、研究对象和音频特征的不同，它与其他学科交叉融合，形成了多种边缘学科。涉及的学科有：丰富的声音艺术理论基础、计算机多媒体技术、物理声学、电声学、心理声学和材料学等等。这些专业知识能够帮助读者更科学地了解声音与数字音频，从而获得更完善、更加丰富多彩的数字音频制作和数字音频创作的手段及方法。

本书教学目标明确，结构新颖，最大限度地将数字音频制作加以可视化的展现，提供给读者数字音频制作与创作整体的、直观的学习与操作练习。本书实用性较强，是编著者在多年的教学和从事多学科科学研究的实践中，不断探索和积累的总结。本书以数字音频理论为基础，在内容组织上，以实践与应用为导向；在结构安排上，以数字音频制作流程为主线，便于读者的学习领会和制作，激发读者的创作热情与创新意识。

笔者相信，随着科学技术发展的日新月异，数字音频制作和创作也会不断地推陈出新。

在本书写作过程中，得到了合肥工业大学出版社朱移山副社长的大力支持与指导。

完成这本书，要特别感谢安徽大学新闻传播学院吕萌教授自始至终的关心与耐心指导。

我还要特别感谢我的父亲，计算机应用专家高庆三，感谢他长期以来给予我有力的支持与帮助；还要感谢所有关心和爱护我的人。谢谢！

高　鹭

2014 年 10 月 10 日